"十二五"普通高等教育本科国家级规划教材

陕西普通高等学校优秀教材

21世纪本科院校电气信息类创新型应用人才培养规划教材

离散信息论基础

范九伦　谢　勰　张雪锋　编著

北京大学出版社
PEKING UNIVERSITY PRESS

内容简介

本书从离散概率入手，对离散信息论的基本知识进行了介绍，主要内容包括：绪论，离散信息的度量，数据压缩，离散信源，数据纠错，离散信道，数据保密，算法信息论与通用信源编码，微分熵与最大熵原理。为拓宽读者视野，培养学习兴趣，提高人文素养，本书融入了一些历史知识，还补充了信息论实验内容。

本书可供信息安全、信息与计算科学、计算机科学与技术等本科专业的高年级学生使用，也可供从事相关专业的教学、科研和工程技术人员参考。

图书在版编目(CIP)数据

离散信息论基础/范九伦，谢勰，张雪锋编著．—北京：北京大学出版社，2010.8
(21世纪本科院校电气信息类创新型应用人才培养规划教材)
ISBN 978-7-301-17382-4

Ⅰ.①离… Ⅱ.①范…②谢…③张… Ⅲ.①离散—信息论—高等学校—教材 Ⅳ.①O158②TN911.2

中国版本图书馆CIP数据核字(2010)第118436号

书　　名：离散信息论基础
著作责任者：范九伦　谢　勰　张雪锋　编著
策划编辑：李　虎
责任编辑：郑　双
标准书号：ISBN 978-7-301-17382-4/TN・0060
出 版 者：北京大学出版社
地　　址：北京市海淀区成府路205号　100871
网　　址：http://www.pup.cn　http://www.pup6.com
电　　话：邮购部62752015　发行部62750672　编辑部62750667　出版部62754962
电子邮箱：pup_6@163.com
印 刷 者：北京虎彩文化传播有限公司
发 行 者：北京大学出版社
经 销 者：新华书店
787毫米×1092毫米　16开本　12.75印张　294千字
2010年8月第1版　2022年1月第3次印刷
定　　价：39.00元

前　言

人们通常将 Shannon 在 1948 年 10 月发表于 *Bell System Technical Journal* 上的论文 *A Mathematical Theory of Communication* 作为信息论研究的开端。信息论发展至今，可分为狭义信息论和广义信息论，本书则主要介绍狭义信息论的一些基本知识。狭义信息论运用概率论与数理统计方法研究信息的表示、度量、存储、传递等问题，是高等院校很多本科专业的一门专业基础课，我国众多高校也在相关专业开设了信息论课程。

在为信息安全、信息与计算科学等本科专业讲授信息论课程时，我们深刻体会到，要使大学生较好地理解和领会信息论的基本概念，诸如熵、互信息、熵率、信道容量，有很多困难。在多年的教学中，我们一直被两个问题所困惑：一是鉴于信息论不仅具有理论性，也具有实践性，如何保持信息论基本概念、方法在理论叙述上的严谨性，使得学生对信息论有一个清晰的认识，同时又能使学生通过解决实际问题，达到运用信息论的目的；二是鉴于信息论不仅在本科生阶段开设，也在研究生阶段开设，如何将本科讲授内容和研究生讲授内容进行合理切割，尽量避免教学内容重复，使得知识深度与思想广度在不同阶段有所区别。为了较好地解决上述问题，我们萌发了写作本书的念头。在本书的写作中，我们力求达到以下几点。

(1) 图文并茂、循序渐进。本书按照教学目标、教学要求、教学内容的格式进行编写，以叙事、问题的方式展开，改变工科教材艰深古板的固有面貌，具有较强亲和力，使学生初次翻阅就对其产生浓厚兴趣，不会因其理论的抽象而产生敬畏之感。既加强了学生的融会贯通能力，又提高了学生的人文素养。

(2) 凸显信息论的"离散"内容。信息论的研究和应用丰富多样，为了扩大教材的受益面，避免涉足过多的专业领域知识，本书重点围绕离散随机变量(过程)介绍信息论的基本知识，主线明晰，增强了教材的可读性。考虑到信息论的介绍离不开概率论和数理统计知识，本书弱化了数学证明，强化了来龙去脉的讲授，使之显得通俗易懂，同时又给学有余力者留下充足的探求空间。

(3) 强化学生的实际操作训练。对于内容实用性和技巧性较强的章节，如编码理论部分，本书精心设计了相关实验，以实际操作训练加深对理论知识的理解，激发学生对工程实践的兴趣，全方位锻炼学生对知识的掌握程度。

在教材写作中，我们努力将最新的知识、内容和理念传授给学生。本书以离散随机变量(过程)为出发点进行展开，力求以亲切易读的面貌，帮助初学者熟悉必要的理论知识，掌握其思想方法，了解其应用前景，为后续课程和进一步深入学习打下坚实基础。本书共分为 9 章：第 1 章和第 9 章由范九伦和谢勰共同编著；第 7 章由张雪锋编著；其余部分由谢勰编著。全书由范九伦进行统稿和润色。

本书的编著参考了国内外的一些权威教材、相关专著和经典论文，书中的图片大多来自维基百科，在此向原作者表示感谢。

由于作者学识有限，书中的疏漏和不足之处在所难免，恳请大家不吝赐教。

范九伦
2010 年 3 月
于西安邮电学院

目 录

第1章 绪论

教学目标

理解信息的含义，了解信息的常见表达方式并对信息的处理实例有直观的认识；了解 Shannon 对于信息论的历史贡献，掌握通信系统的数学模型。

教学要求

知识要点	能力要求	相关知识
信息	(1) 理解信息的含义 (2) 了解信息的表达方式 (3) 了解信息的处理	(1) 信息概念溯源 (2) 自然语言与形式语言 (3) 信号与信息处理
信息论	(1) 了解信息论的初期历史 (2) 掌握通信系统的数学模型	(1) Shannon 生平 (2) 通信与通信系统

引言

从古至今，**信息**(Information)在人类社会中扮演着相当重要的角色，在众多领域中发挥着巨大的作用。对于信息的研究，既可从哲学层面进行思索，也可从科学层面进行展开。对于普通大众而言，对信息的理解更是多种多样：有人认为信息就是消息，也有人认为信息即内容，更有人认为信息等同于知识。一般来说，信息的含义是相当丰富的，若要对信息进行全面、深入、系统的研究，从目前积累的研究成果来看还相距甚远。

图 1.1 Claude Elwood Shannon

如果不宽泛地去研究信息为何物，而将信息概念的内涵缩小(即限定信息于某个狭义的领域)，则有可能对信息开展较为深入的研究和定量的分析。1948 年，Claude Elwood Shannon(图 1.1)完成了一篇划时代的论文：通信的数学理论(*A Mathematical Theory of Communication*)。在通信领域这个“狭义”的限制之下，Shannon 给出了信息的一系列定义、模型和框架，从而奠定了**信息论**(Information

Theory)这门学科的基础。随后，信息论不断发展壮大，至今已走过了60余年的历程。信息论不仅在理论上日渐成熟，而且对实际问题能给予强有力的指导，业已成为一门重要的学科。

《通信的数学理论》所界定的理论一般被称为Shannon理论或Shannon信息论，尽管信息论的发展已超越了Shannon原始论文中所涉及的范围，但该文所提出的思想仍然是经典信息论的主要部分。1998年IEEE信息论分会为纪念信息论诞生50周年（图1.2），专门出版了一系列综述作为纪念，其中Sergio Verdú的综述*Fifty Years of Shannon Theory*专门回顾了Shannon理论的发展历史。鉴于Shannon理论在信息论中的基础性地位，本书主要讨论Shannon理论。

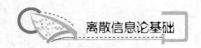

图1.2 信息论50周年纪念

Richard Blahut在2000年Shannon雕像落成时所说的一番话为Shannon和信息论在科学史上的地位给出了最好的注解：

"In my opinion, two or three hundred years from now, when people look back to our time, they won't remember who was president of the United States. They won't remember who were the movie stars or the rock stars. But the name Claude Shannon will still be recognized at that time. It will still be taught in schools."

1.1 基本概念

1.1.1 信息的含义

"信息"这个词可谓无所不在，但它究竟是什么，却很难说清楚。在汉语中，"信息"这个词出现得很早，在许多诗词中都可见到。

崔备的《清溪路中寄诸公》提到了"信息"：

偏郡隔云岑，回溪路更深。
少留攀桂树，长渴望梅林。
野笋资公膳，山花慰客心。
别来无信息，可谓井瓶沉。

杜牧在《寄远》也提到了"信息"：

两叶愁眉愁不开，独含惆怅上层台。
碧云空断雁行处，红叶已凋人未来。
塞外音书无信息，道傍车马起尘埃。
功名待寄凌烟阁，力尽辽城不肯回。

而李中所作的《暮春怀故人》长久以来更是被奉为"信息"一词的源头[①]：

① 至于"信息"的源流，学界仍有不同的观点，且各有论证。

池馆寂寥三月尽，落花重叠盖莓苔。
惜春眷恋不忍扫，感物心情无计开。
梦断美人沈信息，目穿长路倚楼台。
琅玕绣段安可得，流水浮云共不回。

上述诗句中“信息”大多依从《现代汉语词典》中的解释，即“音信、消息”①，这主要是指获知信息的人所了解的内容。

信息论中所讨论的“信息”则是英语中的Information，Merriam Webster Dictionary Online对Information给出了诸多解释②，这表明Information的意义是相当丰富的。不过Information的本意仍与汉语中的“信息”相一致，这也是Information被译为“信息”的原因。随着时代的发展，汉语中信息一词的含义也日益丰富，基本上与Information对等。

需要指出的是，信息与其载体有一定的区分，一般来说信息可以认为是其载体所承载内容的一种抽象形式。而信息还可以进一步升华为知识，著名诗人T. S. Eliot在*The Rock*这首诗中探讨了信息与知识、智慧等概念之间的关系：

Where is the Life we have lost in living?
Where is the wisdom we have lost in knowledge?
Where is the knowledge we have lost in information?

事实上，信息究竟是什么，至今仍未得到一个满意的定义，但可从一些特性上来了解信息，即信息的若干特征，具体如下。

(1) 只要是实体，就必然存在信息。由于实体的状态可以度量，因此这些状态量就是某种形式的信息。

(2) 一方面，信息是客观存在的，例如关于物体颜色的信息；另一方面，不同的认知实体对信息可能存在不同的感知，例如“见仁见智”。

(3) 信息必须依附于一定的载体，不存在虚无缥缈、无所依靠的信息。

(4) 信息可以传输、保存、复制。信息可以在不同实体之间传递，而且实体可以保存所接收的信息，而最令人惊叹的就是信息可以“无限”地被复制③。

尽管从信息的特征中难以给出信息的定义，但对于信息的了解可通过考查信息的特征而不断完善，或许Norbert Wiener的著名论断是信息最好的定义：

信息就是信息，不是物质也不是能量。
Information is information not matter or energy.

——*Cybernetics*(1948, p. 155)

1.1.2 信息的表达

人们从各种事物中都能获取信息，这也意味着信息的表述方式也千变万化。从接收信息的来源而言，人所能看到、听到、触到的都在发出信息。自然界的这些信息大多可

① 《现代汉语词典》中也给出了信息论中的信息的“定义”，但过于浅显直白。
② http://www.merriam-webster.com/dictionary/information
③ 在物理世界的范围内，这种“无限”是成立的，但它与数学上的无限还是有所差别的。

用连续的函数来表达，即定义在时间和空间上的函数，人类社会自身所拥有的信息也是如此。

一般而言，能够表达信息的方式很多：可以采用文字方式，也可以采用话语形式，还可以采用形象的图形、图像。不同的形式可以表示相同的信息，而这些形式都是服务于信息表达的需要，具体场合需采用合适的表达形式。不过，即便信息内容相同，表达形式也相同，仍可能对不同的人产生不同的效果，正如苏轼的名句：

横看成岭侧成峰，
远近高低各不同。
不识庐山真面目，
只缘身在此山中。

事实上，对于这个问题的理解还是要回到信息的定义中，人类自身所生活的世界，必然有一些难以解释和自相矛盾的地方。因此，本书回避对信息理解的偏差问题。

随着科学技术的发展，信息表达从传统的模拟信号逐渐演变成现在的数字信号。以书籍为例，最早人类阅读的是竹简上刻出的文字，尔后又进化到印刷书，现在直接就是数字形式的电子书。在网络时代，电子书更演变为超链接形式，其撰写、阅读都大不相同。不过，无论信息的表达形式如何变换，其目的是为了人与人之间的交流，因此必须遵循一定的标准。以英文的通信为例，最初以 Morse 电码（图 1.3）来表达，而现在则常用 ASCII 码。事实上，对于任何类型的信息，在进行交流时都必须遵循事先约定的规范标准，也只有规定了信息表达的标准，才能极大地促进信息的交流，使得信息的效用最大化。

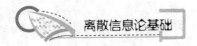

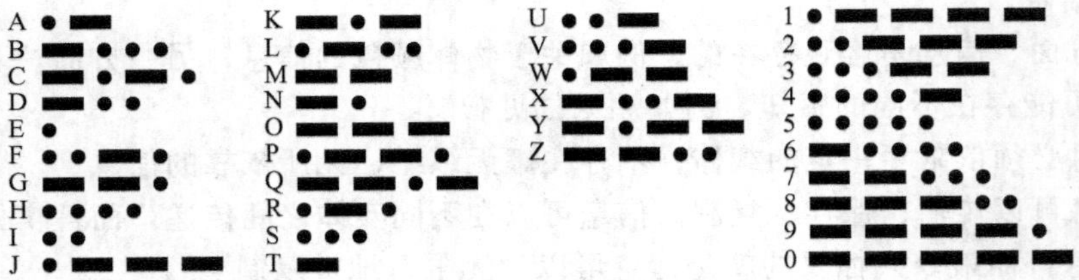

图 1.3　Morse 电码

随着电子技术的发展，人类社会已进入到数字时代。从信息表达的标准演变看，鉴于离散的信息表达方式具有许多优点，如稳定性高、处理方便等，信息表达趋于离散化。目前，离散的信息逐渐成为研究和应用的重点。

人类社会中信息的离散表达实例相当丰富，例如语言是由基本元素形成的字符串，又比如图像数字化即成为像素点的二维矩阵。更令人惊叹的是，自然界的许多信息也需要以离散形式来抽象，而其中最典型的例子就是 DNA 序列。最关键的一类 DNA 片段是传递生物遗传信息的基因，其实质是指导遗传时的生物发育，它以 A、T、C、G 这 4 种碱基作为信息表达的基本要素。这意味着，自然界选择以离散的形式传递信息的目的是要保证信息传递的稳定性，并尽可能减少信息传递的差错。除此之外，自然界还有许多其他的离散信息表达方式。从这些实例可以看出，研究离散的信息不但很有必要，而且也非常有意义。

April 25, 1953 NATURE

MOLECULAR STRUCTURE OF NUCLEIC ACIDS

A Structure for Deoxyribose Nucleic Acid

J. D. WATSON
F. H. C. CRICK

图 1.4 **DNA 双螺旋模型的原始论文**

图 1.5 **Watson 和 Crick**

尽管离散的信息表达方式不如连续的信息表达方式丰富，但仍然有足够多的选择，因为可以利用符号序列来提高所表达信息的种类。例如，当用语言表示信息时，可用非常长的叙述并配以复杂的逻辑体系来表示人类所要传达的大部分信息。

利用一些基本部件的组合表达信息的威力相当强大，例如生产著名的 LEGO 积木玩具(图 1.6 和图 1.7)的 LEGO 公司在 1974 年宣称：可用 6 块 8 个凸起的长方体 LEGO 积木砌出至少 102981500 款组合①。当然，在现实中，如果表示信息的序列过于冗长，其效率可能不高；如果表示信息的序列过短，其鲁棒性可能不好。因此在实际生活中，需要以合理、高效的序列来有效地表示信息。

图 1.6 **LEGO 积木**

图 1.7 **LEGO 创意——德国安联体育场**

信息的离散化表示能力取决于信息表示的基本元素。表达信息的基本元素个数不同，其表达能力也有所差异。以语言为例，由于汉字结构复杂，使得汉字的基本元素相当丰富。而英语的基本元素相当简单，所有的英语单词只由 26 个英语字母决定。基本元素的个数并无优劣之分，只因信息的载体不同，而信息表示的关键在于能否充分利用信息的载体来有效地表达信息。

① 当然，实际上能砌出更多种组合。至于究竟能有多少种，这就是 A LEGO Counting Problem.

1.1.3 信息的处理

研究信息，自然要涉及**信息处理**(Information Processing)，即对信息的存储、传输、复制、加工、修改等操作。可以数字图像为例来简单认识信息处理过程。从图像输入到计算机中的那一刻起，就需要对图像进行存储，至于采用何种方式则要看具体需求：如果使用者对画质要求比较高，就必须采用能获得高分辨率的格式；如果使用者要求存储量小，就必须采用压缩性能比较好的格式。而从源头上看，经过数码相机等设备将真实的物理世界图景转换成图像，已经对信息作了一定的处理，即从模拟信号转换成数字信号。从信息加工的角度看，某些时候需要对图像进行恢复，例如修复某些损坏的局部；有些时候需要对图像进行修改，例如去掉某些需要保密的信息。此外，将图像从计算机发到其他计算机或设备中，便涉及信息的传输，不但要保证传输效率高，还要保证尽量少出错。在实际中，还需要提取一部分有用的信息，例如**图像分割**(Image Segmentation)，它是为后续工作有效进行而将图像划分为若干个有意义区域的一种技术，图 1.8 是对经典的 Lena 图像进行二值化分割的结果。

一般而言，信息处理既包括各种具体信息的处理，如文本、图像和视频等的处理，还包括对抽象意义下的信息处理，如**编码理论**(Coding Theory)、**模式识别**(Pattern Recognition)等。抽象的信息处理包括信息的压缩、分类、识别、选择等过程，而在这些处理过程中，信息不会增加，只可能丢失，因此要在尽可能保存原始信息的前提下进行处理。更重要的是，对于同一目的下的信息处理，必须有一些基本要求来衡量处理过程的优劣，具体如下。

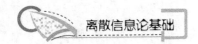

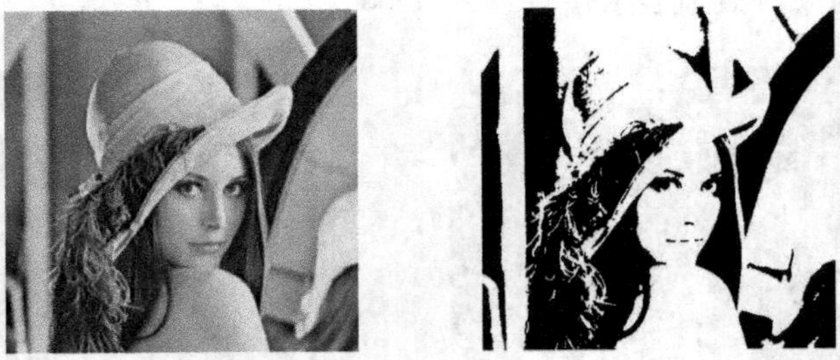

图 1.8 图像处理示例——对 Lena 图像进行分割

(1) 效果评价。其中最常见的是正确性的要求，即与原信息之间地差别程度，最好是完全一样。例如从模拟信息转换成数字信息，不可避免地要丢失一些信息。事实上，差错是普遍存在的，人们应做的是尽可能追求较低的差错率，这是对正确性的重要衡量。此外，还有一些与主观因素相融合的效果评价指标，例如在播放视频时为不伤眼需要色彩“柔和”，显然这种指标随个体而不同。不过大多数效果评价还是有一定的客观衡量标准的，这也为研究的开展提供了可能。

(2) 性能评价。其中最常见的是处理时间和存储空间的要求，算法的语言描述需要衡量**时间复杂度**(Time Complexity)和**空间复杂度**(Space Complexity)，而一般均采用这些复杂度的**渐进记号**(Asymptotic Notation)，即以**渐进复杂度**(Asymptotic Complexity)衡量信息处理的性能。时间复杂度对应着信息处理的速度，如果时间复杂度较低，那么信息处理能适应实时性要求高的场合，不过除少数效果和速度俱佳的处理方法，大多数情况下这种信息处理的效果稍差。传统信息处理以串行处理为主，而目前的趋势则是利用并行处理方式，这样能大大加快信息处理的速度。空间复杂度则对应处理的存储需求量，如果空间复杂度较低，那么信息处理则能适应存储量不大的设备，如手持设备。

(3) 稳定评价。其中最常见的是信息处理能否适应不同环境的指标，如**鲁棒性**(Robustness)。良好的信息处理方法不会随环境的变化而导致性能和效率的巨大变化，当然这种特性是以增加信息处理过程的复杂程度为代价的。

信息处理技术仍在不断发展，但其基本原理和技术必须遵循一定的原理，即信息论中的基本理论。

1.2 信息论概览

1.2.1 Shannon 与信息论

人类社会进入20世纪以后，通信方式有了新的突破，主要是大量采用了无线电技术，例如电话、电报、电视、雷达等众多新设备。新技术不断发展的同时，对于理论基础的呼唤则是非常自然的事。

在通信技术的最初发展过程中，需要解决的问题与信息处理一样，也是效果、性能和稳定这3个方面。从效果上讲，如何更好地提高通信质量是主要问题；从性能上讲，如何快速而且大量地传输信息是主要问题；从稳定上讲，如何提高通信的抗干扰性是主要问题。在20世纪20年代，Harry Nyquist 和 Ralph Hartley 对这些问题作出了一些基础性的探讨。20多年后，Norbert Wiener 进一步在其经典名著《控制论》(*Cybernetics: or the Control and Communication in the Animal and the Machine*)中给出信息的度量。

1948年，Shannon 以其开创性论文《通信的数学理论》完成了信息论的奠基性工作，他完整、系统地叙述了经典信息论的基本框架。在 Shannon 信息论中，最引人注目的则是**熵**(Entropy)这个概念，Shannon 后来回忆道：

My greatest concern was what to call it. I thought of calling it 'information', but the word was overly used, so I decided to call it 'uncertainty'. When I discussed it with John von Neumann, he had a better idea. Von Neumann told me, 'You should call it entropy, for two reasons. In the first place your uncertainty function has been used in statistical mechanics under that name, so it already has a name. In the second place, and more important, nobody knows what entropy really is, so in a debate you will always have the advantage.

可以看出，Shannon 回避了"信息"这个名词，而从"熵"来巧妙地解决问题。事实上，在当时通信研究遇到一些无法解决的基础问题的大背景下，Shannon 对熵的定义不但有效地回答了人们的一些疑问，还具有相当大的新意，因此信息论这个学科迅速地发展起来。

不过究其本质，信息论这门学科的出发点还是从 Information 的动词形式 Inform 开始的，Inform 则意味着人与人之间的信息传递。人类最常见的信息表示方式是语言形式，在信息论的研究中，也是类比语言的表达、处理来分析问题的，本书在后续章节中将详细给出讲解。

人与人之间的信息传递可推广到一般的通信过程，下一节给出通信的数学模型。

1.2.2 通信系统的数学模型

Shannon 对通信过程给出了一个简要的模型，如图 1.9 所示。在 Shannon 所给的通信系统中，**信源**(Source)不断发出**消息**(Message)，这是信息传递的开始。由于消息的形式多种多样，需要将其转化成电信号的形式，而且还要进行一定的处理以便高效的传输。于是，消息经过**编码**(Coding)之后变为**信号**(Signal)，并经过**信道**(Channel)传输。在传输过程中，由于信道的物理局限性，一般存在一些干扰信号传递正确性的**噪声**(Noise)，需要特殊处理。一旦在信道中接收到信号后，先要消除噪声的影响，再将信号转成消息，这些步骤就是**译码**(Decoding)过程，其结果最终交给**信宿**(Destination)。

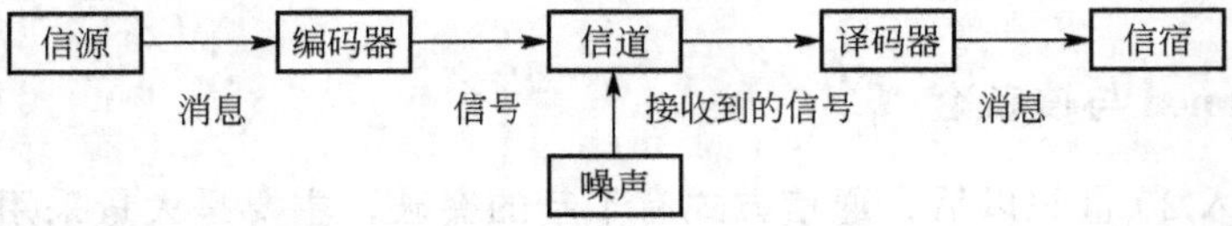

图 1.9 通信系统模型

将上述通信系统细化，并考虑到保密性的需求，则可得到图 1.10 中的细化模型。信源首先利用信源编码将消息转化为数字信号，其主要目的是为了高效地表示消息，随后将编码加密以防止窃取、篡改，最后再考虑到信道的噪声情况予以信道编码，以保证错误出现时尽可能多地恢复信息。经过信道传输后，编码可能会发生一些变化，首先要利用信道编码译码恢复编码，再进行解密以得到原有的信源编码，最后利用信源编码译码转换回原有的消息[①]以交给信宿。

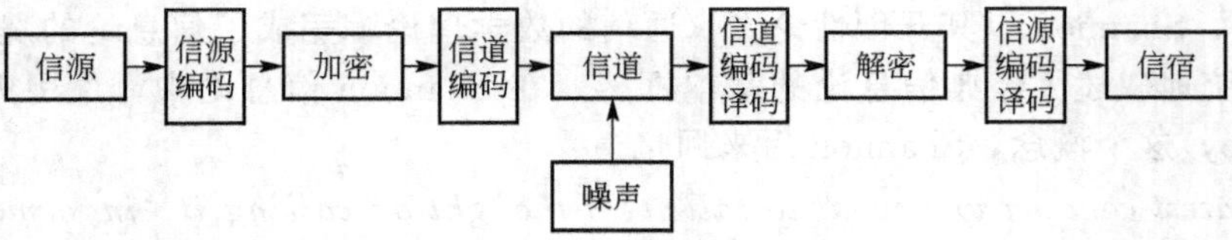

图 1.10 通信系统的细化模型

Shannon 正是如庖丁解牛般地将通信过程分解，再对各个环节给出详细地论证，最后完整地建立了通信的信息理论，从而为信息论学科奠定了坚实的基础。

在 Shannon 所论述的信息论范围内，一般是对通信系统的各个组成部分进行研究，即信源编码问题、信道编码问题、信息的保密问题等。而贯穿于通信系统模型则是熵这个概念，它不但阐述了理论上的合理性，而且也给出了实际通信所必须遵循的规则，本书围绕通信系统的细化模型进行叙述，并给出理论上的分析。

这里应强调的是，Shannon 信息论只是信息论的主要部分，多年来信息论和相关学科的交叉融合使得信息论的研究范围不断扩大。例如传统通信系统模型是两用户的简单情

① 在理想情况下，信宿所收到的消息内容(信息)与信源相同，但信宿的消息形式未必与信源的消息形式相同。

况，而现代的通信则是在多用户的情况下进行，因此传统的信息论必须加以改进以适应这种新情况。又比如传统上是以概率论的角度来考查熵，而现在许多领域需要从模糊集角度来描述熵。还比如在计算机科学中也有对信息的描述和度量，而这种方法与熵的思路既有区别又有联系。事实上，有关信息的研究发展非常迅速，必须从**信息科学**(Information Science)的高度来考查、分析和理解信息，而这仍是一片正在开垦的无尽领域。

以已故物理学家John Archibald Wheeler所说的一段精妙言辞作为本章的结束：

I think of my lifetime in physics as divided into three periods

In the first period ... I was in the grip of the idea that

Everything is Particles.

... I call my second period

Everything is Fields.

... Now I am in the grip of a new vision, that

Everything is Information.

本章小结

本章首先给出了信息的若干种含义，从信息的多样化来论证研究信息的难度。随后给出了一些常见的信息表达形式，并强调了离散元素组合的威力。人类社会中常常需要对信息进行有效的处理，为此本章还讨论了若干类常见的信息处理模式。

从信息的上述讨论可以看出，要给出全面、系统的信息理论是相当困难的。Shannon仅关注通信问题，在此意义上利用熵的概念构建了Shannon信息论的基本雏形。为简化问题，必须介绍通信系统的数学模型，不过对此模型的略加细化更有利于问题的分析解决。

本章仅介绍了一些粗浅的概念，所提到的信息论的内容也是形象的、不严格的，后续章节将对Shannon信息论进行全面的介绍，并对其中重要的概念和定义给出严格定义和证明。当然，理解信息论的概念和思想更为重要，这才是学习本课程所要达到的最终目标。

习 题

(一) 填空题

1. 在Shannon信息论中，最重要的概念是__________。

2. 通信系统一般由____________________5个部分组成。

(二) 综述题

1. 阅读Shannon的*A Mathematical Theory of Communication*，整理出Shannon信息论的大纲。

2. 阅读Sergio Verdú的综述*Fifty Years of Shannon Theory*，写出阅读报告。

第2章 离散信息的度量

教学目标

从理论和实践的角度掌握离散熵、联合熵与条件熵、相对熵与互信息等基本概念，并能应用它们解决相关问题；掌握离散熵的性质，尤其是链式法则；理解 Jensen 不等式的意义并能证明关于离散熵的不等式；了解离散熵的形式唯一性。

教学要求

知识要点	能力要求	相关知识
离散熵	(1) 准确理解离散熵的概念 (2) 掌握离散熵的性质	(1) 熵与描述复杂性 (2) 熵与划分
联合熵与条件熵	(1) 准确理解联合熵与条件熵的概念 (2) 掌握链式法则	(1) 条件熵的物理意义 (2) 对系统的分步考察
相对熵与互信息	(1) 准确理解相对熵与互信息的概念 (2) 理解互信息和条件熵的关系	(1) 相对熵的物理意义 (2) 信息不等式的应用

引言

著名的奥地利物理学家 Ludwig Eduard Boltzmann 为世人留下了一座不朽的丰碑，如图 2.1 所示。其上并无多余的溢美之词，仅有他为人类留下的伟大公式：

$$S = k\log W$$

它所描述的概念称为**熵**(Entropy)，这个公式如此简单却又优美，仿佛神来之笔。Boltzmann 在描述气体动力论时，用上述公式刻画了系统的熵 S 和 W，其中 W 是指与一个系统的宏观状态对应的可能出现的微观状态数，而 k 则是 Boltzmann 常数。

不过，熵最初却是作为一个宏观观测量由 Rudolf Clausius(图 2.2)提出的。在热力学中，熵的变化是热量变化与温度的商，其中译名也源于此。一般而言，熵总是增加的，图 2.3 给出了一个实例。Boltzmann 创造性地给出了熵的微观解释，作为一个物理量，熵描述了系统的混乱度(无序度)。无序的对立面是有序，于是熵可以从数值上描述无序和有序之间的差异：如果某系统的熵越大，意味着该系统越无序，反之则说明该系统越有序。Boltzmann 对熵的这种科学解释，不仅在微观状态数与宏观观测量之间架设了一座桥梁，而且还给他之后的科学家指明了一条更宽广的道路，即以概率观点研究复杂系统的状态。

几十年后，美国贝尔实验室的科学家 Claude Elwood Shannon 沿着 Boltzmann 所开创的道路向前迈进了一大步，Shannon 抓住了通信问题的本质，从概率观点研究了“什么是信息”、“如何度量信息”等一系列问题，从而对通信领域的基本问题作出了回答。Shannon 不但对通信中的“信息”概念给出了精确的定义，更对熵赋予了全新的诠释。于是，信息论这门全新的学科诞生了。

图 2.1　Boltzmann 墓碑

图 2.2　Clausius

图 2.3　熵增

2.1 基本概念

2.1.1 离散熵的定义

由于熵的概念最早来自物理学，因而模仿和类比物理学的研究方式，对讨论信息论中熵的概念是相当有益的。同物理学一样，信息论这门学科也需要从整体上或者说以系统的观点去考查。如果着眼点放在某一系统，显然必须假设该系统满足一定的条件。而物理学中最先研究的是孤立系统，它是最简单也是最理想的模型，于是从此着手研究信息的本质。

孤立系统的基本假设是与外界无任何作用，在这种假设下衡量其信息是比较合适的。为进一步简化模型，不妨假设该孤立系统所表现出的状态是离散的，事实上，本章内容也仅限于离散量。根据上述假设，容易在实际中找到若干实例，它们类似于孤立系统。比如甲投掷一枚硬币，并观察硬币的朝向。又比如乙进行如下操作：从一副混洗均匀的牌中抽出一张，观察所抽出牌的信息后再放回并重新洗牌。如果这些动作在封闭的房间内完成，且无任何干扰，可以认为它们所对应系统是孤立的。

由于投掷硬币问题比较简单，可采用此例对信息展开讨论，而其关键在于如何描述该系统。事实上，单次过程无法显露问题的本质，可假设上述过程多次重复。

直观上看，若有一台摄影装置记录投掷硬币的全过程，即可认为该摄影装置的录像完全描述了投掷硬币系统。为简单起见，可假定投掷人每次投掷动作完全一致，所有落地后硬币正面朝上情况下的硬币运行轨迹完全相同，所有落地后硬币反面朝上情况下的硬币运行轨迹也完全相同。

问题 1 对于投掷硬币系统，摄影装置应如何设置才能高效地录制该系统的运行过程?

由于摄影装置有容量限制，较好的方法是仅录制落地为正面朝上和落地为反面朝上的投掷过程，其后的投掷只需要录制硬币的朝向，便可完全复原硬币投掷过程。当然这仅仅是一个最简单的方案，它仍可改进。注意到此方案每次需要录制硬币朝向形成的图像，即硬币的正面和反面，其实质是利用图像的直观性获取结果。而人类不仅能用图形表示信息，还可用文字表达信息，例如可用“正”、“反”来简单表示硬币的朝向。对于摄影装置而言，还可用数字来简单表示硬币的朝向，即硬币的朝向仅用 0 和 1(分别代表“正”和“反”)来表示。这意味着信息与其载体的形式无关，或者说与编码形式无关，因此可采用数值方式来表示和研究信息。

由于采用数值化的表达形式，摄影装置中除了每次投掷动作的录像之外，余下的就是一连串的 0 和 1 组成的序列。如果录制时间足够长，摄影装置中的大部分内容均为 0 和 1 的序列，而投掷动作的录像已不再是主要内容。从复原投掷行为的角度看，摄影装置中存储的内容完全反映了投掷信息，即 0-1 序列反映了投掷过程的主要信息。那么，如何揭示获得的 0-1 序列含有的信息？或者说，面对这些 0-1 序列，能得到投掷过程所含信息的何种结论？为此，可借助物理学的思考方式对信息进行更深入的讨论，注意到大部分物理术语都有度量单位，这提示人们信息也应有度量单位。

直观上讲，可定义每次投掷的结果 0 或 1 蕴涵的信息量为 1，即每次投掷仅需要 1 位数字即可描述。如果从极限的角度考虑，此信息量的值即为描述每次投掷过程所需数字位数的极限值。为了明确信息的单位，下面考虑投掷具有多面体的物体的实例。假定所投掷的物体为均匀的 8 面体，它有 8 个朝向。如果仍按上述思路，并注意到目前的摄影装置采用了二进制存储，可用

$$000,\ 001,\ 010,\ 011,\ 100,\ 101,\ 110,\ 111 \tag{2.1}$$

这 8 种数值来表示 8 个不同的朝向，该情况下每次投掷蕴涵的信息量应为 3。不过，这与人类的常规思维有一些矛盾，显然只需要

$$0,\ 1,\ 2,\ 3,\ 4,\ 5,\ 6,\ 7 \tag{2.2}$$

这 8 种数值便可给出更简洁的表达方式，而该情况下每次投掷蕴涵的信息量则减少到 1。事实上，这种矛盾的根源在于未规定信息量的单位。人类在长期的生活实践中，形成了以十进制为基础的数值表达方式；而计算机及其相关产品由于条件所限，采用以二进制

为基础的数值表示。十进制的表述能力显然要强于二进制，因而它们对应信息量的单位也应有差异。为此，可将二进制情况下信息量的单位定义成比特(bit)，而十进制情况下信息量的单位定义成哈特(Hart)①。

信息量的单位一旦规定，便可解决不同进制下信息量大小存在差异的问题。事实上，信息量的单位不仅对其度量给出了定义，而且给出了量具的限制，可利用此进一步讨论信息量的表达式。比如在二进制下只能采用0～1的形式进行描述，或者采用两个不同的符号来表达。又比如在十进制下只能采用0～9或10种不同的符号来表示。实际上，不论是0～1还是0～9，均可认为是度量信息的量具。利用这些数值且仅限于它们对信息进行表示和度量，即可形成表示和度量信息的模型。

问题2 在以数值方式表示和度量信息的模型中，信息量的值应如何确定？

此问题较为简单，可类比Boltzmann的熵公式进行解决。以比特作为信息量的单位，如果硬币有$W=2^n$个朝向，则每次投掷过程可用长度为n的二进制串来表示，而该过程所蕴涵的信息量则为$n=\log_2 W$比特②。若将硬币的W个朝向视为不同的物理状态，则$\log W$的表达形式与Boltzmann的熵公式基本一致，这意味着熵可作为信息的度量值。可以举出许多例子以验证用对数形式作为信息度量方式的正确性。

【例2.1】 学生学号共10位，前4位为该学生入学年份，后6位为该学生在入学时的序号。求该学生完整的学号信息和有关入学年份的信息。(在下面的叙述中，为了和现实相一致，认为考虑的年份限定在公元计时开始的一万年内，且采用计算机中的××××形式的4位表达形式。)

解 任取一学生的学号，不妨设其为2008712409，以此验证对数形式作为信息度量方式的正确性。

若需要了解该学生完整的学号信息，必须完全得到他的10位学号，可定义信息量为10。学号共有10^{10}种可能，信息量采用哈特为单位，在对数形式下的信息量为$\log_{10}10^{10}=10$(哈特)。

若仅需了解该学生入学年份的信息，只需要取前4位即可，如本例中该学生在2008年入学。学号中仅有前4位对了解入学年份有用，后面6位学号完全无用，可定义信息量为4。注意到入学年份只有10^4种可能，信息量采用哈特为单位，在对数形式下的信息量为$\log_{10}10^4=4$(哈特)。

【例2.2】 身份证号共18位，其中有8位是此人的出生日期，求身份证中有关此人出生日期的信息。

解 若仅需了解身份证中出生日期的信息，只需要取其中出生日期所占8位即可，其他位数完全无用，可定义信息量为8。注意到出生日期存在10^8可能，信息量采用哈特为单位，采用对数形式可知信息量为$\log_{10}10^8=8$(哈特)。

虽然采用对数形式作为信息的度量方式给出了正确的思路，但Boltzmann的熵公式还未能完全揭示信息的本质，因为该公式仅考虑了系统的状态数。为得到信息量的表示形式，需要进一步研究信息的特征。不妨重新回到投掷硬币问题上，且假设投掷结果具

① 由于Hartley首先采用十进制情况下的对数形式表示信息量，因而采用Hartley名字的缩写作为单位。

② 为表达方便起见，本书在不加说明的情况下，均采用以2为底的对数，并简记为log。

有一定的规律，可在此情况下考查其信息量的变化。

对于普通硬币(以 Ⓝ 表示)而言，不可能预测其投掷结果。换言之，每次投掷结果既可能是 0，也可能是 1，因而每次必须真实记录其投掷结果。

如果硬币具备一定的魔力(以 Ⓜ 表示)，它自己可控制落地后的朝向，则情况大有不同。假定在某个对硬币 Ⓜ 进行投掷的系统中，硬币 Ⓜ 从开始投掷时就决定它只出现 1 这种朝向，即每次投掷的结果只可能是 1。显然摄影装置仅需录制首次投掷过程，若要复原投掷过程则仅需不断复制首次投掷过程即可。而这种情况下信息量的值也可通过求极限的方式得到，易知其值为 0。此结果仍然可用 $\log W$ 得到，因为状态数仅为 1①。

再考虑硬币不能完全控制其朝向的情况。比如可假设某个硬币(以 Ⓔ 表示)也具备控制朝向的魔力，但它在前 2^{10000} 次投掷中必然会犯 1 次错误，但不知道在哪次投掷中犯错误，而在 2^{10000} 次投掷后不再犯错。在此种假设下，硬币 Ⓔ 基本上都会呈现 1 这种朝向，而犯错误时才会呈现出 0 这种朝向，则需要仔细考查这种特殊的投掷系统。

问题 3　对于硬币 Ⓔ，应如何设置摄影装置?

如果仍采用与硬币 Ⓝ 一样的方式，即以 0 和 1 真实记录每次投掷结果，此方案当然可取，但这样会带来相当多的存储浪费，也意味着该投掷系统并未包括如此多的信息量。假定硬币 Ⓔ 会在第 η 次投掷时犯错，则摄影装置除了录制硬币落地朝向为 0 和落地朝向为 1 的投掷过程外，只需要记录 η 即可。具体的录制步骤是：只有遇到第 1 个朝向为 1 的录像才记录，其后的录像若录完后发现其朝向为 1 则删除，而遇到朝向为 0 的录像则直接记录并记下其序号 η(即第 η 次投掷)。若要复原投掷过程只需不断复制投掷结果为 1 的过程，并更改第 η 次投掷录像为朝向为 0 的投掷过程即可。这种方法还可以进行推广，即适用于出现多次落地朝向为 0 的情况，只需将所记录的序号 η 分隔即可②。

记录 η 至多需要 $\lceil \log\eta \rceil \leqslant 10000$ 长度的二进制串，所以摄影装置存储的额外信息量至多为 10000。不妨设录制朝向为 0 和 1 的投掷过程所存储的总信息量不超过某个固定值 f，则总信息量不超过 $10000+f$。从假设可知，硬币在前 2^{10000} 次投掷中必然会犯 1 次错误，对于任意的 $l>2^{10000}$，可知第 l 次投掷后，平均每次投掷所需的信息量至多为

$$(10000+f)/l \tag{2.3}$$

仍采用求极限值的方法计算每次投掷所需的信息量，易知

$$\lim_{l\to+\infty}(10000+f)/l=0 \tag{2.4}$$

这意味着进行相当多的投掷后，描述每次投掷平均所需信息量为 0 比特。

仔细观察硬币 Ⓝ 和硬币 Ⓔ，它们的状态数 W 均为 2，而区别在于 0 和 1 两种状态出现的可能性不同，即其概率值不同。于是可猜测信息量可由概率值的函数表示，设朝向为 0 和 1 两种状态的概率值分别为 p_0 和 p_1，将信息量的表达形式记为 $H(p_0, p_1)$，下面利用概率值寻找 $H(p_0, p_1)$ 的表达形式。

对于硬币 Ⓝ，每次投掷的信息量为 $\log W$，p_0 和 p_1 均为 $1/W$，则可将 $\log W$ 改写为 $-\log p_0$ 或 $-\log p_1$。由于信息量的表达式与 p_0 和 p_1 均有关，可猜测信息量的表达式为

---

① 严格来说，状态数应为 2，因为投掷结果为 0 的事件概率为 0。关于此问题，下文将对其作深入讨论。

② 如何分隔序号，这是一个编码问题，后文将对其深入讨论。这里假设摄影装置可自行分隔，每个分隔只需少许额外存储量。

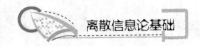

$-\log p_0$和$-\log p_1$的线性组合，即

$$H(p_0, p_1) = -\alpha\log p_0 - (1-\alpha)\log p_1 \tag{2.5}$$

而对于硬币 Ⓔ，每次投掷的信息量为 0，p_0和 p_1分别为 0 和 1。事实上，硬币 Ⓜ 的 p_0和 p_1也可认为值是 0 和 1，于是可对硬币 Ⓔ 和硬币 Ⓜ 进行统一处理。若将 p_0和 p_1的值代入(2.5)式后验算，可发现 $H(p_0, p_1)$与硬币 Ⓔ(硬币 Ⓜ)所蕴涵的信息量不等，其表面原因是对$-\log p_0$和$-\log p_1$赋予了固定权重。事实上，仔细观察投掷这些硬币所蕴涵的信息量，可发现$-\log p_0$和$-\log p_1$的意义应为描述随机变量的值取 0 和 1 所需要的长度。虽然$-\log p_0$意味着描述随机变量 0 所需长度为无穷大，但其发生的可能性相当小。于是可借助数学期望的思想，进一步猜测信息量为描述随机变量所需长度的数学期望，即

$$H(p_0, p_1) = -p_0\log p_0 - p_1\log p_1 \tag{2.6}$$

于是硬币 Ⓝ 和硬币 Ⓔ 的信息量便可统一用上式来计算，且它也适用于硬币 Ⓜ。而上式中的$H(p_0, p_1)$也就表示了投掷行为所提供的信息量，它在信息论中的名称仍然是**熵**。

由于熵的定义并未考虑信息的其他特性，只依赖于随机变量的概率分布，可认为熵是信息的狭义定义。但在大多数实际问题中，以熵定义信息已经足够，而且它也能较好地解决问题。因此即以熵作为离散信息的度量方式，它的本质是描述某随机变量的最小长度，关于此留待后续章节加以详述。

事实上，将硬币的朝向以 0 和 1 描述的方法在数学中早已出现，它就是概率论中将随机事件转化成随机变量的策略。若对硬币的各种状态赋予概率值，则可得到描述长度平均值也即数学期望。将投掷硬币问题的解决方案一般化，则可得到熵的定义。为此，必须给出若干概率论的定义，并从概率的角度对其进行研究。

设 X 为离散型随机变量，其取值空间为 $\mathcal{X}$。X 的概率分布函数 $p_X(x)=\Pr(X=x)$，简记为 $p(x)$。定义 X 的熵 $H(X)$为

$$H(X) = -\sum_{x\in\mathcal{X}} p(x)\log p(x) \tag{2.7}$$

以数学期望的语言描述，$H(X)$则为$-\log p(X)$函数的数学期望，即

$$H(X) = E[-\log p(X)] \tag{2.8}$$

利用它可得到熵性质的许多简洁证明，这就是采用数学期望的观点描述熵的原因，而后文中许多证明使用了此表述。

需要指出，$-\log p(X)$的概率分布情况较为复杂。如果直接考虑$-\log p(X)$的概率分布，相当于视$-\log p(X)$为一个随机变量 Z，那么 Z 取值为某值时，X 对应的取值为一个集合，即满足 $Z=z$ 的取值集合为

$$\{x \mid -\log p(x) = z\} \tag{2.9}$$

于是 Z 的概率分布为

$$\Pr(Z = z) = \sum_{\substack{x\in\mathcal{X} \\ -\log p(x) = z}} p(x) \tag{2.10}$$

这样相当于将 $\mathcal{X}$ 按照$-\log p(x)$的值进行划分。不过对于求数学期望而言，直接从 X 进行分析简单，即

$$H(X) = E[-\log p(X)] = \sum_{z\in\mathcal{Z}} p(z)z = \sum_{x\in\mathcal{X}} p(x)(-\log p(x)) \tag{2.11}$$

为便于表述和理解，不妨设$-\log p(x)$的值各不相同，这种情况下的$-\log p(X)$的概率分布就是$p(x)$，显然这种假设不影响数学期望的正确性，因此下文均采用这种“概率分布”。

【例 2.3】 某人一次投掷两个硬币，假定其朝向满足等概分布，求此人进行一次投掷的熵。

解 仍用 0 和 1 代表硬币的朝向，每次投掷后其朝向可能为

$$00,\ 01,\ 10,\ 11 \tag{2.12}$$

且 4 种朝向概率相等，均为 1/4，则定义随机变量 X 可取上述 4 种值，计算其熵为

$$H(X) = -p(00)\log p(00) - p(01)\log p(01) - p(10)\log p(10) - p(11)\log p(11) = 2 \tag{2.13}$$

因此投掷人进行一次投掷可获得 2 比特信息。

【例 2.4】 从一副混洗均匀的牌中任意抽出一张，求该行为蕴涵的信息量。

解 可用 52 个不同二进制字符串表示此副牌的各种牌面。为方便起见，可采用十进制形式表示，比如可用 1～52 代表这些二进制字符串，但熵的单位仍采用比特。由于每种牌面出现的概率相等，可计算其熵为：

$$H(X) = -\sum_{i=1}^{52} p(i)\log p(i) = \log 52 \tag{2.14}$$

因此从一副混洗均匀的牌中任意抽出一张可获取为 log52 比特信息。

需要特别指出，只有考查整个系统的信息量即熵才有意义。一方面，需要大量实验才能得到全面的信息。比如在投掷硬币过程中，单独考查一次投掷过程没有任何意义。由于投掷结果存在偶然性，仅依靠少数几次的投掷结果无法全面反映投掷过程。只有连续观测较长时间，并利用观测结果取得概率分布后，再谈论该系统的信息量才是正确的。另一方面，必须将各种状态以整体形式进行研究。比如对于硬币 Ⓝ 来说，单独计算朝向为 1 的信息是不可能的，因为它与朝向为 0 的信息紧密联系，换言之，朝向为 0 的次数制约着朝向为 1 的次数。从随机变量的角度看，$X=x$ 蕴涵的信息与 X 为其他值的信息密不可分。因此，只有对熵进行研究才能完整地了解系统的信息。

2.1.2 联合熵与条件熵

仍然以投掷硬币系统为例，假定甲和乙在同一房间内进行投掷，甲先进行投掷，待甲投掷完毕后乙再进行投掷。设 X 代表甲的投掷结果，Y 代表乙的投掷结果，则(X, Y)为甲和乙均完成投掷之后的结果。

问题 4 如何度量甲和乙投掷硬币所蕴涵的信息？

可将甲和乙投掷硬币的总过程视为整体，换言之，可将(X, Y)作为向量处理。设(X, Y)取值空间为$\mathcal{X}\times\mathcal{Y}$，其概率分布函数 $u(x, y)=\Pr(X=x, Y=y)$。利用熵的定义，可知随机向量(X, Y)的熵 $H(X, Y)$为

$$H(X, Y) = -\sum_{(x, y)\in \mathcal{X}\times\mathcal{Y}} u(x, y)\log u(x, y) \tag{2.15}$$

在实际计算中，需要将 $H(X, Y)$ 改写成对向量各分量求和的形式：

$$H(X, Y) = -\sum_{x\in \mathcal{X}}\sum_{y\in \mathcal{Y}} u(x, y)\log u(x, y) \tag{2.16}$$

注意到 $H(X, Y)$ 采用 (X, Y) 的联合概率分布函数，所以可称 $H(X, Y)$ 为**联合熵**(Joint Entropy)。由于联合熵是随机向量的熵，因而其单位与熵相同。

以数学期望的语言描述，$H(X, Y)$ 则为 $-\log u(X, Y)$ 函数的数学期望，即

$$\begin{aligned} H(X, Y) &= E[-\log u(X, Y)] \\ &= \sum_{x\in \mathcal{X}}\sum_{y\in \mathcal{Y}} u(x, y)(-\log u(x, y)) \end{aligned} \tag{2.17}$$

其中 $-\log u(X, Y)$ 的“概率分布”为 $u(x, y)$。

联合熵提供了综合两个系统的信息的方法，即考虑它们的联合概率分布。显然两个系统的信息是否存在重合，对联合熵的影响相当大，这可从简单例子着手分析之。

【例 2.5】 如果甲和乙投掷硬币 Ⓝ 的过程互不干扰，亦即 X 和 Y 相互独立，验证

$$H(X, Y) = H(X) + H(Y) \tag{2.18}$$

解 易知 X 和 Y 的概率分布为

$$p(x) = \begin{cases} 1/2, & x=0 \\ 1/2, & x=1 \end{cases} \tag{2.19}$$

$$q(y) = \begin{cases} 1/2, & y=0 \\ 1/2, & y=1 \end{cases} \tag{2.20}$$

由于 X 和 Y 相互独立，可知 (X, Y) 的联合概率分布函数 $u(x, y)$ 为

$u(x, y)$	$x=0$	$x=1$
$y=0$	1/4	1/4
$y=1$	1/4	1/4

分别计算 $H(X, Y)$ 与 $H(X)$，$H(Y)$

$$H(X) = 1 \tag{2.21}$$

$$H(Y) = 1 \tag{2.22}$$

$$H(X, Y) = 2 \tag{2.23}$$

它们满足(2.18)式，这意味着在甲和乙互不干扰，若要获取他们投掷硬币的信息，只需分别计算他们单独投掷硬币所蕴涵的信息量之和即可。

【例 2.6】 假设 X 和 Y 相互独立，证明

$$H(X, Y) = H(X) + H(Y) \tag{2.24}$$

证 设 X 和 Y 的概率分布函数分别为 $p(x)$ 和 $q(y)$，易知 (X, Y) 的联合概率分布函数 $u(x, y)$ 满足

$$u(x, y) = p(x)q(y) \tag{2.25}$$

可从定义证明(2.24)式，即

$$
\begin{aligned}
H(X,Y) &= \sum_{x\in\mathcal{X}}\sum_{y\in\mathcal{Y}} u(x,y)(-\log u(x,y)) \\
&= \sum_{x\in\mathcal{X}}\sum_{y\in\mathcal{Y}} u(x,y)((-\log p(x))+(-\log q(y))) \\
&= \sum_{x\in\mathcal{X}}\sum_{y\in\mathcal{Y}} u(x,y)(-\log p(x))+\sum_{x\in\mathcal{X}}\sum_{y\in\mathcal{Y}} u(x,y)(-\log q(y)) \\
&= \sum_{x\in\mathcal{X}}(-\log p(x))\sum_{y\in\mathcal{Y}} u(x,y)+\sum_{y\in\mathcal{Y}}(-\log q(y))\sum_{x\in\mathcal{X}} u(x,y) \\
&= \sum_{x\in\mathcal{X}} p(x)(-\log p(x))+\sum_{y\in\mathcal{Y}} q(y)(-\log q(y)) \\
&= H(X)+H(Y)
\end{aligned}
\tag{2.26}
$$

如果从数学期望的角度，可以得到更简洁的证明。将$-\log u(X,Y)$函数写为

$$-\log u(X,Y)=(-\log p(X))+(-\log q(Y)) \tag{2.27}$$

对(2.27)式两边取数学期望，则可得到

$$
\begin{aligned}
H(X,Y) &= E[-\log u(X,Y)] \\
&= E[(-\log p(X))+(-\log q(Y))] \\
&= E[-\log p(X)]+E[-\log q(Y)] \\
&= H(X)+H(Y)
\end{aligned}
\tag{2.28}
$$

后文将使用这种数学期望的视角来分析和解决问题。

从物理意义上看，(2.24)式意味着若两个系统的信息不存在重合，联合熵的值等于单独计算两个系统所得熵之和。若两个系统的信息存在重合，从信息的意义上看，$H(X,Y)$不可能超过$H(X)$，$H(Y)$的和，即

$$H(X,Y)\leqslant H(X)+H(Y) \tag{2.29}$$

这意味着两个系统综合后不会带来额外的信息。$H(X,Y)$与$H(X)$，$H(Y)$的关系留待后续章节继续讨论。

此外，联合概率分布函数通常与条件概率函数联系紧密，为此可继续讨论投掷硬币问题。在甲和乙投掷硬币的过程中，如果乙所投掷的硬币具备另一种魔力，它可根据甲投掷的结果尽量控制自己的朝向，假定乙所投掷的硬币在多数情况下与甲所投掷的硬币朝向相反。可从两方面研究此问题：可采用先观察甲的硬币朝向再查看乙的硬币朝向的正向思维，也可采用先观察乙的硬币朝向再查看甲的硬币朝向的逆向思维。这两种思维方式分别对应了不同的条件概率函数。

设甲和乙投掷硬币的联合概率分布函数为$u(x,y)$，条件概率函数为$p(y|x)$，$q(x|y)$，其值分别如下。

$u(x,y)$	$y=0$	$y=1$
$x=0$	1/18	4/9
$x=1$	4/9	1/18

$p(y\|x)$	$y=0$	$y=1$
$x=0$	1/9	8/9
$x=1$	8/9	1/9

$q(x\|y)$	$y=0$	$y=1$
$x=0$	1/9	8/9
$x=1$	8/9	1/9

容易求出 X 的概率分布函数 $p(x)$和 Y 的概率分布函数 $q(y)$分别为

$$p(x)=\begin{cases}1/2, & x=0\\ 1/2, & x=1\end{cases} \tag{2.30}$$

$$q(y)=\begin{cases}1/2, & y=0\\ 1/2, & y=1\end{cases} \tag{2.31}$$

先从正向进行讨论，假定甲投掷结果已知，可讨论此情况下乙投掷过程蕴涵的信息量。这种方式相当于正常播放其投掷过程的录像。

如果甲投掷结果为 0，则此条件下乙投掷后硬币朝向为 0 和 1 的概率分别为 $p(0|0)$和 $p(1|0)$，此情况下乙投掷过程蕴涵的信息量为

$$-p(0|0)\log p(0|0)-p(1|0)\log p(1|0)=\log 9-\frac{8}{3} \tag{2.32}$$

如果甲投掷结果为 1，则此条件下乙投掷后硬币朝向为 0 和 1 的概率分别为 $p(0|1)$和 $p(1|1)$，此情况下乙投掷过程蕴涵信息量为

$$-p(0|1)\log p(0|1)-p(1|1)\log p(1|1)=\log 9-\frac{8}{3} \tag{2.33}$$

可猜测在已知甲投掷结果的条件下乙投掷过程所蕴涵信息量应为(2.32)式和(2.33)式的数学期望，即

$$\sum_{x=0}^{1}\left[p(x)\left(-\sum_{y=0}^{1}p(y|x)\log p(y|x)\right)\right]=\log 9-\frac{8}{3} \tag{2.34}$$

通过计算可知

$$H(X)+\sum_{x=0}^{1}\left[p(x)\left(-\sum_{y=0}^{1}p(y|x)\log p(y|x)\right)\right]=\log 9-\frac{5}{3}=H(X,Y) \tag{2.35}$$

这意味着一旦了解了甲投掷结果所蕴涵信息后，若再知道(2.34)式，则可完全了解甲和乙投掷硬币的总过程所蕴涵的信息。

再从反向进行讨论，这种方式相当于逆向播放其投掷过程的录像。若仅知道乙的投掷结果，可同样计算出此条件下甲投掷过程蕴涵信息量，即

$$\sum_{y=0}^{1}\left[q(y)\left(-\sum_{x=0}^{1}q(x|y)\log q(x|y)\right)\right]=\log 9-\frac{8}{3} \tag{2.36}$$

通过计算可知

$$H(Y)+\sum_{y=0}^{1}\left[q(y)\left(-\sum_{x=0}^{1}q(x|y)\log q(x|y)\right)\right]=\log 9-\frac{5}{3}=H(X,Y) \tag{2.37}$$

这意味着一旦了解了乙投掷结果所蕴涵信息后，若再知道(2.36)式，则可完全了解甲和乙投掷硬币的总过程所蕴涵的信息。

从上面的讨论可知，有必要定义针对条件概率函数的熵，其形式为(2.34)式或

(2.36)式，并称之为**条件熵**(Conditional Entropy)。条件熵描述了指定条件下获取的"新"信息量，所以其单位与熵相同。

一般情况下，对随机变量 X 与 Y，可定义两种条件熵，即

$$H(Y|X)=\sum_{x\in\mathcal{X}}\Big[p(x)\Big(-\sum_{y\in\mathcal{Y}}p(y|x)\log p(y|x)\Big)\Big] \tag{2.38}$$

$$H(X|Y)=\sum_{y\in\mathcal{Y}}\Big[q(y)\Big(-\sum_{x\in\mathcal{X}}q(x|y)\log q(x|y)\Big)\Big] \tag{2.39}$$

以数学期望的语言描述，$H(Y|X)$ 和 $H(X|Y)$ 则分别为 $-\log p(Y|X)$ 和 $-\log q(X|Y)$ 函数的数学期望，即

$$H(Y|X)=E[-\log p(Y|X)] \tag{2.40}$$

$$H(X|Y)=E[-\log q(X|Y)] \tag{2.41}$$

需要注意 $-\log p(Y|X)$ 和 $-\log q(X|Y)$ 的概率分布函数为

$$\Pr(-\log p(y|x)=z)=\sum_{\substack{(x,y)\in\mathcal{X}\times\mathcal{Y}\\ -\log p(y|x)=z}}u(x,y) \tag{2.42}$$

$$\Pr(-\log q(x|y)=z)=\sum_{\substack{(x,y)\in\mathcal{X}\times\mathcal{Y}\\ -\log p(x|y)=z}}u(x,y) \tag{2.43}$$

于是 $H(Y|X)$ 和 $H(X|Y)$ 可表示为

$$\begin{aligned}H(Y|X)&=E[-\log p(Y|X)]\\&=\sum_{x\in\mathcal{X}}\sum_{y\in\mathcal{Y}}u(x,y)(-\log p(y|x))\end{aligned} \tag{2.44}$$

$$\begin{aligned}H(X|Y)&=E[-\log q(X|Y)]\\&=\sum_{x\in\mathcal{X}}\sum_{y\in\mathcal{Y}}u(x,y)(-\log q(x|y))\end{aligned} \tag{2.45}$$

可设 $-\log p(Y|X)$ 和 $-\log q(X|Y)$ 的"概率分布"均为 $u(x,y)$。

由于联合概率分布函数与条件概率函数存在如下关系。

$$u(x,y)=p(x)p(y|x) \tag{2.46}$$

$$u(x,y)=q(y)q(x|y) \tag{2.47}$$

则可知

$$-\log u(X,Y)=(-\log p(X))+(-\log p(Y|X)) \tag{2.48}$$

$$-\log u(X,Y)=(-\log q(Y))+(-\log q(X|Y)) \tag{2.49}$$

对(2.48)式和(2.49)式两边取数学期望，便可得到**链式法则**(Chain Rule)

$$H(X,Y)=H(X)+H(Y|X) \tag{2.50}$$

$$H(X,Y)=H(Y)+H(X|Y) \tag{2.51}$$

从链式法则可知，信息的获取存在多种方式：既可一次完全获取信息，也可分步骤依次获取部分信息后再整合为完整的信息。

【例 2.7】 箱内装有 2 个红球和 4 个白球，它们仅在颜色上有差异，其余特性完全一致。某人从箱中依次取 2 个球，求此过程蕴涵的关于球颜色的信息量。

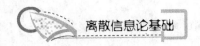

解 可将取 2 个球的过程分解，则此人第 1 次取 1 个球(以 X 表示)，第 2 次仍取 1 个球(以 Y 表示)。设取到红球时随机变量值取 0，取到白球时随机变量值取 1。

易知条件概率函数 $p(y|x)$ 如下。

$p(y\|x)$	$y=0$	$y=1$
$x=0$	1/5	4/5
$x=1$	2/5	3/5

而 $p(x)$ 为

$$p(x)=\begin{cases}1/3, & x=0\\ 2/3, & x=1\end{cases} \tag{2.52}$$

条件熵可计算如下。

$$\begin{aligned}H(Y|X)&=-\sum_{x=0}^{1}\left[p(x)\sum_{y=0}^{1}\Big(p(y|x)\log p(y|x)\Big)\right]\\&=\log 5-\frac{2}{5}\log 3-\frac{4}{5}\end{aligned} \tag{2.53}$$

而 X 的熵 $H(X)$ 易求，于是 $H(X, Y)$ 为

$$\begin{aligned}H(X,Y)&=H(X)+H(Y|X)\\&=\log 3-\frac{2}{3}+\log 5-\frac{2}{5}\log 3-\frac{4}{5}\\&=\log 5+\frac{3}{5}\log 3-\frac{22}{15}\end{aligned} \tag{2.54}$$

可看出此方法不但计算过程简单，而且思路清晰，还避免了利用组合方法直接计算 (X, Y) 的联合概率分布函数 $u(x, y)$。事实上，分步进行考虑也是概率论中的重要思想，它能避免许多错误求解过程。

2.1.3 相对熵与互信息

如果投掷硬币者需要确定他所投掷硬币的种类，即硬币属于 Ⓝ、Ⓜ、Ⓔ 的哪一类。通常硬币应为 Ⓝ，这也是投掷者的一般判断。若投掷者需要验证他所投掷的硬币是否符合硬币为 Ⓝ 的判断，则需要进行实验以获得投掷硬币对应随机变量的概率分布函数。此问题可推广至一般随机变量概率分布函数的估计。

问题 5 已知 X 的真实概率分布函数为 $p(x)$，若估计其概率分布函数为 $\hat{p}(x)$，此估计的不可信程度应如何度量？

设硬币确为 Ⓝ，而不同的投掷者会对其作出不同的估计。为验证其估计，投掷者应对硬币进行多次独立、重复的投掷实验：一方面，他通过实验得到的概率分布计算熵；另一方面，他按自己的判断方式进行记录。可对照投掷者记录的长度与熵，并以其差异作为对硬币估计的不可信程度的度量，通常称为该估计的**无效性**(Inefficiency)。

若甲估计此硬币为 Ⓝ，因此他采用处理硬币 Ⓝ 的方式，用 0 和 1 记录投掷结果。由于硬币为 Ⓝ，则实验中表现出的 p_0 和 p_1 均为 1/2。进行 l 次投掷后，甲的记录所需长度的数学期望应为

$$\sum_{i=1}^{l}(p_0+p_1)=p_0l+p_1l=l \tag{2.55}$$

进而可计算每次记录所需长度的数学期望为 1，等于投掷硬币 Ⓝ 的信息量。由于熵的本质是描述投掷过程的最小长度，实际每次记录所需长度的数学期望与其差异为 0，即此估计的无效性为 0。

若乙估计此硬币为 Ⓜ 或 Ⓔ，而它们的概率分布均相同，即 $\hat{p}_0$和 $\hat{p}_1$分别为 0 和 1。不过此时乙不能采用硬币 Ⓜ 的记录方式，因为硬币 Ⓜ 的投掷结果完全确定，亦即“硬币 Ⓜ 朝向为 0”为不可能事件，而一般人很难相信在现实中出现这种硬币。此外，若乙采用了硬币 Ⓜ 的记录方式，而硬币实际上为 Ⓝ，则乙永远不可能得到真实的记录。其原因是硬币 Ⓜ 的记录方式不能对事件“硬币 Ⓜ 朝向为 0”进行处理，而硬币 Ⓝ 有 1/2 的概率出现此朝向。于是乙只能采用硬币 Ⓔ 的记录方式。

设 l 次投掷的序号分别为 1，2，…，l，若第 i 次投掷出现朝向为 0 的情况，则需要的记录长度为$\lceil\log(i+1)\rceil+w$，其中 w 是分隔所需的额外存储量。由于只需记录朝向为 0 的情况，因此乙平均每次记录所需长度为

$$\frac{f+\sum_{i=1}^{l}\frac{1}{2}(\lceil\log(i+1)\rceil+w)}{l} \tag{2.56}$$

其中固定值 f 为真实的投掷过程录像所需记录长度的上限。

分析 l 趋近于无穷大时乙的一次记录长度的数学期望，易知

$$\frac{f+\sum_{i=1}^{l}\frac{1}{2}(\lceil\log(i+1)\rceil+w)}{l}\geqslant\frac{f+\sum_{i=1}^{l}\frac{1}{2}(\log(i+1)+w)}{l}$$
$$\geqslant\frac{f}{l}+\frac{\log((l+1)!)}{2l}+\frac{w}{2} \tag{2.57}$$

利用 Stirling 近似可知

$$\frac{\log(l+1)!}{2l}\approx\frac{\log\sqrt{2\pi l}+(l+1)\log(l+1)-(l+1)\log e}{2l} \tag{2.58}$$

进而可估计出每次记录所需长度的数学期望为无穷大，远大于投掷硬币 Ⓝ 的信息量。由于描述每次投掷过程的最小长度为 1，而实际每次记录所需长度的数学期望与其差异为无穷大，因此此估计的无效性最大。

从甲乙对硬币的估计和相应实验可看出，实际每次记录所需长度可用$-\log\hat{p}(x)$描述，而描述每次投掷过程的最小长度可由$-\log p(x)$描述。因此，只需求出$-\log\hat{p}(x)$与$-\log p(x)$差值的数学期望，即可描述 $\hat{p}(x)$对 $p(x)$估计的无效性。由于实验中的具体事件发生的可能性由其真实概率分布函数控制，因而计算数学期望时应采用 $p(x)$作为概率分布函数。

于是可定义 $\hat{p}(x)$估计的无效性 $D(p\|\hat{p})$为

$$D(p\|\hat{p})=\sum_{x\in\mathcal{X}}p(x)((-\log\hat{p}(x))-(-\log p(x)))=\sum_{x\in\mathcal{X}}p(x)\log\frac{p(x)}{\hat{p}(x)} \tag{2.59}$$

称 $D(p\|\hat{p})$为 $\hat{p}(x)$对 $p(x)$的**相对熵**(Relative Entropy)，也可视为估计 $\hat{p}(x)$与真实 $p(x)$

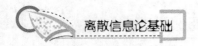

的偏离程度，即 Kullback-Leibler 距离(K-L Distance)。由于相对熵以熵的差值形式表述，所以其单位与熵相同。

以数学期望的语言描述，$D(p\|\hat{p})$则为 $\log\frac{p(X)}{\hat{p}(X)}$函数的数学期望，即

$$D(p\|\hat{p}) = E\left[\log\frac{p(X)}{\hat{p}(X)}\right] = \sum_{x\in\mathcal{X}} p(x)\left(\log\frac{p(x)}{\hat{p}(x)}\right) \tag{2.60}$$

这里需要注意 $\log\frac{p(X)}{\hat{p}(X)}$的概率分布函数为 $p(x)$。

不论以何种 $\hat{p}(x)$作为估计，实际每次记录所需长度的数学期望必然不小于每次记录投掷过程的最小长度，即相对熵 $D(p\|\hat{p})$非负。后文将从 $D(p\|\hat{p})$的定义证明相对熵非负，这意味着熵确实是描述某随机变量的最小长度。

【例 2.8】 设 X 的概率分布函数 $p(x)$为

$$p(x)=\begin{cases}1/2, & x=0\\ 1/2, & x=1\end{cases} \tag{2.61}$$

若估计 X 的概率分布函数 $\hat{p}(x)$为

$$\hat{p}(x)=\begin{cases}1/2+\varepsilon, & x=0\\ 1/2-\varepsilon, & x=1\end{cases} \quad \varepsilon\in[0,\ 1/2] \tag{2.62}$$

求相对熵 $D(p\|\hat{p})$。

解 根据定义计算 $D(p\|\hat{p})$为

$$D(p\|\hat{p}) = \sum_{x=0}^{1}\left(p(x)\log\frac{p(x)}{\hat{p}(x)}\right) = -\frac{1}{2}\log(1-4\varepsilon^2) \tag{2.63}$$

从直观上看，当 ε 较小时，应视 $\hat{p}(x)$为一个较好的估计。而且 $D(p\|\hat{p})$是关于 ε 的单调增函数，这也验证了此观点。此外，

$$\lim_{\varepsilon\to 0} D(p\|\hat{p}) = \lim_{\varepsilon\to 0}\left(-\frac{1}{2}\log(1-4\varepsilon^2)\right) = 0 \tag{2.64}$$

更表明了上述判断的正确性。事实上，一般有

$$\lim_{\hat{p}\to p} D(p\|\hat{p}) = 0 \tag{2.65}$$

应注意 $\hat{p}\to p$ 是函数意义下的趋近关系。

相对熵是一个相当重要的概念，但此处不再详细介绍，下面仅探讨在对两个系统的信息进行综合时相对熵与重合信息之间的关系。

前文讨论联合熵和条件熵时，着重研究了联合概率分布。而两个系统的信息是否存在重合，还可通过相对熵进行讨论。由于$(X,\ Y)$的真实概率分布函数为 $u(x,\ y)$，即$(X,\ Y)$的联合概率分布函数。若估计 X 和 Y 相互独立，相当于假设

$$\hat{u}(x,\ y) = p(x)q(y) \tag{2.66}$$

于是可计算相对熵 $D(u\|\hat{u})$

$$D(u\|\hat{u})=\sum_{x\in\mathcal{X}}\sum_{y\in\mathcal{Y}}u(x,\ y)\log\frac{u(x,\ y)}{\hat{u}(x,\ y)} \tag{2.67}$$

称(2.66)式假设下的 $D(u\|\hat{u})$为**互信息**(Mutual Information)，以 $I(X;\ Y)$表示之，其定义为

$$I(X;\ Y)=\sum_{x\in\mathcal{X}}\sum_{y\in\mathcal{Y}}u(x,\ y)\log\frac{u(x,\ y)}{p(x)q(y)} \tag{2.68}$$

以数学期望的语言描述，$I(X;\ Y)$则为 $\log\dfrac{u(X,\ Y)}{p(X)q(Y)}$函数的数学期望，即

$$\begin{aligned}I(X;\ Y)&=E\left[\log\frac{u(X,\ Y)}{p(X)q(Y)}\right]\\&=\sum_{x\in\mathcal{X}}\sum_{y\in\mathcal{Y}}\left(u(x,\ y)\log\frac{u(x,\ y)}{p(x)q(y)}\right)\end{aligned} \tag{2.69}$$

这里需要注意 $\log\dfrac{u(X,\ Y)}{p(X)q(Y)}$的概率分布函数为 $u(x,\ y)$。

从互信息的定义看，如果互信息越大，意味着 X 和 Y 的重合信息越多，反之意味着 X 和 Y 的重合信息越少。从这个意义上看，互信息 $I(X;\ Y)$可视为 X 和 Y 之间共有的信息量。

还可从另一角度验证此观点，依据联合概率分布函数与条件概率函数的定义可得

$$\frac{u(x,\ y)}{p(x)q(y)}=\frac{q(x|y)}{p(x)} \tag{2.70}$$

$$\frac{u(x,\ y)}{p(x)q(y)}=\frac{p(y|x)}{q(y)} \tag{2.71}$$

则可知

$$\log\frac{u(X,\ Y)}{p(X)q(Y)}=(-\log p(X))-(-\log q(X|Y)) \tag{2.72}$$

$$\log\frac{u(X,\ Y)}{p(X)q(Y)}=(-\log q(Y))-(-\log p(Y|X)) \tag{2.73}$$

对(2.72)式和(2.73)式两边取数学期望，则可得到

$$I(X;\ Y)=H(X)-H(X|Y) \tag{2.74}$$

$$I(X;\ Y)=H(Y)-H(Y|X) \tag{2.75}$$

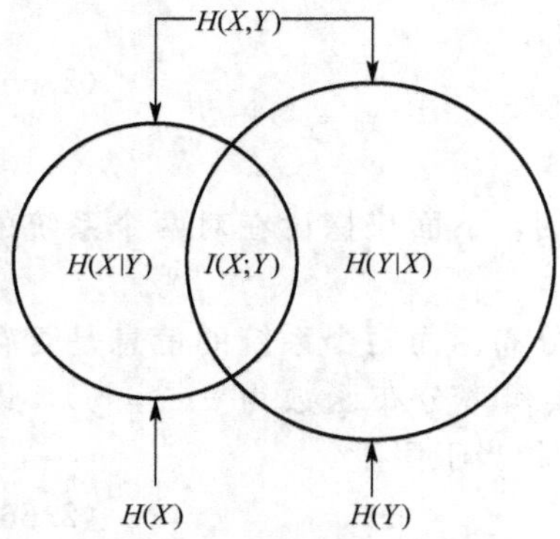

图 2.4　互信息示意图

这表明，互信息 $I(X;\ Y)$确实表示 X 和 Y 之间共有的信息量。一方面，$H(X|Y)$代表已知 Y 的信息后对 X 信息的度量，从 X 的信息中去除 $H(X|Y)$意味着减去仅对 X 信息的度量；另一方面，$H(Y|X)$代表已知 X 的信息后对 Y 信息的度量，从 Y 的信息中去除 $H(Y|X)$意味着减去仅对 Y 信息的度量。

此外，如果将联合熵的表达式引入，则可对其做出更清晰的解释：

$$I(X;\ Y)=H(X)+H(Y)-H(X,\ Y) \tag{2.76}$$

互信息示意图如图 2.4 所示。

2.2 离散熵的性质

2.2.1 离散熵的基本性质

离散型随机变量 X 的熵 $H(X)$ 已有明确定义，但它有许多非常特殊且有趣的性质，利用这些性质可得到一些深刻的结论。为了深入学习信息论的知识，必须对熵的基本性质进行讨论。

问题 6 熵的各种单位之间应如何换算？

从熵的定义可看出，其值基于以 2 为底的对数，所以单位为比特。而熵可用数值 B 为底的对数定义，即

$$(H(X))_B = -\sum_{x\in\mathcal{X}} p(x)\log_B p(x) \tag{2.77}$$

利用换底公式，可得不同单位下熵的转换公式。

性质 1 熵在不同数值作为对数底情况下的转换公式为

$$\begin{aligned}(H(X))_B &= -\sum_{x\in\mathcal{X}} p(x)\log_B p(x)\\ &= -\frac{1}{\log_{B'} B}\sum_{x\in\mathcal{X}} p(x)\log_{B'} p(x)\\ &= (H(X))_{B'}\log_B B'\end{aligned} \tag{2.78}$$

于是比特与哈特的转换公式为

$$(H(X))_2 \text{比特} = (H(X))_{10}\log_2 10 \text{哈特} \tag{2.79}$$

在实际中还经常使用以 e 为底的熵，其单位为奈特(nat)，比特与奈特的转换公式为

$$(H(X))_2 \text{比特} = (H(X))_{e}\log_2 e \text{奈特} \tag{2.80}$$

问题 7 取值空间变化对熵有无影响？

从熵与随机变量 X 的概率分布函数看，熵仅与 X 的概率分布函数取值有关。设 X 的取值空间为 $\mathcal{X}$，存在某取值空间 $\mathcal{X}'$，它与 $\mathcal{X}$ 一一对应，再让 X 的概率分布函数进行相应的转换，则可得到 $\mathcal{X}'$下的随机变量 X'，其熵等于 X 的熵。

性质 2 设 X 在取值空间 $\mathcal{X}$ 下的概率分布函数为 $p(x)$，X'在取值空间 $\mathcal{X}'$下的概率分布函数为 $p'(x)$，若 $\mathcal{X}$ 与 $\mathcal{X}'$之间存在一一对应函数：

$$\theta: \mathcal{X}\to\mathcal{X}' \tag{2.81}$$

且保证 $p'(\theta(x))=p(x)$，则 $H(X')=H(X)$。

【例 2.9】 设 X 在取值空间 $\mathcal{X}$ 下概率分布函数 $p(x)$ 为

x	0	1	2	3	4	5	6	7
$p(x)$	1/2	1/4	1/8	1/16	1/64	1/64	1/64	1/64

且 X'在取值空间 $\mathcal{X}'$下概率分布函数 $p'(x)$ 为

x	a	b	c	d	e	f	g	h
$p'(x)$	1/64	1/16	1/64	1/4	1/2	1/64	1/8	1/64

若已经根据定义计算出在 $\mathcal{X}$ 为取值空间的熵为 2 比特，试求以 $\mathcal{X}'$ 为取值空间的熵。

解 由于 $\mathcal{X}$ 与 $\mathcal{X}'$ 存在一一对应函数，其对应概率分布函数的值相等，因此 $H(X')=H(X)$。而 X 在取值空间 $\mathcal{X}$ 下的熵已计算出，其值为 2 比特，所以 X' 在取值空间 $\mathcal{X}'$ 的熵也为 2 比特。

问题 8 取值空间中若存在一些概率为 0 的元素，它们对熵有何影响？

直观上看，若随机变量 X 增加了一些取值且对应的概率为 0，并不改变整个系统的信息量，因为基本不需要使用额外的方法来描述它们。

性质 3 设已有取值空间 $\mathcal{X}$，若添加与 $\mathcal{X}$ 不相交的取值空间 $\mathcal{X}_0$，则所得 $\mathcal{X}\cup\mathcal{X}_0$ 仍可以改造取值空间。随机变量 X 的概率分布函数为 $p(x)$，可设随机变量 X^+ 的概率分布函数为 $p^+(x)$，其定义为

$$p^+(x)=\begin{cases}p(x), & x\in\mathcal{X}\\ 0, & x\in\mathcal{X}_0\end{cases} \tag{2.82}$$

则 X^+ 的熵 $H(X^+)$ 等于 X 的熵 $H(X)$，其证明利用了如下极限，

$$\lim_{f(x)\to 0}(-f(x)\log f(x))=0 \tag{2.83}$$

此外，对于任意与 $\mathcal{X}$ 一一对应的取值空间 $\mathcal{X}'$，随机变量 X' 的概率分布函数值等于相应随机变量 X 的概率分布函数值，如果添加与 $\mathcal{X}$ 和 $\mathcal{X}'$ 均不相交的取值空间 $\mathcal{X}_0$，那么，在 $\mathcal{X}'\cup\mathcal{X}_0$ 的随机变量的熵也等于 $\mathcal{X}$ 的熵。

【例 2.10】 设 X 的某一概率分布函数 $p(x)$ 为

x	0	1
$p(x)$	1/2	1/2

设 X'^+ 的另一概率分布函数 $p'^+(x)$ 为

x	a	b	c	d	e	f	g	h
$p'^+(x)$	0	0	0	1/2	0	0	1/2	0

计算 X 和 X'^+ 的熵。

解 易知 X 在概率分布函数 $p(x)$ 情况下的熵为 1 比特。而概率分布函数 $p'^+(x)$ 是通过置换得到 $\mathcal{X}'$，并在 $\mathcal{X}'$ 中添加 $\mathcal{X}_0$ 而得到，因此 X'^+ 在概率分布函数 $p'^+(x)$ 情况下的熵也为 1 比特。

事实上，上述添加 $\mathcal{X}_0$ 的过程可视为对 $\mathcal{X}$ 中某个元素的进一步划分。若将 X 的取值空间 $\mathcal{X}$ 视为对 X 的一种描述，则 $\mathcal{X}$ 的大小从一定意义上表达了其描述的精度，而 $\mathcal{X}$ 中的所有元素均可认为是集合，对 $\mathcal{X}$ 中某个元素进行进一步的划分可认为是对 X 的更精确描述。

设 $|\mathcal{X}|=n$，且 $\mathcal{X}=\{x_1, x_2, \cdots, x_n\}$，其概率分布函数值分别为 $p_1, p_2, \cdots, p_n$。$\mathcal{X}$ 中所有的 x 都以概率映射到集合 $\mathcal{Y}=\{y_1, y_2, \cdots, y_m\}$ 中，显然 $\mathcal{Y}$ 可认为是随机变量 $\mathcal{Y}$ 的取值空间。

由于是对 $\mathcal{X}$ 中某个元素进行划分，不妨将 p_n 拆为 $q_1, q_2, \cdots, q_m$，它们满足

$$\sum_{j=1}^{m} q_j = p_n \tag{2.84}$$

将 $\mathcal{Y}$ 融入 $\mathcal{X}$，则 $\mathcal{X}$ 变为 $\mathcal{Z}=\{x_1, x_2, \cdots, x_{n-1}, y_1, y_2, \cdots, y_m\}$，而 $\mathcal{Z}$ 对应随机变量 Z 的取值空间，其概率分布为

$$p(z)=\begin{cases} p_i, & z=x_i, \quad 1\leqslant i\leqslant n-1 \\ q_j, & z=y_j, \quad 1\leqslant j\leqslant m \end{cases} \tag{2.85}$$

前文已提及利用联合熵的思想可简化对两个系统进行综合的过程，于是针对这种拆分构造特殊的联合分布(X, Y)，其概率分布函数 $u(x, y)$为

$u(x, y)$	y_1	y_2	…	y_m
x_1	p_1	0	…	0
x_2	p_2	0	…	0
…	…	…	…	…
x_{n-1}	p_{n-1}	0	…	0
x_n	q_1	q_2	…	q_m

观察 $u(x, y)$的取值情况，并利用性质 2 可知

$$H(Z)=H(X, Y) \tag{2.86}$$

再考虑条件概率分布函数 $p(y|x)$，易知其值为

$p(y\|x)$	y_1	y_2	…	y_m
x_1	1	0	…	0
x_2	1	0	…	0
…	…	…	…	…
x_{n-1}	1	0	…	0
x_n	q_1/p_n	q_2/p_n	…	q_m/p_n

由于条件熵为

$$H(Y|X)=-p_n\sum_{j=1}^{m}\frac{q_j}{p_n}\log\left(\frac{q_j}{p_n}\right) \tag{2.87}$$

而 $H(Z)$等于 $H(X, Y)$，所以其值为 $H(X)+H(Y|X)$，于是可得

性质 4

$$H(Z)=H(X)-p_n\sum_{j=1}^{m}\frac{q_j}{p_n}\log\left(\frac{q_j}{p_n}\right) \tag{2.88}$$

由于 $q_1, q_2, \cdots, q_m$ 非负，且满足(2.84)式，可知

$$-p_n\sum_{j=1}^{m}\frac{q_j}{p_n}\log\left(\frac{q_j}{p_n}\right)\geqslant 0 \tag{2.89}$$

从而可得到

$$H(Z)\geqslant H(X) \tag{2.90}$$

这意味着：若对 $\mathcal{X}$ 中任一元素进行拆分，一方面可获得其更细致的考察，另一方面熵不会减少。

若对 $\mathcal{X}$ 中若干元素进行拆分，可按上述思路分步骤进行，每次只需拆分一个元素，则可得到类似的公式。注意拆分的结果仍然是熵不减少。

还可进行更细致的分析，注意到 q_1/p_n，q_2/p_n，…，q_m/p_n 可视为某一随机变量的概率分布，不妨记该随机变量为 U，于是(2.88)式可改写为

$$H(Z)=H(X)+p_nH(U) \tag{2.91}$$

上述性质可用实例解释之。假定邮局允许使用标准信封、标准包装箱和自制包装袋来邮寄邮品，而邮品可分为信件和生活用品。显然标准信封、标准包装箱和自制包装袋组成了 $\mathcal{X}$，而信件和生活用品组成了 $\mathcal{Y}$。一般认为标准信封所邮寄的均为信件，而标准包装箱所邮寄的均为生活用品。由于信件和生活用品需用不同的方式运送，因此邮局需要让邮寄人拆开自制包装袋来给出他所邮寄的类别。易知，不拆开所获得的信息量是 $H(X)$，拆开后所获得的信息量是 $H(Z)$。注意到拆开自制包装袋所能遇到的物体组成了一个新的概率空间，其取值就是 q_1/p_n，q_2/p_n，…，q_m/p_n，它的熵为 $H(U)$。

从直观上看，拆开自制包装袋所获得的信息一定不会少于未拆时，这解释了(2.90)式。而如果所拆的自制包装袋越多，即 p_n 越大，则可能获得信息越多，那么新获取的信息量是 $H(U)$ 乘以因子 p_n，这解释了(2.91)式。

此外，利用(2.91)式还可以对某些概率分布情况下的熵的计算进行简化。

【例 2.11】 设随机变量 Z 的概率分布函数值为 $p(0)=1/2$，$p(1)=1/4$，$p(3)=1/4$，计算 $H(Z)$。

解 Z 的概率分布是将 $p_1=1/2$，$p_2=1/2$ 中的 p_2 拆分得到，记

$$H(p)=-p\log p-(1-p)\log(1-p) \tag{2.92}$$

于是可知

$$H(Z)=H(1/2)+H(1/2)/2=3/2 \tag{2.93}$$

需要指出，这种计算方式只适用于某些特殊情况，而利用计算机直接计算熵的误差小于这种拆分方法，因此它的适用面较窄。

性质 5 若对 $\mathcal{Y}$ 进行合并，其结果为 $\mathcal{X}$，显然合并过程是对 $\mathcal{X}$ 拆分的逆过程，结果是熵不会增加。可考虑随机变量的映射形式

$$\omega: \mathcal{Y}\to\mathcal{X} \tag{2.94}$$

对于 $X=\omega(Y)$ 这样的形式，由于映射的特性，相当于对 $\mathcal{Y}$ 进行合并而形成 $\mathcal{X}$，则可知

$$H(X)\leqslant H(Y) \tag{2.95}$$

【例 2.12】 设 Y 的某一概率分布函数 $q(y)$ 为

y	-2	-1	1	2
$q(y)$	1/4	1/4	1/4	1/4

若随机变量 X 满足 $X=Y^2$，讨论 $H(X)$ 与 $H(Y)$ 的大小关系。

解 随机变量 X 的概率分布函数 $p(x)$ 为

x	1	4
$p(x)$	1/2	1/2

易知 $H(X)$为 1 比特，$H(Y)$为 2 比特，满足熵不增加的特性。

2.2.2 链式法则

对两个随机变量的联合熵和条件熵，前文已做了详细讨论。而在实际中还会讨论多个随机变量的相关问题，而随机变量序列则是其中的典型实例。对于随机变量序列情况下的联合熵与条件熵，如果从定义进行计算，其过程比较复杂。

问题 9 能否对随机变量序列熵的计算进行简化？

事实上，计算它们的简便方法是分步骤进行，因此必须讨论随机变量序列的链式法则。

设多个随机变量形成序列 X_1，X_2，…，X_n，其取值空间为 $\mathcal{X}_1$，$\mathcal{X}_2$，…，$\mathcal{X}_n$，序列 X_1，X_2，…，X_n的概率分布函数为 $u(x_1, x_2, \cdots, x_n)$，则以 $H(X_1, X_2, \cdots, X_n)$表示系列的联合熵，定义为

$$H(X_1, X_2, \cdots, X_n)=$$
$$-\sum_{x_1\in\mathcal{X}_1}\sum_{x_2\in\mathcal{X}_2}\cdots\sum_{x_n\in\mathcal{X}_n}u(x_1, x_2, \cdots, x_n)\log u(x_1, x_2, \cdots, x_n) \tag{2.96}$$

对联合熵 $H(X_1, X_2, \cdots, X_n)$有两种处理方式：可将 X_1，X_2，…，X_n视为随机向量 $\boldsymbol{X}$，由定义知 $H(X_1, X_2, \cdots, X_n)$可用 $H(\boldsymbol{X})$表达，于是随机变量和随机向量在熵的定义上无任何区别；也可认为 X_1，X_2，…，X_n由两个随机向量 $\boldsymbol{X}_L$，$\boldsymbol{X}_R$组成，这样联合熵 $H(X_1, X_2, \cdots, X_n)$便可用形式简单的联合熵 $H(\boldsymbol{X}_L, \boldsymbol{X}_R)$表示。事实上，采用随机变量或随机向量并无本质上的区别，仅仅是在不同的取值空间上求和，因而采用这两种思路能简化许多问题的证明。

条件熵比联合熵更具一般性，也可按向量方式分析之。容易证明，向量意义下链式法则的一般形式为

$$H(\boldsymbol{X}_L, \boldsymbol{X}_R|\boldsymbol{Y})=H(\boldsymbol{X}_L|\boldsymbol{Y})+H(\boldsymbol{X}_R|\boldsymbol{X}_L\boldsymbol{Y}) \tag{2.97}$$
$$H(\boldsymbol{X}_L, \boldsymbol{X}_R|\boldsymbol{Y})=H(\boldsymbol{X}_R|\boldsymbol{Y})+H(\boldsymbol{X}_L|\boldsymbol{X}_R\boldsymbol{Y}) \tag{2.98}$$

其证明利用了

$$\log\frac{u(\boldsymbol{X}_L, \boldsymbol{X}_R, \boldsymbol{Y})}{q(\boldsymbol{Y})}=\log\frac{u(\boldsymbol{X}_L, \boldsymbol{Y})}{q(\boldsymbol{Y})}+\log\frac{u(\boldsymbol{X}_L, \boldsymbol{X}_R, \boldsymbol{Y})}{u(\boldsymbol{X}_L, \boldsymbol{Y})} \tag{2.99}$$
$$\log\frac{u(\boldsymbol{X}_L, \boldsymbol{X}_R, \boldsymbol{Y})}{q(\boldsymbol{Y})}=\log\frac{u(\boldsymbol{X}_R, \boldsymbol{Y})}{q(\boldsymbol{Y})}+\log\frac{u(\boldsymbol{X}_L, \boldsymbol{X}_R, \boldsymbol{Y})}{u(\boldsymbol{X}_R, \boldsymbol{Y})} \tag{2.100}$$

此外，还可得到两个随机向量的链式法则

$$H(\boldsymbol{X}_L, \boldsymbol{X}_R)=H(\boldsymbol{X}_L)+H(\boldsymbol{X}_R|\boldsymbol{X}_L) \tag{2.101}$$
$$H(\boldsymbol{X}_L, \boldsymbol{X}_R)=H(\boldsymbol{X}_R)+H(\boldsymbol{X}_L|\boldsymbol{X}_R) \tag{2.102}$$

为理解和记忆方便，不妨认为(2.101)式和(2.102)式是 $\boldsymbol{Y}$ 为空条件时链式法则的特例，只需取 $p(\cdot|\boldsymbol{y})$恒为 $p(\cdot)$即可。

利用向量情况下的链式法则，可简化对随机变量序列的处理。设序列 X_1，X_2，…，

X_{i-1}的概率分布函数为$u(x_1, \cdots, x_{i-1})$，且序列$X_1, X_2, \cdots, X_i$在第X_i处的条件概率分布函数为$p(x_i | x_{i-1} \cdots x_1)$，则序列$X_1, X_2, \cdots, X_i$在$X_i$处的条件熵可定义为

$$H(X_i | X_{i-1} \cdots X_1) = \sum_{x_1 \in \mathcal{X}_1} \cdots \sum_{x_{i-1} \in \mathcal{X}_{i-1}} \left(u(x_1, \cdots, x_{i-1}) \left(-\sum_{x_i \in \mathcal{X}_i} \left(p(x_i | x_{i-1} \cdots x_1) \log p(x_i | x_{i-1} \cdots x_1) \right) \right) \right) \tag{2.103}$$

将$X_1, \cdots, X_{i-1}$视为向量，则易知

$$H(X_1, X_2, \cdots, X_i) = H(X_1, X_2, \cdots, X_{i-1}) + H(X_i | X_{i-1} \cdots X_1) \tag{2.104}$$

重复利用(2.104)式可得到链式法则

$$\begin{aligned} H(X_1, X_2, \cdots, X_n) &= H(X_1, X_2, \cdots, X_{n-1}) + H(X_n | X_{n-1} \cdots X_1) \\ &= H(X_1, X_2, \cdots, X_{n-2}) + H(X_{n-1} | X_{n-2} \cdots X_1) + H(X_n | X_{n-1} \cdots X_1) \\ &= \sum_{i=1}^{n} H(X_i | X_{i-1} \cdots X_1) \end{aligned} \tag{2.105}$$

注意当$i=1$时，$H(X_i | X_{i-1} \cdots X_1)$即为$H(X_1)$。

此外，有时需要将随机变量序列$X_1, X_2, \cdots, X_n$与随机向量$\boldsymbol{Y}$进行比较，亦即考查它们之间的互信息$I(X_1, X_2, \cdots, X_n; \boldsymbol{Y})$，其形式可改写为

$$I(X_1, X_2, \cdots, X_n; \boldsymbol{Y}) = H(X_1, X_2, \cdots, X_n) - H(X_1, X_2, \cdots, X_n | \boldsymbol{Y}) \tag{2.106}$$

为此需展开$H(X_1, X_2, \cdots, X_n | \boldsymbol{Y})$，易知

$$\begin{aligned} H(X_1, X_2, \cdots, X_n | \boldsymbol{Y}) &= H(\boldsymbol{Y}, X_1, X_2, \cdots, X_n) - H(\boldsymbol{Y}) \\ &= \sum_{i=2}^{n} H(X_i | X_{i-1} \cdots X_1, \boldsymbol{Y}) + H(\boldsymbol{Y}, X_1) - H(\boldsymbol{Y}) \\ &= \sum_{i=2}^{n} H(X_i | X_{i-1} \cdots X_1, \boldsymbol{Y}) + H(X_1 | \boldsymbol{Y}) \\ &= \sum_{i=1}^{n} H(X_i | X_{i-1} \cdots X_1, \boldsymbol{Y}) \end{aligned} \tag{2.107}$$

也可以根据链式法则，再利用类似(2.105)式的方法直接展开$H(X_1, X_2, \cdots, X_n | \boldsymbol{Y})$，显然$H(X_1, X_2, \cdots, X_n | \boldsymbol{Y})$的展开式更具一般性。

由(2.106)式和(2.107)式知$I(X_1, X_2, \cdots, X_n; \boldsymbol{Y})$可写为

$$I(X_1, X_2, \cdots, X_n; \boldsymbol{Y}) = \sum_{i=1}^{n} \left(H(X_i | X_{i-1} \cdots X_1) - H(X_i | X_{i-1} \cdots X_1, \boldsymbol{Y}) \right) \tag{2.108}$$

为获得链式法则的形式，可将$H(X_i | X_{i-1} \cdots X_1) - H(X_i | X_{i-1} \cdots X_1, \boldsymbol{Y})$定义为特殊的互信息，即**条件互信息**(Conditional Mutual Information)，记为$I(X_i; \boldsymbol{Y} | X_{i-1} \cdots X_1)$，即

$$I(X_i; \boldsymbol{Y} | X_{i-1} \cdots X_1) = H(X_i | X_{i-1} \cdots X_1) - H(X_i | X_{i-1} \cdots X_1, \boldsymbol{Y}) \tag{2.109}$$

注意它表示的是同在$X_{i-1} \cdots X_1$条件下X_i与$\boldsymbol{Y}$之间的互信息。利用条件互信息则可写出$I(X_1, X_2, \cdots, X_n; \boldsymbol{Y})$的链式法则

$$I(X_1, X_2, \cdots, X_n; \boldsymbol{Y}) = \sum_{i=1}^{n} I(X_i; \boldsymbol{Y} | X_{i-1} \cdots X_1) \tag{2.110}$$

条件互信息还可用相对熵的方式重新定义，在向量意义下的$I(\boldsymbol{X}; \boldsymbol{Y} | \boldsymbol{Z})$为

$$I(\boldsymbol{X}; \boldsymbol{Y} | \boldsymbol{Z}) = \sum_{\boldsymbol{x} \in \mathcal{X}} \sum_{\boldsymbol{y} \in \mathcal{Y}} \sum_{\boldsymbol{z} \in \mathcal{Z}} \left(u(\boldsymbol{x}, \boldsymbol{y}, \boldsymbol{z}) \log \frac{u(\boldsymbol{x}, \boldsymbol{y} | \boldsymbol{z})}{p(\boldsymbol{x} | \boldsymbol{z}) q(\boldsymbol{y} | \boldsymbol{z})} \right) \tag{2.111}$$

其中 $u(x, y, z)$是$(\boldsymbol{X}, \boldsymbol{Y}, \boldsymbol{Z})$的联合概率分布函数，$u(x, y|z)$是已知$\boldsymbol{Z}$情况下的条件概率分布函数，也是在此条件下关于$(\boldsymbol{X}, \boldsymbol{Y})$的联合概率分布函数，而$p(x|z)$和$q(y|z)$分别是已知$\boldsymbol{Z}$情况下对$\boldsymbol{X}$和$\boldsymbol{Y}$的条件概率分布函数。

以相对熵方式定义的条件互信息，实际上衡量了$\boldsymbol{X}$和$\boldsymbol{Y}$在已知$\boldsymbol{Z}$情况下的条件独立性：

$$\hat{u}(x, y|z)=p(x|z)q(y|z) \tag{2.112}$$

若以数学期望的语言描述，$I(\boldsymbol{X};\boldsymbol{Y}|\boldsymbol{Z})$则为$\log\dfrac{u(\boldsymbol{X};\boldsymbol{Y}|\boldsymbol{Z})}{p(\boldsymbol{X}|\boldsymbol{Z})q(\boldsymbol{Y}|\boldsymbol{Z})}$函数的数学期望，即

$$\begin{aligned}I(\boldsymbol{X};\boldsymbol{Y}|\boldsymbol{Z}) &= E\left[\log\frac{u(\boldsymbol{X};\boldsymbol{Y}|\boldsymbol{Z})}{p(\boldsymbol{X}|\boldsymbol{Z})q(\boldsymbol{Y}|\boldsymbol{Z})}\right]\\ &= \sum_{x\in\mathcal{X}}\sum_{y\in\mathcal{Y}}\sum_{z\in\mathcal{Z}}\left(u(x, y, z)\left(\log\frac{u(x, y|z)}{p(x|z)q(y|z)}\right)\right)\end{aligned} \tag{2.113}$$

这里需要注意$\log\dfrac{u(\boldsymbol{X};\boldsymbol{Y}|\boldsymbol{Z})}{p(\boldsymbol{X}|\boldsymbol{Z})q(\boldsymbol{Y}|\boldsymbol{Z})}$的概率分布函数为$u(x, y, z)$。

利用数学期望的方法，易证向量意义下条件互信息与条件熵的关系为

$$I(\boldsymbol{X};\boldsymbol{Y}|\boldsymbol{Z})=H(\boldsymbol{X}|\boldsymbol{Z})-H(\boldsymbol{X}|\boldsymbol{YZ}) \tag{2.114}$$

$$I(\boldsymbol{X};\boldsymbol{Y}|\boldsymbol{Z})=H(\boldsymbol{Y}|\boldsymbol{Z})-H(\boldsymbol{Y}|\boldsymbol{XZ}) \tag{2.115}$$

2.2.3 有关离散熵的不等式

前文中已给出若干离散熵的性质，但未深入讨论其作为函数的特性，如最值问题、单调性等。由于对数函数拥有许多特殊性质，进而导致熵函数也满足良好的特性，而这些都依赖于一个非常重要的不等式，即Jensen不等式。

Jensen不等式 设随机变量Y通过函数g作用于随机变量X上得到，即$Y=g(X)$。利用函数f，可形成随机变量$f(Y)$，若f为凸函数，则Y和$f(Y)$的数学期望满足

$$E[f(Y)]\geqslant f(E[Y]) \tag{2.116}$$

设离散随机变量X的概率分布函数为$p(x)$，则函数g满足

$$\sum_{x\in\mathcal{X}}p(x)f(g(x))\geqslant f\Big(\sum_{x\in\mathcal{X}}p(x)g(x)\Big) \tag{2.117}$$

可利用Jensen不等式讨论离散熵的最值问题。由于$-\log(\cdot)$函数是凸函数，则$H(X)$满足

$$\begin{aligned}H(X) &= -\left(\sum_{x\in\mathcal{X}}p(x)\left(-\log\frac{1}{p(x)}\right)\right)\\ &\leqslant -\left(-\log\sum_{x\in\mathcal{X}}\left(p(x)\frac{1}{p(x)}\right)\right)\\ &\leqslant \log\Big(\sum_{x\in\mathcal{X}}(1)\Big)\\ &\leqslant \log|\mathcal{X}|\end{aligned} \tag{2.118}$$

又由于概率值$p(x)$均不超过1，可知$H(X)$非负，于是$H(X)$的范围可确定为

$$0\leqslant H(X)\leqslant\log|\mathcal{X}| \tag{2.119}$$

而且其上下界均可取到。

联合熵 $H(X_1, X_2, \cdots, X_n)$ 同样可讨论其范围，即

$$0 \leqslant H(X_1, X_2, \cdots, X_n) \leqslant \log\Big(\prod_{i=1}^{n} |\mathcal{X}_i|\Big) \tag{2.120}$$

还可利用Jensen不等式比较条件熵在不同条件下的值。设 $s<t<i$，可考查条件熵 $H(X_i \mid X_{i-1}\cdots X_s)$ 与 $H(X_i \mid X_{i-1}\cdots X_t)$ 的关系。记 $(X_s, \cdots, X_{t-1})$ 为 $\boldsymbol{X}_L$，其取值空间为 $\mathcal{X}_L$；记 $(X_t, \cdots, X_{i-1})$ 为 $\boldsymbol{X}_R$，其取值空间为 $\mathcal{X}_R$。以向量方式改写 $H(X_i \mid X_{i-1}\cdots X_s)$ 和 $H(X_i \mid X_{i-1}\cdots X_t)$ 为

$$H(X_i \mid X_{i-1}\cdots X_s) = H(X_i \mid \boldsymbol{X}_R\boldsymbol{X}_L) \tag{2.121}$$

$$H(X_i \mid X_{i-1}\cdots X_t) = H(X_i \mid \boldsymbol{X}_R) \tag{2.122}$$

对 $H(X_i \mid \boldsymbol{X}_R\boldsymbol{X}_L)$ 进行变换

$$\begin{aligned} H(X_i \mid \boldsymbol{X}_R\boldsymbol{X}_L) &= \sum_{\boldsymbol{x}_L \in \mathcal{X}_L}\sum_{\boldsymbol{x}_R \in \mathcal{X}_R}\Big(p(\boldsymbol{x}_L, \boldsymbol{x}_R)\Big(-\sum_{x_i \in \mathcal{X}_i} p(x_i \mid \boldsymbol{x}_R\boldsymbol{x}_L)\log p(x_i \mid \boldsymbol{x}_R\boldsymbol{x}_L)\Big)\Big) \\ &= \sum_{\boldsymbol{x}_L \in \mathcal{X}_L}\sum_{\boldsymbol{x}_R \in \mathcal{X}_R}\sum_{x_i \in \mathcal{X}_i}\big(p(\boldsymbol{x}_L, \boldsymbol{x}_R)(-p(x_i \mid \boldsymbol{x}_R\boldsymbol{x}_L)\log p(x_i \mid \boldsymbol{x}_R\boldsymbol{x}_L))\big) \\ &= \sum_{\boldsymbol{x}_R \in \mathcal{X}_R}\sum_{x_i \in \mathcal{X}_i}\Big(\sum_{\boldsymbol{x}_L \in \mathcal{X}_L}\big(p(\boldsymbol{x}_L, \boldsymbol{x}_R)(-p(x_i \mid \boldsymbol{x}_R\boldsymbol{x}_L)\log p(x_i \mid \boldsymbol{x}_R\boldsymbol{x}_L))\big)\Big) \\ &= \sum_{\boldsymbol{x}_R \in \mathcal{X}_R}\sum_{x_i \in \mathcal{X}_i}\left(p(\boldsymbol{x}_R)\sum_{\boldsymbol{x}_L \in \mathcal{X}_L}\left(\frac{p(\boldsymbol{x}_L, \boldsymbol{x}_R)}{p(\boldsymbol{x}_R)}(-p(x_i \mid \boldsymbol{x}_R\boldsymbol{x}_L)\log p(x_i \mid \boldsymbol{x}_R\boldsymbol{x}_L))\right)\right) \end{aligned} \tag{2.123}$$

由于 $(\cdot)\log(\cdot)$ 函数在定义域［0，1］上是凸函数，且满足

$$\sum_{\boldsymbol{x}_L \in \mathcal{X}_L}\left(\frac{p(\boldsymbol{x}_L, \boldsymbol{x}_R)}{p(\boldsymbol{x}_R)}\right) = 1 \tag{2.124}$$

$$\sum_{\boldsymbol{x}_L \in \mathcal{X}_L}\left(\frac{p(\boldsymbol{x}_L, \boldsymbol{x}_R)}{p(\boldsymbol{x}_R)}p(x_i \mid \boldsymbol{x}_R\boldsymbol{x}_L)\right) = p(x_i \mid \boldsymbol{x}_R) \tag{2.125}$$

则可知

$$\sum_{\boldsymbol{x}_L \in \mathcal{X}_L}\left(\frac{p(\boldsymbol{x}_L, \boldsymbol{x}_R)}{p(\boldsymbol{x}_R)}(-p(x_i \mid \boldsymbol{x}_R\boldsymbol{x}_L)\log p(x_i \mid \boldsymbol{x}_R\boldsymbol{x}_L))\right) \leqslant -p(x_i \mid \boldsymbol{x}_R)\log p(x_i \mid \boldsymbol{x}_R) \tag{2.126}$$

于是 $H(X_i \mid \boldsymbol{X}_R\boldsymbol{X}_L)$ 满足

$$\begin{aligned} H(X_i \mid \boldsymbol{X}_R\boldsymbol{X}_L) &\leqslant \sum_{\boldsymbol{x}_R \in \mathcal{X}_R}\sum_{x_i \in \mathcal{X}_i}\big(p(\boldsymbol{x}_R)(-p(x_i \mid \boldsymbol{x}_R)\log p(x_i \mid \boldsymbol{x}_R))\big) \\ &= \sum_{\boldsymbol{x}_R \in \mathcal{X}_R}\Big(p(\boldsymbol{x}_R)\Big(-\sum_{x_i \in \mathcal{X}_i}(p(x_i \mid \boldsymbol{x}_R)\log p(x_i \mid \boldsymbol{x}_R))\Big)\Big) \\ &= H(X_i \mid \boldsymbol{X}_R) \end{aligned} \tag{2.127}$$

即

$$H(X_i \mid X_{i-1}\cdots X_s) \leqslant H(X_i \mid X_{i-1}\cdots X_t) \tag{2.128}$$

其意义是添加条件后熵不会增加。

在向量形式下易证明**条件熵不等式**

$$H(\boldsymbol{X} \mid \boldsymbol{X}_R\boldsymbol{X}_L) \leqslant H(\boldsymbol{X} \mid \boldsymbol{X}_R) \tag{2.129}$$

$$H(\boldsymbol{X} \mid \boldsymbol{X}_R\boldsymbol{X}_L) \leqslant H(\boldsymbol{X} \mid \boldsymbol{X}_L) \tag{2.130}$$

在两个随机向量情况下，条件熵不等式即表现为

$$H(\boldsymbol{X}|\boldsymbol{Y})\leqslant H(\boldsymbol{X}) \tag{2.131}$$

$$H(\boldsymbol{Y}|\boldsymbol{X})\leqslant H(\boldsymbol{Y}) \tag{2.132}$$

注意到条件熵非负，再利用条件熵与联合熵、互信息的关系，进而可知

$$H(\boldsymbol{X})+H(\boldsymbol{Y})\geqslant H(\boldsymbol{X},\ \boldsymbol{Y}) \tag{2.133}$$

$$0\leqslant I(\boldsymbol{X};\ \boldsymbol{Y})\leqslant \min\{H(\boldsymbol{X}),\ H(\boldsymbol{Y})\} \tag{2.134}$$

对于联合熵 $H(X_1,\ X_2,\ \cdots,\ X_n)$，利用条件熵可讨论 $H(X_1,\ X_2,\ \cdots,\ X_n)$与各个 $H(X_1)$，$H(X_2)$，…，$H(X_n)$之间的关系

$$\begin{aligned}H(X_1,\ X_2,\ \cdots,\ X_n) &= \sum_{i=1}^{n} H(X_i\,|X_{i-1}\cdots X_1) \\ &\leqslant \sum_{i=1}^{n} H(X_i)\end{aligned} \tag{2.135}$$

于是可得到 $H(X_1,\ X_2,\ \cdots,\ X_n)$更紧致的估计

$$\begin{aligned}0 \leqslant H(X_1,\ X_2,\ \cdots,\ X_n) &\leqslant \sum_{i=1}^{n} H(X_i) \\ &\leqslant \sum_{i=1}^{n} \log|\mathcal{X}_i| = \log\left(\prod_{i=1}^{n} |\mathcal{X}_i|\right)\end{aligned} \tag{2.136}$$

最后利用 Jensen 不等式讨论相对熵的最值问题。若用 $\hat{p}(x)$作为 $p(x)$的估计，且它们均无元素取值为 0[①]，则在向量意义下的相对熵$D(p\|\hat{p})$ 满足

$$\begin{aligned}D(p\,\|\,\hat{p}) &= \sum_{x\in\mathcal{X}} p(\boldsymbol{x})\left(\log\frac{p(\boldsymbol{x})}{\hat{p}(\boldsymbol{x})}\right) \\ &= \sum_{x\in\mathcal{X}} p(\boldsymbol{x})\left(-\log\frac{\hat{p}(\boldsymbol{x})}{p(\boldsymbol{x})}\right) \\ &\geqslant -\log\left(\sum_{x\in\mathcal{X}} p(\boldsymbol{x})\left(\frac{\hat{\boldsymbol{p}}(\boldsymbol{x})}{p(\boldsymbol{x})}\right)\right) \\ &= 0\end{aligned} \tag{2.137}$$

可知相对熵总是非负的，即不论以何种 $\hat{p}(\boldsymbol{x})$作为估计，以 $\hat{p}(\boldsymbol{x})$描述 $\boldsymbol{X}$ 所需长度的数学期望总是不小于 $H(\boldsymbol{X})$。在实际中如果出现完全错误的估计，则可能导致$D(p\|\hat{p})$ 为无穷大，前文中已有实例说明。于是相对熵的范围可确定为

$$0\leqslant D(p\,\|\,\hat{p})\leqslant +\infty \tag{2.138}$$

利用相对熵非负的性质可对前文中的一些结论作出简化证明。

如可利用相对熵非负性证明互信息是非负的，即

$$I(\boldsymbol{X};\ \boldsymbol{Y})=D(u(\boldsymbol{x},\ \boldsymbol{y})\,\|\,p(\boldsymbol{x})q(\boldsymbol{y}))\geqslant 0 \tag{2.139}$$

还可证明条件熵不等式。为此需定义关于条件概率函数的相对熵，即**条件相对熵**(Conditional Relative Entropy)

$$D(p(\boldsymbol{y}|\boldsymbol{x})\,\|\,\hat{p}(\boldsymbol{y}|\boldsymbol{x}))=\sum_{x\in\mathcal{X}}\sum_{y\in\mathcal{Y}} u(\boldsymbol{x},\ \boldsymbol{y})\log\frac{p(\boldsymbol{y}|\boldsymbol{x})}{\hat{p}(\boldsymbol{y}|\boldsymbol{x})} \tag{2.140}$$

---

① 若存在概率值为 0 的情况，可通过讨论证明仍满足此性质。

注意其概率分布函数是 $u(\boldsymbol{x},\boldsymbol{y})$。

利用 Jensen 不等式可得

$$\sum_{y\in\mathcal{Y}} p(\boldsymbol{y}|\boldsymbol{x})\log\frac{p(\boldsymbol{y}|\boldsymbol{x})}{\hat{p}(\boldsymbol{y}|\boldsymbol{x})}\geqslant 0 \tag{2.141}$$

由此可知条件相对熵非负，即

$$D(p(\boldsymbol{y}|\boldsymbol{x})\parallel\hat{p}(\boldsymbol{y}|\boldsymbol{x}))=\sum_{x\in\mathcal{X}}p(\boldsymbol{x})\left(\sum_{y\in\mathcal{Y}}p(\boldsymbol{y}|\boldsymbol{x})\log\frac{p(\boldsymbol{y}|\boldsymbol{x})}{\hat{p}(\boldsymbol{y}|\boldsymbol{x})}\right)\geqslant 0 \tag{2.142}$$

进而可知条件互信息非负，即

$$I(\boldsymbol{X};\boldsymbol{Y}|\boldsymbol{Z})=D(u(\boldsymbol{x},\boldsymbol{y}|\boldsymbol{z})\parallel p(\boldsymbol{x}|\boldsymbol{z})q(\boldsymbol{y}|\boldsymbol{z}))\geqslant 0 \tag{2.143}$$

利用此性质，可证明

$$0\leqslant I(\boldsymbol{X};\boldsymbol{Y}|\boldsymbol{Z})=H(\boldsymbol{X}|\boldsymbol{Z})-H(\boldsymbol{X}|\boldsymbol{YZ}) \tag{2.144}$$

$$0\leqslant I(\boldsymbol{X};\boldsymbol{Y}|\boldsymbol{Z})=H(\boldsymbol{Y}|\boldsymbol{Z})-H(\boldsymbol{Y}|\boldsymbol{XZ}) \tag{2.145}$$

于是重新证明了条件熵不等式。

事实上，相对熵的非负性具有广泛的应用，通常被称为**信息不等式**(Information Inequality)。

2.3* 离散熵的形式唯一性

前文对离散熵的定义是以直观方式从实例中得到的，其定义方法虽不严格，但确实能解决相当多的问题。

问题 10 能否从公理化的角度对离散熵进行确切定义？在指定公理情况下离散熵的定义是否具有其他形式？

设 X 为离散型随机变量，其取值空间为 $\mathcal{X}$，且 $|\mathcal{X}|=m$。X 的概率分布函数 $p(x)$ 遍取 $\mathcal{X}$ 后得到概率向量 $\boldsymbol{P}=(p_1, p_2, \cdots, p_m)$，于是 X 的离散熵 $H(X)$ 为 $\boldsymbol{P}$ 的非负实函数 $H_m(\boldsymbol{P})$，即

$$H_m(\boldsymbol{P})=H_m(p_1, p_2, \cdots, p_m)\geqslant 0 \tag{2.146}$$

假定 $H_m(\boldsymbol{P})$ 满足如下公理。

$\boldsymbol{A}_1$：对任意 m，$H_m(\boldsymbol{P})$ 的值与 $(p_1, p_2, \cdots, p_m)$ 的顺序无关，且 $H_m(\boldsymbol{P})$ 连续。

$\boldsymbol{A}_2$：对任意 m，$H_m(\boldsymbol{P})$ 满足

$$H_m(p_1, p_2, \cdots, p_m)=H_{m+1}(p_1, p_2, \cdots, p_m, 0) \tag{2.147}$$

$\boldsymbol{A}_3$：对任意 m，若 $\boldsymbol{P}$ 不是等概分布，则 $H_m(\boldsymbol{P})$ 满足

$$H_m(p_1, p_2, \cdots, p_m)<H_m\left(\frac{1}{m}, \frac{1}{m}, \cdots, \frac{1}{m}\right) \tag{2.148}$$

$\boldsymbol{A}_4$：对任意 m 和 n，若存在

$$q_{ij}\geqslant 0,\quad \sum_{j=1}^{n}q_{ij}=1_{\substack{(i=1, 2, \cdots, m)\\(j=1, 2, \cdots, n)}} \tag{2.149}$$

则有

$$\begin{aligned}&H_{mn}(p_1q_{11}, p_1q_{12}, \cdots, p_1q_{1n}, \cdots, p_mq_{m1}, p_mq_{m2}, \cdots, p_mq_{mn})\\&=H_m(p_1, p_2, \cdots, p_m)+\sum_{i=1}^{m}(p_iH_n(q_{i1}, q_{i2}, \cdots, q_{in}))\end{aligned} \tag{2.150}$$

以上公理可保证 $H_m(\boldsymbol{P})$ 形式的唯一性，且可表示为

$$H_m(p_1, p_2, \cdots, p_m) = -\lambda \sum_{i=1}^{m} (p_i \log p_i) \quad (\lambda > 0) \tag{2.151}$$

其中 λ 为一个确定常数。

证 先讨论特殊情况，即等概分布时离散熵的值；再尝试给出有理数情况下离散熵的表达式；最后推广到实数情况下离散熵的定义。其证明要点是利用离散熵的定义，不断凑成对应的形式。

(1) 为描述方便，记

$$h(m) = H_m\left(\frac{1}{m}, \frac{1}{m}, \cdots, \frac{1}{m}\right) \quad (m>0) \tag{2.152}$$

由 $\boldsymbol{A}_3$ 和 $H_m(\boldsymbol{P})$ 非负可知 $h(m)>0$。

为证明 $h(m)$ 为对数形式不妨考虑 m 的幂。设 r 为任意正整数，令

$$p_i = \frac{1}{m}, \quad q_{ij} = \frac{1}{m^{r-1}} \quad \begin{matrix}(i=1, 2, \cdots, m)\\(j=1, 2, \cdots, n)\end{matrix} \tag{2.153}$$

再利用公理 $\boldsymbol{A}_4$ 可得

$$h(m^r) = h(m) + h(m^{r-1}) \tag{2.154}$$

利用数学归纳法可知

$$h(m^r) = rh(m) \tag{2.155}$$

已经了解 $h(2)$ 的值是 1 比特，可利用此进行证明。将 m^r 改写成二进制形式，设其长度为 l，则 m^r 的值满足

$$2^{l-1} \leqslant m^r \leqslant 2^l \tag{2.156}$$

注意 $m^r=0$ 时(2.156)式不成立，但 $m>0$ 可保证 $m^r>0$。

为得到 $h(m)$ 的值可尝试使用夹逼定理，为此需要证明 $h(m)$ 为单调函数。利用 $\boldsymbol{A}_2$ 和 $\boldsymbol{A}_3$，可知

$$\begin{aligned} h(m) &= H_m\left(\frac{1}{m}, \frac{1}{m}, \cdots, \frac{1}{m}\right) \\ &= H_{m+1}\left(\frac{1}{m}, \frac{1}{m}, \cdots, \frac{1}{m}, 0\right) \\ &\leqslant H_{m+1}\left(\frac{1}{m+1}, \frac{1}{m+1}, \cdots, \frac{1}{m+1}\right) \\ &= h(m+1) \end{aligned} \tag{2.157}$$

即 $h(m)$ 为单调递增函数。利用(2.156)式和 $h(m)$ 的单调性可得

$$h(2^{l-1}) \leqslant h(m^r) \leqslant h(2^l) \tag{2.158}$$

再利用(2.155)式可知

$$\frac{l-1}{r} \leqslant \frac{h(m)}{h(2)} \leqslant \frac{l}{r} \tag{2.159}$$

又由(2.156)式可推出

$$\frac{l-1}{r} \leqslant \log m \leqslant \frac{l}{r} \tag{2.160}$$

注意到(2.160)式与(2.159)式的形式完全一致，于是

$$0 \leqslant \left| \frac{h(m)}{h(2)} - \log m \right| \leqslant \frac{1}{r} \tag{2.161}$$

再使用夹逼定理，可知

$$h(m) = h(2)\log m \tag{2.162}$$

由于 $h(2)$ 为正常数，则有

$$h(m) = \lambda \log m \tag{2.163}$$

事实上，$h(2)$ 不仅是一个特殊的常数值，它还确定了熵的度量单位，这也是它最重要的作用。

(2) 在有理数情况下，所有 p_i 可改写成具有相同分母的形式，也即

$$p_i = \frac{v_i}{N}, \quad (i=1,\ 2,\ \cdots,\ m) \tag{2.164}$$

由概率值不超过 1 可知

$$v_i \leqslant N \tag{2.165}$$

将 p_i 分解成 v_i 个 $1/N$ 和 $N-v_i$ 个 0，尝试将 $H_m(p_1,\ p_2,\ \cdots,\ p_m)$ 与 $h(m)$ 联系，为此可令

$$q_{ij} = \begin{cases} 1/v_i, & j=1,\ 2,\ \cdots,\ v_i \\ 0, & j=v_i+1,\ \cdots,\ N \end{cases} \quad (i=1,\ 2,\ \cdots,\ m) \tag{2.166}$$

则利用公理 $\mathbf{A}_4$ 可知

$$H_{mN}\left(\frac{1}{m},\ \cdots,\ \frac{1}{m},\ 0,\ \cdots,\ 0\right) =$$

$$H_m(p_1,\ p_2,\ \cdots,\ p_m) + \sum_{i=1}^{m}\left(p_i H_N\left(\frac{1}{v_i},\ \cdots,\ \frac{1}{v_i},\ 0,\ \cdots,\ 0\right)\right) \tag{2.167}$$

利用 $\mathbf{A}_2$ 可得到

$$h(m) = H_m(p_1,\ p_2,\ \cdots,\ p_m) + \sum_{i=1}^{m}(p_i h(v_i)) \tag{2.168}$$

已证明 $h(m)$ 为对数形式，再利用(2.164)和概率值和为 1，则有

$$H_m(p_1,\ p_2,\ \cdots,\ p_m) = -\lambda \sum_{i=1}^{m}(p_i \log p_i) \tag{2.169}$$

(3) 对于实数情况，显然在有理数情况下离散熵的表达式(2.169)满足所给公理。假设存在另一非负实函数 $H'_m(p_1,\ p_2,\ \cdots,\ p_m)$ 也满足所给公理。此函数与(2.169)式不同，意味着存在 $\boldsymbol{P}_d$ 使得 $H_m(\boldsymbol{P}_d)$ 与 $H'_m(\boldsymbol{P}_d)$ 不同，即存在 $\delta>0$，使

$$|H_m(\boldsymbol{P}_d) - H'_m(\boldsymbol{P}_d)| > \delta \tag{2.170}$$

定义 $\boldsymbol{P}_d$ 的各分量在第 i 位进行截断所得的有理数向量 $\boldsymbol{P}_d^{(i)}$，由于熵函数连续，则有

$$\lim_{i \to +\infty} H_m(\boldsymbol{P}_d^{(i)}) = H_m(\boldsymbol{P}_d) \tag{2.171}$$

$$\lim_{i \to +\infty} H'_m(\boldsymbol{P}_d^{(i)}) = H'_m(\boldsymbol{P}_d) \tag{2.172}$$

在任意第 i 位时截断所得为有理数向量 $\boldsymbol{P}_d^{(i)}$，而有理数情况下离散熵的表达式(2.169)已证明形式唯一，则 $H'_m(\boldsymbol{P}_d^{(i)})$ 必须满足

$$H'_m(\boldsymbol{P}_d^{(i)}) = H_m(\boldsymbol{P}_d^{(i)}) \tag{2.173}$$

这意味着

$$H_m(\boldsymbol{P}_d)=\lim_{i\to+\infty}H_m(\boldsymbol{P}_d^{(i)})=\lim_{i\to+\infty}H_m'(\boldsymbol{P}_d^{(i)})=H_m'(\boldsymbol{P}_d) \tag{2.174}$$

显然与(2.170)式矛盾。

因此，在实数情况下，熵的表达形式唯一，其形式为

$$H_m(p_1, p_2, \cdots, p_m)=-\lambda\sum_{i=1}^{m}(p_i\log p_i) \tag{2.175}$$

本章小结

本章从概率观点出发，以离散量的信息度量为主线，逐步引出信息论中最基本的概念。为简化问题，首先仔细考察了投掷硬币问题，通过对其度量信息的方法进行推广，给出了信息论中离散熵的定义。为度量多个离散随机变量的信息，联合熵的概念被引入，而为解决分步骤对系统信息进行综合的问题，进而给出了条件熵的定义。此外，为讨论概率分布函数估计的无效性，我们还深入讨论了相对熵，并给出了互信息及其意义。

由于离散熵是对信息的度量，因而它必须要满足一些信息的特性，并且能在直观上对其进行解释。链式法则即为离散熵满足的一条重要性质，本章着重讨论链式法则在向量意义下的一般形式。而条件使熵不增加则是离散熵的另一重要性质，本章也对其做了深入探讨。这些性质不但满足人们对信息的直观认识，而且可在离散熵的体系下证明其正确性。利用上述性质可给出离散熵的一些结论，它们是深入学习所必需的。

事实上，信息论中的概念并不是一些抽象的名词，它们存在于众多实际问题中，并可从中自然地抽象得到。利用离散熵等一系列概念可以解决许多问题，本章中已展示了若干实例，而更多应用将在后续章节中展开讨论。

此外，从数学角度来看，离散熵的形式唯一性可用公理化的方式给出，这更验证了离散熵这个概念的正确性。

习　　题

(一) 填空题

1. 某个原始部落只会用■、▲、●这 3 种符号来描述事物和表达思想，如果他们投掷一个具有 8 个朝向的物体，且投掷满足等概分布，则一次投掷蕴涵信息量为__________。

2. 随机变量 X 的离散熵表示__________描述长度。

3. 互信息是对联合概率分布 $u(x, y)$ 以__________进行估计的__________。

(二) 选择题

1. 条件熵 $H(\boldsymbol{X}|\boldsymbol{Y})$______ $H(\boldsymbol{X})$。

(A) 小于　　　　(B) 大于

(C) 小于等于　　　　(D) 大于等于

2. 联合熵 $H(X_1, X_2, \cdots, X_n)$______ $\log\left(\prod_{i=1}^{n}|\mathcal{X}_i|\right)$。

(A) 大于　　　　(B) 小于

(C) 小于等于　　　　(D) 大于等于

3. 相对熵总是______。

(A) 为正　　　　(B) 为负

(C) 非正　　　　(D) 非负

(三) 计算题

1. 若 $u(x, y)$ 满足

$u(x, y)$	$x=0$	$x=1$
$y=0$	1/2	1/8
$y=1$	1/8	1/4

计算 $H(X)$，$H(Y)$，$H(X, Y)$，$H(Y|X)$，$H(X|Y)$，$I(X; Y)$。

2. 设 X 的概率分布函数 $p(x)$ 为

x	0	1	2	3
$p(x)$	1/4	1/4	1/4	1/4

若估计 X 概率分布函数 $\hat{p}(x)$ 为

x	0	1	2	3
$\hat{p}(x)$	1/2	1/8	1/8	1/4

求相对熵 $D(p\|\hat{p})$。

3. 设 X 的概率分布为 p_1，p_2，…，p_n，其熵为 $H(X)$，取 $0<\alpha<1$ 对 p_1，p_2，…，p_n进行拆分，形成 Y 的概率分布 αp_1，$(1-\alpha)p_1$，αp_2，$(1-\alpha)p_2$，…，αp_n，$(1-\alpha)p_n$。记

$$H(\alpha)=-\alpha\log\alpha-(1-\alpha)\log(1-\alpha),$$

用 $H(X)$和 $H(\alpha)$表示 $H(Y)$。

(四) 证明题

1. 若 X_1，X_2，…，X_n之间相互独立，证明

$$H(X_1, X_2, \cdots, X_n)=\sum_{i=1}^{n}H(X_i)。$$

第3章 数据压缩

教学目标

掌握编码、唯一可译码、即时码和前缀码等基本概念，并能判断任意编码所属类型；理解 Kraft 不等式，并能应用它设计前缀码；掌握几种典型的编码方法。

教学要求

知识要点	能力要求	相关知识
唯一可译码	(1) 准确理解唯一可译码、即时码的概念 (2) 掌握唯一可译码的判定方法	(1) 编码与形式语言 (2) 前缀码和后缀码
Kraft 不等式	(1) 理解 Kraft 不等式的意义 (2) 掌握利用码长设计编码的方法	(1) 编码的期望长度 (2) 最佳码的性能界限
典型编码	(1) 掌握几种典型的编码方法 (2) 理解区间二叉树的意义	(1) 最佳码的存在性 (2) 算术编码

引言

人类很早就学会利用语言文字来表示信息，我国古代的甲骨文(图 3.1)和古埃及的圣书体(俗称象形文字)(图 3.2)都是其中的佼佼者。最早的古文字仅对事物的形状进行抽象和简化，而随着时间的流逝，这些语言文字逐渐发展成更简练的形式，即现代人表达和传递信息的文字形式。

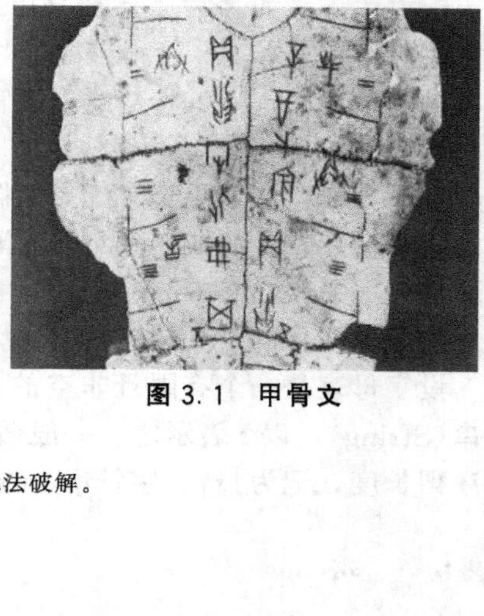
图 3.1　甲骨文

由于年代久远，人们已无从了解这些古文字所代表的含义，尽管考古学家对它们进行了大量的考证工作，仍无法完全掌握其含义①。在信息时代，计算机采用的 0-1 符号序列已成

① 若不是罗塞塔石碑(图 3.3)的发现，古埃及的圣书体也许永远无法破解。

为世界通行的语言，同样也需要确定它们表示何种事物，即需要指定信息表示的规范。不过，无论是古文字还是现代文字，都有相同之处，即基本组成要素的个数都是有限的。这个事实在信息论中依然有效，在此基础上可建立相应的数学模型，即编码理论。

图 3.2 古埃及圣书体
(Kristin Huang 拍摄)

图 3.3 罗塞塔石碑

编码理论更关心如何高效地表示信息，这是相当重要的问题。尽管信息量的度量方式已给出，但信息的表达方法仍需研究，如何给出快速有效的编码至今仍是一个重要的研究课题。

3.1 基本概念

3.1.1 语言与编码

大多数表示信息的方法都是以序列形式给出的，其本质是将一些元素按次序放置。比如一幅画可看成不同的颜色在空间中的矩形排列，而计算机中的位图文件即采用了此种表示方法。又如多数语言都是以基本元素组成句子，进而表述信息。事实上，这些表示方法都可以转换成一种特殊的“语言”，即**形式语言**(Formal Language)，简称**语言**。人类的实践证明，只有将信息以语言的形式给出，才能对信息量作出定量的分析讨论。

语言由**符号**(Symbol)组成，它是语言的基本元素且总数有限，其全体则组成了**字母表**(Alphabet)。为了便于交流，人们通常会规定一些固定不变的字母表，如汉语的字母表由汉字和标点符号组成，又如英文的字母表就是英文字母和标点符号的集合。从字母表中取出一些元素(允许存在重复)，再对其进行适当的排列，即可表示信息。下面对这些概念给出形式化的定义。

设字母表是一个有限且非空的集合，记其为 Σ。由 Σ 中元素组成的有限序列称为**字符串**(String)，以 s 表示之。一般假设 Σ 中所有元素长度为 1，则任意字符串 s 的长度即为序列长度，记为 $|s|$。字符串 s 的第 i 位记为 $s[i]$，其中 $0 \leqslant i < |s|$。若字符串长度为 0，

则意味它是空串，所有的空串统一记为 ε。

可对字符串进行某些操作，从而得到新的字符串。这里先介绍其中最基本的连接操作。字符串 s' 和 s'' 的连接为 $s=s's''$，其定义为

$$s[i]=\begin{cases}s'[i] & (0\leqslant i<|s'|)\\ s''[i-|s'|] & (|s'|\leqslant i<|s'|+|s''|)\end{cases} \tag{3.1}$$

它们的长度满足

$$|s|=|s's''|=|s'|+|s''| \tag{3.2}$$

而空串与任意串 s 的结合满足

$$s=\epsilon s=s\epsilon \tag{3.3}$$

$$|s|=|\varepsilon s|=|\varepsilon|+|s|=|s\varepsilon|=|s|+|\varepsilon| \tag{3.4}$$

可将长度均为 l 且取自同一字母表 Σ 的字符串归为一类，记为 Σ^l，即

$$\Sigma^l=\{s:|s|=l,\ s[i]\in\Sigma,\ 0\leqslant i<l\} \tag{3.5}$$

它可认为是 Σ 的 l 次幂。显然 $\Sigma^0=\{\varepsilon\}$，$\Sigma^1=\Sigma$。为简单起见，常使用如下简化记号

$$\Sigma^+=\bigcup_{l=1}^{+\infty}\Sigma^l \tag{3.6}$$

$$\Sigma^*=\bigcup_{l=0}^{+\infty}\Sigma^l=\Sigma^+\cup\Sigma^0 \tag{3.7}$$

注意 Σ^+ 和 Σ^* 都是可数个集合的并。

考察任意 Σ^l，易知它的元素个数为 $|\Sigma|^l$。若 Σ 为英文字母表，易知 Σ^l 中存在某些字符串是毫无意义的英文句子。借鉴人类语言的特点，可制定**语法**(Grammar)，可将其视为映射

$$g:2^{\Sigma^*}\to 2^{\Sigma^*} \tag{3.8}$$

对于任意 $U\subset\Sigma^l$，利用语法 g 则可摒弃 U 中无意义的字符串，从而形成 $g(U)$。

如果在语法 g 的限制下考虑 Σ 的所有幂，则可得到语言 $\mathcal{L}$

$$\mathcal{L}=\bigcup_{l=0}^{+\infty}g(\Sigma^l)=g(\Sigma^0)\cup g(\Sigma^1)\cup g(\Sigma^2)\cup\cdots \tag{3.9}$$

于是语言 $\mathcal{L}$ 可表示为

$$\mathcal{L}=g(\Sigma^*)\subset\Sigma^* \tag{3.10}$$

使用语言即可表示信息，其方法是构造合适的语法。设 X 为离散型随机变量，其取值空间为 $\mathcal{X}$，则 X 的**编码**(Coding)①为 $\mathcal{X}$ 到 Σ^+ 的映射：

$$C:\mathcal{X}\to\Sigma^+ \tag{3.11}$$

而对于任意 $x\in\mathcal{X}$，$C(x)$ 称为**码字**(Codeword)，所有码字形成集合 $C(\mathcal{X})$，即**码簿**(Codebook)。事实上，若信息仅局限于随机变量 X 的单次表述，$C(\mathcal{X})$ 就是描述 X 的语言。在实际中，还需要找到码字所对应的元素，即**译码**(Decoding)，它是编码的逆过程。

【例 3.1】 字母表 $\Sigma=\{0,1\}$，随机变量 X 的取值空间为 $\mathcal{X}=\{a,b,c\}$，给出编码以表示 X 的不同取值。

解 不妨设 X 的编码为

① 对于用于压缩的编码，一般也称为**信源编码**(Source Coding)。

$$C(a)=00,\quad C(b)=01,\quad C(c)=10 \tag{3.12}$$

这是一种常用的编码方法，其特点是所有码字长度相等，因此称之为**等长编码**(Fixed-Length Code)。

还可设计出其他的编码，比如：

$$C(a)=0,\quad C(b)=01,\quad C(c)=001 \tag{3.13}$$

$$C(a)=0,\quad C(b)=10,\quad C(c)=110 \tag{3.14}$$

它们都是**变长编码**(Variable-Length Code)，其特征是存在一些长度不相等的码字。

问题 1 是否任意编码方式都是正确可行的？

此问题实际上是译码的可行性，此处仅作简单介绍，而不深入讨论。从直观上看，正确的编码都必须明白无误，或者说它是没有歧义的语言。以数学语言描述这种要求就是映射 C 必须为单射，此时称 C 是**非奇异的**(Nonsingular)。显然，【例 3.1】中的编码都能正确描述随机变量的单个取值情况而不发生歧义。

不过，正确的编码还必须满足各种实际问题的需要，对于某些复杂的问题，某些编码可能不适合或效率不高。事实上，必须根据实际问题的要求对编码方式作出限制。随着讨论的深入，将会对此问题给出完整解答。

随机变量的描述比较简单，而在实际问题中经常出现由随机变量组成的序列。譬如，英语可认为是一种随机序列，其基本元素为单词①。最常见的随机序列是**独立同分布**(independent and identically distributed，i. i. d.)序列，即序列中每个随机变量 X_i 的概率分布均相同且相互独立。

问题 2 如何描述基于相同取值空间情况下的随机序列？

依照随机变量的非奇异编码方案，将随机序列中的每个随机变量进行编码，再借鉴人类语言在表述时采用标点符号进行断句的方案即可。值得指出的是，还有其他方法可以描述随机序列，但这种将随机变量依次编码的方法较为简单，也不容易产生问题。一种方案是考虑转换字母表，例如可以在字母表中添加 $\swarrow$ 和 $\perp$，它们相当于标点符号中的逗号和句号，这样可以得到完全正确的译码。这种基于标点符号的方法可准确无误地描述随机序列，可利用后文中所介绍的方法予以证明。

【例 3.2】 字母表由 $\Sigma=\{0,1\}$ 转换为 $\Sigma'=\{0,1,\swarrow,\perp\}$，设随机序列中所有元素的取值空间为 $\mathcal{X}=\{a,b,c\}$。若编码分别采用

$$C(a)=00,\quad C(b)=01,\quad C(c)=10 \tag{3.15}$$

$$C'(a)=0,\quad C'(b)=01,\quad C'(c)=001 \tag{3.16}$$

试表示序列 b,a,a,b,c 和 a,a,a,a,c,a,a,a,a。

解 在编码 C 情况下，易知序列 b,a,a,b,c 可表示为

$$01\swarrow 00\swarrow 00\swarrow 01\swarrow 10\perp \tag{3.17}$$

而序列 a,a,a,a,c,a,a,a,a 可表示为

$$00\swarrow 00\swarrow 00\swarrow 00\swarrow 10\swarrow 00\swarrow 00\swarrow 00\swarrow 00\perp \tag{3.18}$$

在编码 C' 情况下，易知序列 b,a,a,b,c 可表示为

① 也可认为其基本元素为字母。两种模型各有优劣，基于单词的语言模型描述精确程度较高，基于字母的语言模型可扩展能力较强。

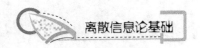

$$01\swarrow 0\swarrow 0\swarrow 01\swarrow 001\perp \tag{3.19}$$

而序列 a, a, a, a, c, a, a, a, a 可表示为

$$0\swarrow 0\swarrow 0\swarrow 0\swarrow 001\swarrow 0\swarrow 0\swarrow 0\swarrow 0\perp \tag{3.20}$$

显然，编码 C 和编码 C'，上述编码都能获得完全正确的译码。

问题 3 对于正确可行的编码，如何衡量其性能？

暂时假设编码 C 完全可以满足正确性的要求。考虑以编码 C 表示随机序列所需长度是衡量其性能的一个较好选择。如果以 C 描述随机序列所需长度越短，则编码 C 的性能越高。显然(3.19)式和(3.20)式要优于(3.17)式和(3.18)式，不过这种优劣是个体的差异，若要衡量编码的整体性能必须在概率意义下给出。

为衡量编码的性能，需考察码字的长度。码字 $C(x)$ 的长度是定义在 $\mathcal{X}$ 上的函数，即对于任意 $x\in\mathcal{X}$，码字长度 $l(x)$ 为 $C(x)$ 的字符串长度

$$l(x)=|C(x)| \tag{3.21}$$

不妨设 $\swarrow$ 和 $\perp$ 的长度均为 1，于是随机序列 X_1, X_2, …, X_n 取值为 x_1, x_2, …, x_n 时的码字总长度为

$$\sum_{i=1}^{n}(l(x_i)+1) \tag{3.22}$$

显然，以数学期望形式描述每个随机变量所需码字长度即可度量编码的性能，即

$$E\left[\frac{l(X_1,X_2,\cdots,X_n)}{n}+1\right] \tag{3.23}$$

特别地，若 i.i.d. 序列 X_1, X_2, …, X_n 的概率分布均为 X，则(3.23)式变为

$$E[l(X)+1]=\left(\sum_{x\in\mathcal{X}}p(x)(l(x))\right)+1 \tag{3.24}$$

从另一个角度看，单个随机变量 X 的编码性能显然应该用(3.24)式来衡量。本章中主要讨论 i.i.d. 序列的编码问题，但许多结论是通用的，仅在涉及码长数学期望时所指的是 i.i.d. 序列。

由上述分析可知，使用标点符号后虽然能有效地分隔随机变量，但增加了额外的存储量。更重要的是，字母表一般是固定的，添加特殊符号不利于计算机的表达和处理，也不现实。

问题 4 能否不使用标点符号描述随机序列？

对于等长编码而言，可从长度上有效分隔不同的码字，所以 $\swarrow$ 是无用的符号。而对于 $\perp$，可将其移到取值空间 $\mathcal{X}$ 中，并令其概率值为 0 便可解决此问题。至于变长编码，则留待后文再予以解决。

【例 3.3】 字母表仍为 $\Sigma=\{0, 1\}$，设某随机序列中所有元素的取值空间从 $\mathcal{X}=\{a, b, c\}$ 转换为 $\mathcal{X}'=\{a, b, c, \perp\}$。试给出新的编码，并描述序列 b, a, a, b, c 和 a, a, a, a, c, a, a, a, a。

解 编码可表示为

$$C(a)=00,\quad C(b)=01,\quad C(c)=10,\quad C(\perp)=11 \tag{3.25}$$

序列 b, a, a, b, c 可表示为

$$010000011011 \tag{3.26}$$

序列 a, a, a, a, c, a, a, a, a 可表示为

$$0000000010000000011 \tag{3.27}$$

此方法相当于将随机序列值的码字按次序进行连接，最后再连接上⊥的码字即可。译码只需按位分割后且分别译为对应的元素，遇到 11 则终止。

事实上，任意一台计算机的字母表都是 $\Sigma=\{0,1\}$，显然计算机表示信息时不需要也不能在 Σ 中添加标点符号。大多数的计算机系统均采用等长编码，即以字节作为存储的最小单位，从而形成了**美国标准信息交换码**(ASCII)。可将 ASCII 所编入符号视为随机变量 X 的取值空间，它不仅包括英文字母集合 $\mathcal{X}_a$，还包括控制字符集合 $\mathcal{X}_c$。显然，若要较好地表示人类要表达的信息，$\mathcal{X}_c$ 必须包括足够多的元素。于是，若使用等长编码描述随机变量 X，其固定长度为

$$\left\lceil \frac{\log(|\mathcal{X}_a|+|\mathcal{X}_c|)}{\log|\Sigma|} \right\rceil \tag{3.28}$$

对控制字符进行编码的目的则是精确地描述随机序列。

【例 3.4】 字母表仍为 $\Sigma=\{0,1\}$，设某随机序列中所有元素的取值空间从 $\mathcal{X}=\{a,b,c,d\}$ 变为 $\mathcal{X}'=\{a,b,c,d,\perp\}$。试给出编码方法，并描述序列 a,b,c,d，再计算长度为 n 的序列所需的码字总长度。

解 编码可表示为

$$C(a)=000,\quad C(b)=001,\quad C(c)=010,\quad C(d)=011,\quad C(\perp)=111 \tag{3.29}$$

序列 a,b,c,d 可表示为

$$000001010011111 \tag{3.30}$$

长度为 n 的序列所需码字的总长度为 $3(n+1)$，显然是⊥的加入而增加了每个码字所需的描述长度。如果不考虑⊥，只需 2 位字符即可表示 $\mathcal{X}$ 中的所有元素，即采用编码 C'：

$$C'(a)=00,\quad C'(b)=01,\quad C'(c)=10,\quad C'(d)=11 \tag{3.31}$$

在实际中，可采用“协议”方式解决此问题，比如可在码字序列前以 32 位二进制字符串[①]存储随机序列的长度，这样仅需 $2n+32$ 位即可描述长度为 n 的序列。实际上，高效的描述相当于摒弃原始数据中不必要的冗余，即**数据压缩**(Data Compression)。目前对于数据压缩的研究已经非常广泛和深入，后文将简要讨论压缩的效率问题。

事实上，处理⊥是一个相当复杂且不能回避的问题。若从理论上研究信息传输，由于可能出现无限长的随机序列，则序列长度为无限，即便采用“协议”，也必须分隔序列的长度值与实际传输的数据[②]，这种分隔符号与⊥在本质上是一样的。而在实际中，即使采用字节方式也可能需要引入分隔符号。假定传输长度巨大的数据，则不能存储随机序列的长度以确定其终止，而需要采用 $C(\perp)$。此外，所传输的序列若不能以整数个字节表示，还需补上若干符号，显然需要区分填充数据和真实数据。如采用编码(3.30)时，序列 a,b,c,d 就不能填满 2 个字节，最后需补上 1 个符号。基于这些原因，大部分实用的编码都必须加入⊥，如 ASCII 中的**传输终止符号**(EOT)相当于⊥。虽然⊥非常重要[③]，但分析加入⊥的编码需要注意较多的细节问题，为简单起见，后文中不再考虑⊥，仅研

---

① 若以字节为基本单位，该长度可表示 4GB 大小的数据，在实际问题中已足够。当然，还可使用更多位数表示序列长度。

② 留作习题，可自行提出合适的方案。

③ 表示传输开始的**标题开始符号**(SOH)也相当重要。

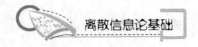

究针对实际所传输数据的编码。

此外，传输随机序列还需要一些额外信息，如等长编码中编码的固定长度值，为此需要在数据前端再加入二进制字符串以存储额外信息。本例中编码 C' 的固定长度值为 2，若每个字节存储一个码字显然过于浪费，而将其连接后用再传输则可提高效率。而这些额外信息都比较短小，因此采用“协议”的方案即可完全解决此问题。

在仅考虑随机序列的情况下，可定义编码 C 的**期望长度**(Expected Length)为

$$\begin{aligned} l(C) &= E[l(X)] \\ &= \sum_{x\in\mathcal{X}} p(x)(l(x)) \end{aligned} \tag{3.32}$$

期望长度是度量编码性能的一项重要指标，它实际上是 C 对于 X 的**期望描述长度**(Expected Description Length)。特别地，若使用等长编码描述随机变量 X，其固定长度为

$$l(x)=\left\lceil\frac{\log|\mathcal{X}_a|}{\log|\Sigma|}\right\rceil=\left\lceil\frac{\log|\mathcal{X}|}{\log|\Sigma|}\right\rceil,\quad \forall x\in\mathcal{X} \tag{3.33}$$

其期望长度为

$$\sum_{x\in\mathcal{X}} p(x)(l(x))=\left\lceil\frac{\log|\mathcal{X}|}{\log|\Sigma|}\right\rceil \tag{3.34}$$

从数据压缩的观点看，随机变量 X 可采用 C 和 C' 进行编码，且这两种编码都是正确可行的，若 $l(C')$ 比 $l(C)$ 小，则意味 C' 是对 C 的一种压缩。显然，压缩是要寻找 X 的**最小描述长度**(Minimum Description Length，MDL)。

3.1.2 唯一可译码

变长编码无法像等长编码那样按位进行分隔，也是它在描述随机序列时出现问题的根源。比如 001 若采用(3.16)的编码形式，则译码时无法区别 001 究竟是序列 a、b 还是序列 c。此外，使用等长编码时，其期望长度与概率分布无关，对于某些概率分布它的性能可能很差，必须加以改进。

问题 5 能否采用变长编码且不用控制字符分隔，使之能简单且高效地描述随机序列？

此问题即消除编码的二义性，若能找到某种编码，其任意两个不同的随机序列的码字序列不相同，即可解决此问题。

为判断随机序列的编码是否存在二义性，可定义编码 C 的 n 次**扩展**(Extension)C^n，它是 $\mathcal{X}^n$ 到 $\mathcal{L}$ 上的映射：

$$C^n(x_1x_2\cdots x_n)=C(x_1)C(x_2)\cdots C(x_n)\quad (x_i\in\mathcal{X},\ 1\leqslant i\leqslant n) \tag{3.35}$$

而编码 C 的所有扩展(剔除零次扩展)形成了 C 的扩展 C^+

$$C^+=\bigcup_{n=1}^{+\infty} C^n=C^1\cup C^2\cup C^3\cup\cdots \tag{3.36}$$

注意 C^+ 的定义域已变成 $\mathcal{X}^+$。显然，由 C^+ 所形成的码字集合 $C^+(\mathcal{X}^+)$ 包含了全部有限长度随机序列码字。那么，随机序列的编码若不存在二义性，则编码 C 的扩展 C^+ 必须是非奇异的，称此情况下的编码 C 是**唯一可译码**(Uniquely Decodable Code)。

利用唯一可译码的定义，可对其性质进行分析。不妨从其对立面考察之，即编码 C 的扩展存在二义性，则存在两个均取自 $\mathcal{X}$ 但互不相同的序列

$$x_{u_1}, x_{u_2}, \cdots, x_{u_m} \qquad x_{v_1}, x_{v_2}, \cdots, x_{v_n} \tag{3.37}$$

它们的码字满足

$$C(x_{u_1})C(x_{u_2})\cdots C(x_{u_m})=C(x_{v_1})C(x_{v_2})\cdots C(x_{v_n}) \tag{3.38}$$

可取边界进行考察，则 $C(x_{u_1})$和 $C(x_{v_1})$之间必然存在一定的关系，而 $C(x_{u_m})$和 $C(x_{v_n})$之间也必然存在一定的关系。

从字符串长度的大小关系上考虑，两个字符串的长度之间存在大于、等于或小于的关系，而(3.38)式还揭示了字符串中字符之间的相等关系。为此定义字符串 s 的**前缀**(Prefix)$s^{\rightarrow(l)}$和**后缀**(Suffix)$s^{\leftarrow(l)}$如下(其中 $0<l<|s|$)[①]。

$$s^{\rightarrow(l)}[i]=s[i] \quad (|s^{\rightarrow(l)}|=l,\ 0\leqslant i<l) \tag{3.39}$$

$$s^{\leftarrow(l)}[i]=s[i+|s|-l] \quad (|s^{\leftarrow(l)}|=l,\ 0\leqslant i<l) \tag{3.40}$$

$s^{\rightarrow(l)}$相当于取 s 的前 l 位，而 $s^{\leftarrow(l)}$相当于取 s 后 l 位。此外，记 s 的所有前缀组成集合 $\mathrm{pre}(s)$，而 s 的所有后缀组成集合 $\mathrm{suf}(s)$。

显然 $C(x_{u_1})$和 $C(x_{v_1})$之间关系必然为下列 3 种其一。

$$C(x_{v_1})\in \mathrm{pre}(C(x_{u_1})) \tag{3.41}$$

$$C(x_{u_1})=C(x_{v_1}) \tag{3.42}$$

$$C(x_{u_1})\in \mathrm{pre}(C(x_{v_1})) \tag{3.43}$$

而 $C(x_{u_m})$和 $C(x_{v_n})$之间关系也必然为下列 3 种其一。

$$C(x_{v_n})\in \mathrm{suf}(C(x_{u_m})) \tag{3.44}$$

$$C(x_{u_m})=C(x_{v_n}) \tag{3.45}$$

$$C(x_{u_m})\in \mathrm{suf}(C(x_{v_n})) \tag{3.46}$$

满足(3.41)式或(3.43)式称 $C(x_{u_1})$和 $C(x_{v_1})$存在前缀关系，而满足(3.44)式或(3.46)式称$C(x_{u_m})$和 $C(x_{v_n})$存在后缀关系。

若编码 C 的扩展存在二义性，则 C 中必然存在$C(x_{u_1})$和 $C(x_{v_1})$，也必然存在 $C(x_{u_m})$和$C(x_{v_n})$，且它们满足上述关系之一。显然，可得到如下结论：

(1) 如果非奇异的编码 C 中任意的$C(x_u)$和 $C(x_v)$都无前缀关系，则 C 是唯一可译码。

(2) 如果非奇异的编码 C 中任意的 $C(x_u)$和 $C(x_v)$都无后缀关系，则 C 是唯一可译码。

前文中非奇异的编码采用逗号和句号这两种标点符号断句，相当于将编码后加入标点符号形成新的编码，易知新编码是唯一可译码，即该表达方式正确无误。

【例 3.5】 字母表为 $\Sigma=\{0, 1\}$，编码 C 的码簿为$\{00, 01, 10, 11\}$，证明 C 是唯一可译码。

证 显然 C 是非奇异的，C 中任意的$C(x_u)$和 $C(x_v)$都无前缀关系(后缀关系)，因此 C 是唯一可译码。事实上，非奇异的等长编码均为唯一可译码。

变长编码之间的关系比较复杂，其中任意码字是否存在前缀或后缀的相互关系难以确定，只有研究具体的码字后才能得到结论。

① 此处定义的前缀和后缀是非平凡的，即不包括 ε 和 s

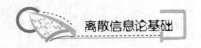

问题 6 已知编码的码字，如何判断该编码的唯一可译性？

对于非奇异编码，只需要考虑前缀和后缀的相互关系。Sardinas 和 Patterson 设计了一种判断唯一可译码的方法。仍考虑(3.37)式中所给出两个序列，设它们的码字序列相同，不妨设 $C(x_{u_1})$ 和 $C(x_{v_1})$ 满足(3.41)式，即 $C(x_{v_1})$ 是 $C(x_{u_1})$ 的前缀，那么必然存在 $C(x_{u_1})$ 的某一后缀 s_{w_1}，它满足

$$C(x_{u_1})=C(x_{v_1})s_{w_1} \tag{3.47}$$

则可得到：

$$s_{w_1}C(x_{u_2})\cdots C(x_{u_m})=C(x_{v_2})\cdots C(x_{v_n}) \tag{3.48}$$

可将 s_{w_1} 视为某一码字，再不断重复上述过程，最终可得到如下两种结果其一。

(1) 可能得到 $C(x_{u_m})$ 的某一后缀 s_{w_l} 使得

$$s_{w_l}=C(x_{v_n}) \tag{3.49}$$

(2) 可能得到 $C(x_{v_n})$ 的某一后缀 s_{w_r} 使得

$$C(x_{u_m})=s_{w_r} \tag{3.50}$$

那么，只要判断(3.49)式和(3.50)式是否被满足，即可完成唯一可译性的判断。

由于码字集合 $C(\mathcal{X})$ 是一有限集，进而可知 $C(\mathcal{X})$ 中所有字符串的后缀个数也是有限的，定义 $C(\mathcal{X})$ 的后缀集合 $\mathrm{suf}(C(\mathcal{X}))$ 为

$$\mathrm{suf}(C(\mathcal{X}))=\bigcup_{x\in\mathcal{X}}\mathrm{suf}(C(x))-C(\mathcal{X}) \tag{3.51}$$

显然 $\mathrm{suf}(C(\mathcal{X}))$ 也是有限集。可将 $C(\mathcal{X})\cup\mathrm{suf}(C(\mathcal{X}))$ 的所有元素转化成图的顶点，只需判断它们之间的可达关系便可判断编码的唯一可译性。

在编码 C 是非奇异的假设下，若 $C(\mathcal{X})\cup\mathrm{suf}(C(\mathcal{X}))$ 中顶点 s' 与 s'' 之间存在有向边 $s'\rightarrow s''$，当且仅当存在 $C(\mathcal{X})$ 中的 $C(x)$ 满足如下两种关系其一。

$$s'=C(x)s'' \tag{3.52}$$

$$s's''=C(x) \tag{3.53}$$

除此之外，其余顶点之间皆不存在有向边。

实际上，这种定义是由拼接“非唯一可译”的编码的状态变换所要求的，即 s' 拼上与其前缀相同的 $C(x)$ 所可能得到的 s''。显然，对于任意的 $C(x)$，只要将它无法拼到某个 $C(x')$[①]，这种编码就是唯一可译码。据此可得到唯一可译码的判断准则：非奇异的编码 C 是唯一可译码，当且仅当 $C(\mathcal{X})$ 中的任意 $C(x)$ 和 $C(x')$ 之间不存在路径。

判定唯一可译码可在 $C(\mathcal{X})$ 和 $\mathrm{suf}(C(\mathcal{X}))$ 所组成的图中使用遍历算法。实际上，由于“非唯一可译”的编码的拼接较为特殊，因此只需考虑从 $C(x)$ 出发所能到达的那些后缀，而这种属于 $\mathrm{suf}(C(\mathcal{X}))$ 且能从 $C(\mathcal{X})$ 中某个顶点出发而到达的后缀称为**悬挂后缀**(Dangling Suffix)。显然，$\mathrm{suf}(C(\mathcal{X}))$ 中不是所有后缀都是悬挂后缀。此外，利用遍历算法不但可判断编码的唯一可译性，还可根据路径构造出存在二义性的序列。

此外，还可以对 $C(x_{u_m})$ 和 $C(x_{v_n})$ 进行逆向考察，得到类似的悬挂前缀，进而判断编码的唯一可译性。

【例 3.6】 字母表为 $\Sigma=\{0, 1\}$，编码 C 的码字集合 $C(\mathcal{X})$ 为 {0，01，001}，画出

① 有可能 x' 就是 x，例如 $C(\mathcal{X})=\{00, 0000\}$，可从 00 拼到 00。

$C(\mathcal{X})\cup \mathrm{suf}(C(\mathcal{X}))$中顶点的边，并判断 C 的唯一可译性。

解 显然 C 非奇异，易知 $\mathrm{suf}(C(\mathcal{X}))=\{1\}$，可按定义画出 $C(\mathcal{X})$和悬挂后缀所构成的图，如图 3.4 所示。

图 3.4 中圆形代表 $C(\mathcal{X})$中的顶点，正方形代表 $\mathrm{suf}(C(\mathcal{X}))$中的悬挂后缀(本例中 $\mathrm{suf}(C(\mathcal{X}))$中所有顶点都是悬挂后缀)。

易知存在 $C(\mathcal{X})$中不同顶点之间的路径：(0→01)和(001→01)，所以 C 不是唯一可译码。这两条路径从本质上看是相同的，即它们都反映了 0，01 和 001 是存在二义性的两个序列。

【例 3.7】 字母表为 $\Sigma=\{0, 1\}$，码字集合 $C(\mathcal{X})$为 {00，10，11，100，110}，画出 $C(\mathcal{X})\cup \mathrm{suf}(C(\mathcal{X}))$中顶点的边，并判断 C 的唯一可译性。

解 显然 C 是非奇异的，而 $\mathrm{suf}(C(\mathcal{X}))=\{0, 1\}$，可按定义画出 $C(\mathcal{X})$和悬挂后缀所构成的图，如图 3.5 所示。

注意 0 可到达自身，其原因是存在 $C(\mathcal{X})$中的顶点 00。本例中 $\mathrm{suf}(C(\mathcal{X}))$中的 1 不是悬挂后缀，故略去。

图 3.5 中不存在 $C(\mathcal{X})$中顶点之间的路径，所以 C 是唯一可译码。

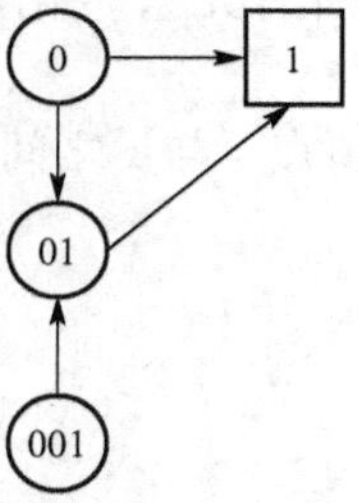

图 3.4 对 {0，01，001} 进行唯一可译性测试中所形成的图

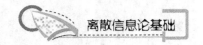

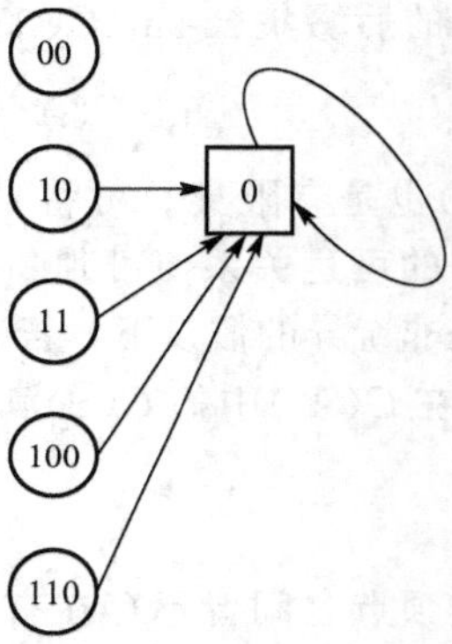

图 3.5 对 {00，10，11，100，110} 进行唯一可译性测试中所形成的图

3.1.3 即时码与前缀码

与编码密切相关的工作是译码，即将语言 $\mathcal{L}$ 中的字符串转换成 $\mathcal{X}$ 中元素所组成的序列。这里要强调的是，译码速度也是评判编码好坏的重要标准。

【例 3.8】 字母表为 $\Sigma=\{0, 1\}$，设某随机序列中所有元素的取值空间为 $\mathcal{X}=\{a, b, c, d, e\}$。若编码分别采用

$$C(a)=00,\quad C(b)=10,\quad C(c)=11,\quad C(d)=100,\quad C(e)=110 \tag{3.54}$$

试将字符串 10011 翻译成 $\mathcal{X}$ 中元素所组成的序列。

解 易知编码 C 是唯一可译码，可从左向右读入字符串的值，其译码过程如下。

(1) 读到 10 时会有两种译码选择：10 或 100，即不能确定应译为 b 或 d，直至读入 100 的后一个字符 1 时才可确定应译为 d。若译为 b，则出现前缀为 01 的码字，而 C 中无此码字。

(2) 随后抛弃已翻译的字符串，继续阅读剩余的字符串 11，对于它也会有两种译码选择：11 或 110，但不能确定应译为 c 或 e，直至发现 11 后面已无字符才可确定应译为 c。

(3) 最后确定字符串 10011 应译为 d，c。

从此例可看出，该编码虽是唯一可译码，但译码速度稍慢。事实上，还存在其他唯一可译码，在译码过程中需要向后读入更多位，如将 $C(d)$ 换为更长的 1000000。此外，译码时还需向前回溯以确定最终译成哪个码字。在实时性要求比较高的场合，必须在读入当前字符后立即得到译码结果，此种编码称之为**即时码**(Instantaneous Code)。即时码必须是唯一可译码，反之则不然。

问题 7 对于编码 C，应如何判断它是否即时码?

显然编码 C 必须为非奇异的。从译码过程看，不能立即给出译码结果的原因在于，C 中存在 $C(x_u)$ 和 $C(x_v)$ 有前缀的关系。那么，可得到如下结论①。

(1) 如果非奇异编码 C 中任意的 $C(x)$ 和 $C(x')$ 都无前缀关系，称 C 为**前缀码**(Prefix Code)，则从左至右阅读并译码时 C 是即时码。

(2) 如果非奇异编码 C 中任意的 $C(x)$ 和 $C(x')$ 都无后缀关系，称 C 为**后缀码**(Suffix Code)，则从右至左阅读并译码时 C 是即时码。

显然，等长编码既是前缀码，也是后缀码。此外，需要注意前缀码和后缀码都是唯一可译码，但如果采用了不合适的译码方式，则它们不再是即时码。

【例 3.9】 字母表为 $\Sigma=\{0,1\}$，编码 C_p 的码字集合 $C_p(\mathcal{X})$ 为 $\{0, 10, 110, 1110\}$，编码 C_s 的码字集合 $C_s(\mathcal{X})$ 为 $\{0, 01, 011, 0111\}$，判断 C_p 和 C_s 是否为即时码。

解 C_p 和 C_s 均为即时码。易知 C_p 是前缀码，应采用从左至右阅读的译码的方法，而 C_s 是后缀码，应采用从右至左阅读的译码的方法。不过 C_p 和 C_s 的本质都一样，即采用了标点符号对序列进行分隔，且 C_p 和 C_s 的分隔符均为 0。对于一般情况，容易知道前文所提及的基于标点符号的编码也是前缀码。不过等长编码的效率不高，而且编码的期望长度会影响译码的速度。

由于从左至右阅读进行译码不但符合人类的习惯，而且满足实际中字符串按随机序列产生的次序进行发送和接收的需要，因此前缀码更为重要，下文主要对前缀码展开讨论。

问题 8 对于前缀码，应如何设计译码算法?

设字母表 Σ 的元素个数为 r，可将编码 C 的码字集合 $C(\mathcal{X})$ 组织成 r 叉树②，而 C 和这种译码 r 叉树是一一对应的。计算机中一般采用字母表 $\Sigma=\{0,1\}$，即将 $C(\mathcal{X})$ 组织成二叉树。显然，若编码 C 为前缀码，当且仅当码字只出现于不同的叶子结点。译码算法则可采用 r 叉树完成，从根开始搜寻，一旦发现到达叶子结点，则可确认该码字。

此外，还可将码字的 r 叉树表示推广到任何非奇异的编码上。使用 r 叉树对唯一可译码中的非前缀码进行译码时，需要回溯到祖先结点，不能立即得到结果。

---

① 下列条件中，要求编码必须为非奇异的，这是由前文中所定义的前缀/后缀关系所决定的。如果采用包括平凡的前缀/后缀的定义，则不需加非奇异的限制

② 其定义与树不同，可仿照二叉树的概念定义 r 叉树。

【例 3.10】 字母表为 $\Sigma=\{0,1\}$，编码 C 的码字集合 $C(\mathcal{X})$ 为 $\{0,10,110\}$，将 $C(\mathcal{X})$ 组织成二叉树。

解 易知 $C(\mathcal{X})$ 可组织如图 3.6 所示的二叉树。

注意这里 0 就是标点符号，这意味着码字只在左孩子上出现。

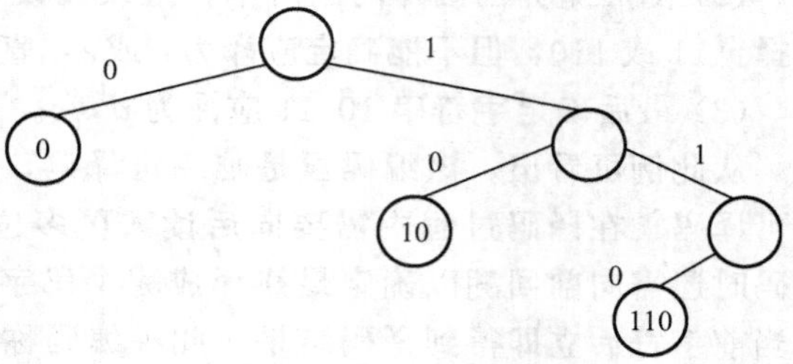

图 3.6 C 的译码二叉树

顺便提及，只要保证在不同的叶子结点上放置码字即可，于是可改进原有编码。改进方法是对二叉树进行精简，注意此时编码将变成 $C'(\mathcal{X})=\{0,10,11\}$，而编码和译码必须统一。$C'$ 的译码二叉树如图 3.7 所示。

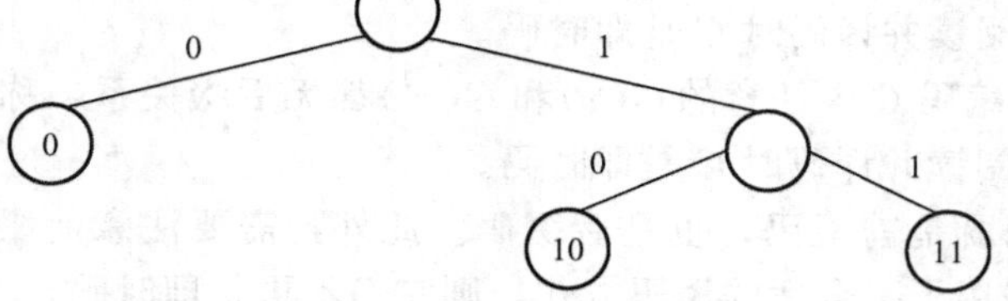

图 3.7 C' 的译码二叉树

显然 C' 的效率更高，其原因是在相同概率分布情况下，C' 的编码期望长度较小，即 C' 的译码速度更快。

3.2 数据压缩的性质

3.2.1 前缀码的码长约束

衡量编码的性能必须深入研究其期望长度，它不仅影响随机序列的存储空间，还决定了编码和译码的速度。而在随机变量的概率给定时，码字的长度即成为影响编码性能的关键因素，期望长度小意味着能得到优秀的数据压缩，因此考察该问题非常有意义。对于前缀码而言，对字符串 s 译码只需 $O(|s|)$，因此码字长度更是其关键性能指标。

问题 9 前缀码的码字长度是否满足某种关系？

由于前缀码的形式较为特殊，易猜测存在某种对其码字长度的约束。事实上，前缀码必须满足 **Kraft 不等式**(Kraft's Inequality)。

设 $|\Sigma|=r$，且 $\mathcal{X}$ 为有限集(取 $|\mathcal{X}|=n$)。编码 C 为前缀码，则 $C(\mathcal{X})$ 中码字长度必须满足

$$\sum_{s\in C(\mathcal{X})} r^{-|s|}\leqslant 1 \tag{3.55}$$

其等价形式为

$$\sum_{x\in \mathcal{X}} r^{-l(x)}\leqslant 1 \tag{3.56}$$

此外，若存在满足上述不等式的一组码字长度 $l_1 \leqslant l_2 \leqslant \cdots \leqslant l_n$，则必然能构造出前缀码 C_p，且 $C_p(\mathcal{X})$ 中的码字长度为 $l_1, l_2, \cdots, l_n$。

证 可考察其码字形成的 r 叉树。由于前缀码的码字必须放置于叶子结点上，而码字长度恰为根到叶子结点的路径长度，可使用此结论证明 Kraft 不等式。

(1) 若编码 C 为前缀码，记 $C(\mathcal{X})$ 中码字的最大长度为 $l_{\max}$，令

$$\Gamma_{\max} = \{s \mid s \in C(\mathcal{X}), \ |s| = l_{\max}\} \tag{3.57}$$

即 $\Gamma_{\max}$ 由 $C(\mathcal{X})$ 中最长的码字组成。注意到 $C(\mathcal{X}) - \Gamma_{\max}$ 中的码字必然也处于叶子结点上，可让它们继续生长到 $l_{\max}$ 层，而它们形成的新叶子结点与 $\Gamma_{\max}$ 中码字所在的叶子结点必不重复。考虑 $l_{\max}$ 层能容纳的叶子结点数目，可得

$$\sum_{s \in C(\mathcal{X}) - \Gamma_{\max}} r^{l_{\max} - |s|} + |\Gamma_{\max}| \leqslant r^{l_{\max}} \tag{3.58}$$

由于 $|\Gamma_{\max}|$ 可用 $s \in \Gamma_{\max}$ 对 1 计数，即

$$|\Gamma_{\max}| = \sum_{s \in \Gamma_{\max}} (1) = \sum_{s \in \Gamma_{\max}} r^{l_{\max} - |s|} \tag{3.59}$$

于是(3.58)式可重写为

$$\sum_{s \in C(\mathcal{X})} r^{l_{\max} - |s|} \leqslant r^{l_{\max}} \tag{3.60}$$

即可得到

$$\sum_{s \in C(\mathcal{X})} r^{-|s|} \leqslant 1 \tag{3.61}$$

(2) 若码字集合 $C(\mathcal{X})$ 中的码字长度满足式(3.55)，若能寻找一种码字的放置方法，保证所有的码字都在不同的叶子结点上，即可完成证明。为此可证明如下更强的结论。

设第 λ 层有 m 个空闲结点，若存在 $\Gamma \subset C(\mathcal{X})$，且 Γ 中码字长度均不小于 λ，并满足

$$\sum_{s \in \Gamma} r^{-(|s| - \lambda)} \leqslant m \tag{3.62}$$

则可在第 λ 层的这些空闲结点所生长出的子树中放置 Γ 中的码字，不但保证 Γ 中码字均在不同叶子结点上，而且码字长度仍为根到叶子结点的路径长度。显然取 λ 为 0 时，m 最大值为 1，取 m 为 1，则(3.62)式即变成 Kraft 不等式。

设码字集合 Γ 中存在 $t(\Gamma)$ 种不同的码字长度，考虑对 $t(\Gamma)$ 施归纳法。

① 若 $t(\Gamma) = 1$，即 Γ 中所有码字长度均相等，令其为 l。而第 λ 层的 m 个空闲结点继续生长到 l 层可得到叶子结点的个数为

$$m \times r^{l-\lambda} \tag{3.63}$$

而此时(3.62)式可改写成

$$\left(\sum_{s \in \Gamma} (1)\right) r^{-(l-\lambda)} \leqslant m \tag{3.64}$$

即

$$|\Gamma| \leqslant m \times r^{l-\lambda} \tag{3.65}$$

于是可将 Γ 中的码字放置于第 λ 层的 m 个空闲结点生长到 l 层所得到的不同叶子结点上，且码字长度仍为根到叶子结点的路径长度。

② 若 $t(\Gamma) = k$，原结论成立，可考察 $t(\Gamma) = k+1$ 的情况。

记 Γ 中码字的最小长度为 $l_{\min}$，令

$$\Gamma_{\min}=\{s\mid s\in\Gamma,\ |s|=l_{\min}\} \tag{3.66}$$

即 $\Gamma_{\min}$ 由 Γ 中最短的码字组成。将 Γ 分拆，可得到

$$\begin{aligned}\sum_{s\in\Gamma}r^{-(|s|-\lambda)}&=\sum_{s\in\Gamma_{\min}}r^{-(l_{\min}-\lambda)}+\sum_{s\in\Gamma-\Gamma_{\min}}r^{-(|s|-\lambda)}\\&=\Big(\sum_{s\in\Gamma_{\min}}(1)\Big)r^{-(l_{\min}-\lambda)}+\sum_{s\in\Gamma-\Gamma_{\min}}r^{-(|s|-\lambda)}\\&=|\Gamma_{\min}|\,r^{-(l_{\min}-\lambda)}+\sum_{s\in\Gamma-\Gamma_{\min}}r^{-(|s|-\lambda)}\end{aligned} \tag{3.67}$$

由(3.62)式和(3.67)式可知

$$|\Gamma_{\min}|\,r^{-(l_{\min}-\lambda)}\leqslant m \tag{3.68}$$

即

$$|\Gamma_{\min}|\leqslant m\times r^{l_{\min}-\lambda} \tag{3.69}$$

由于 $l_{\min}$ 不小于 λ，则第 λ 层的 m 个空闲结点继续生长到 $l_{\min}$ 层可得到叶子结点的个数为

$$m\times r^{l_{\min}-\lambda} \tag{3.70}$$

于是可将 $\Gamma_{\min}$ 中的码字放置于第 λ 层的 m 个空闲结点生长到 $l_{\min}$ 层所得到的叶子结点上，且码字长度仍为根到叶子结点的路径长度。

此时 $l_{\min}$ 层剩余的空闲结点个数为

$$m\times r^{l_{\min}-\lambda}-|\Gamma_{\min}| \tag{3.71}$$

且满足

$$\sum_{s\in\Gamma-\Gamma_{\min}}r^{-(|s|-l_{\min})}\leqslant m\times r^{l_{\min}-\lambda}-|\Gamma_{\min}| \tag{3.72}$$

注意到 $\Gamma-\Gamma_{\min}$ 码字长度均不小于 $l_{\min}$，且 $t(\Gamma-\Gamma_{\min})=k$，则可将 $\Gamma-\Gamma_{\min}$ 中的码字放置于第 $l_{\min}$ 层剩余空闲结点所生长出的子树中，且码字长度仍为根到叶子结点的路径长度。

由上述归纳过程可知当 $t(\Gamma)$ 取任意自然数时，原结论均成立。

前缀码的 Kraft 不等式不但给出了码字长度应满足的关系，还给出了前缀码的构造方法。只需给定一组满足 Kraft 不等式的码字长度，即可构造出前缀码。具体构造方法是：依次对长度 $l_1\leqslant l_2\leqslant\cdots\leqslant l_n$ 进行操作，对于长度为 l_i 的码字，将其放置在第 l_i 层的空闲结点处并剪去它的孩子结点，于是码字集合即可生成。

【例 3.11】 字母表为 $\Sigma=\{0,1\}$，若取码字集合 $C(\mathcal{X})$ 中码字长度分别为 1，2，3，3，试构造前缀码 C。

解 容易验证码字集合 $C(\mathcal{X})$ 的码字长度满足 Kraft 不等式，可构造码字集合如下。

(1) 长度为 1 的码字只有 1 个，记为 a，将其放置在第 1 层，再剪去它的孩子结点，如图 3.8(a)所示。

(2) 长度为 2 的码字只有 1 个，记为 b，将其放置在第 2 层，再剪去它的孩子结点，如图 3.8(b)所示。

(3) 长度为 3 的码字有 2 个，记为 c，d，将其放置在第 3 层，如图 3.8(c)所示。

则码字集合构造完毕，即 $C(\mathcal{X})=\{1, 01, 001, 000\}$。

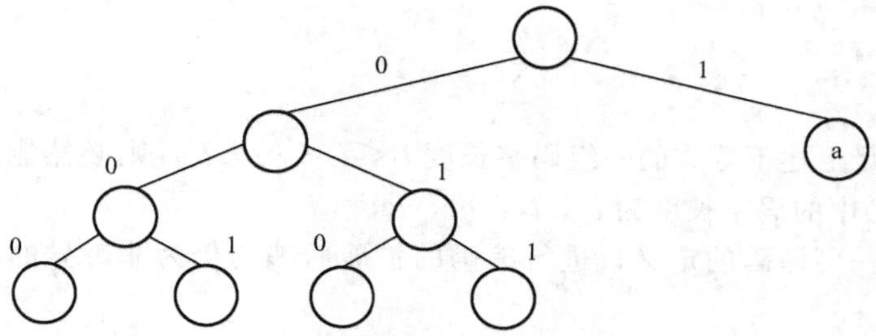

(a) 前缀码构造过程1

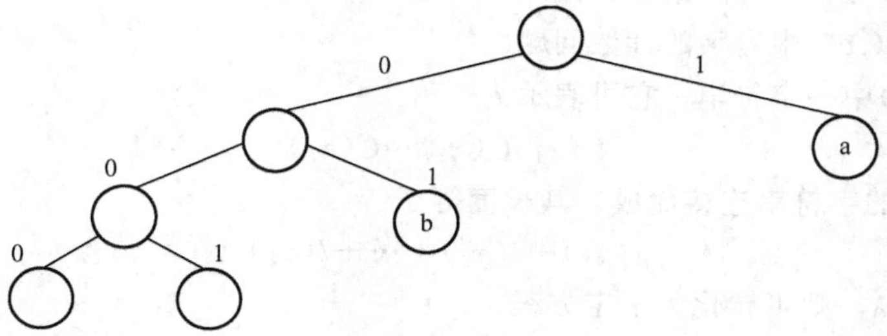

(b) 前缀码构造过程2

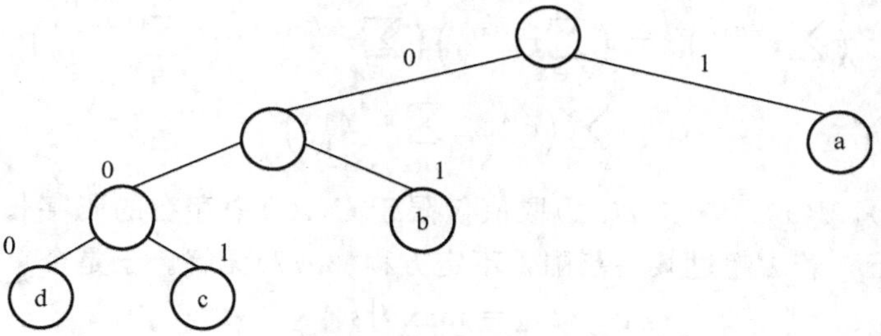

(c) 前缀码构造过程3

图 3.8 前缀码构造过程

3.2.2 唯一可译码的码长约束

唯一可译码虽无前缀码这样明显的特性，但它也具有一定的约束条件，不过它是否与前缀码满足同样的约束，需要深入分析。

问题 10 唯一可译码是否满足 Kraft 不等式的约束？

McMillan 最早发现唯一可译码满足 Kraft 不等式的特性，但证明比较繁琐，尔后 Karush给出了简化证明。此特性意味着前缀码在码长意义下已经是最优的编码。唯一可译码的 Kraft 不等式表述如下。

设 $|\Sigma|=r$，且 $\mathcal{X}$ 为有限集(取 $|\mathcal{X}|=n$)。编码 C 为唯一可译码，则 $C(\mathcal{X})$中的码字长度必须满足

$$\sum_{s\in C(\mathcal{X})} r^{-|s|}\leqslant 1 \tag{3.73}$$

其等价形式为

$$\sum_{x\in\mathcal{X}} r^{-l(x)}\leqslant 1 \tag{3.74}$$

此外，若存在满足上述不等式的一组码字长度 $l_1\leqslant l_2\leqslant\cdots\leqslant l_n$，则必然能构造出唯一可译码 C_u，且 $C_u(\mathcal{X})$中的码字长度为 l_1，l_2，…，l_n。

证 根据唯一可译码的定义，进行编码的扩展后编码仍为非奇异的，可利用此进行证明。

(1) 若编码 C 为唯一可译码，注意到 $C(\mathcal{X})$为一有限集，而 C 的 k 次扩展 C^k 所形成的码字集合 $C^k(\mathcal{X}^k)$也为有限集合，由于取自 $\mathcal{X}^k$中不同的元素会映射到 $C^k(\mathcal{X}^k)$中不同的码字，可考虑 $C^k(\mathcal{X}^k)$中码字的计数问题。

任取 $C^k(\mathcal{X}^k)$中一字符串，它可表示为

$$C(x_1)C(x_2)\cdots C(x_k) \tag{3.75}$$

它是由 $C(\mathcal{X})$中的字符串连接而成，其长度等于

$$l(x_1)+l(x_2)+\cdots+l(x_k) \tag{3.76}$$

不妨设其长度为 λ，则可转化为不定方程

$$l(x_1)+l(x_2)+\cdots+l(x_k)=\lambda \tag{3.77}$$

由于可利用生成函数获得不定方程解的个数，可尝试考虑幂函数

$$\begin{aligned}\Big(\sum_{x\in\mathcal{X}} r^{-l(x)}\Big)^k &= \Big(\sum_{x_1\in\mathcal{X}} r^{-l(x_1)}\Big)\Big(\sum_{x_2\in\mathcal{X}} r^{-l(x_2)}\Big)\cdots\Big(\sum_{x_k\in\mathcal{X}} r^{-l(x_k)}\Big)\\ &= \sum_{\lambda\in\mathrm{N}}\Big(r^{-\lambda}\sum_{\sum_{i=1}^k l(x_i)=\lambda}(1)\Big)\end{aligned} \tag{3.78}$$

注意到 $l(x_1)$，$l(x_2)$，…，$l(x_k)$取值仅限于 $C(\mathcal{X})$中存在的码字长度，这意味着在 $C(\mathcal{X})$给定情况下，若 λ 超过某一范围，不定方程(3.77)无解。于是令

$$l_{\max}=\max_{s\in C(\mathcal{X})}\{|s|\} \tag{3.79}$$

则(3.78)式可改写为

$$\Big(\sum_{x\in\mathcal{X}} r^{-l(x)}\Big)^k=\sum_{\lambda=1}^{kl_{\max}}\left(r^{-\lambda}\sum_{\sum\limits_{i=1}^{k} l(x_i)=\lambda}(1)\right) \tag{3.80}$$

为获得不定方程(3.77)解的个数，可考察取自 $C(\mathcal{X})$的任意两个字符串序列

$$C(x_1'),\ C(x_2'),\ \cdots,\ C(x_k')\quad C(x_1''),\ C(x_2''),\ \cdots,\ C(x_k'') \tag{3.81}$$

若其长度均为 λ，由于编码 C 为唯一可译码，则它们的连接一定不同，即

$$C(x_1')C(x_2')\cdots C(x_k')\neq C(x_1'')C(x_2'')\cdots C(x_k'') \tag{3.82}$$

若在字母表 Σ 的层次上观察，它们是字母表中元素的不同排列形式，所以长度为 λ 的字符串序列个数不可能超过利用字母表中元素进行排列的总数，即

$$\sum_{\sum\limits_{i=1}^{k} l(x_i)=\lambda}(1)\leqslant r^{\lambda} \tag{3.83}$$

于是可得

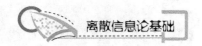

$$\left(\sum_{x\in\mathcal{X}}r^{-l(x)}\right)^k=\sum_{\lambda=1}^{kl_{\max}}\left(r^{-\lambda}\sum_{\sum_{i=1}^{k}l(x_i)=\lambda}(1)\right)\leqslant\sum_{\lambda=1}^{kl_{\max}}(r^{-\lambda}r^{\lambda})=kl_{\max} \tag{3.84}$$

进而有

$$\sum_{x\in\mathcal{X}}r^{-l(x)}\leqslant(kl_{\max})^{1/k} \tag{3.85}$$

由于(3.85)式在 C 的任意次扩展情况下均成立，所以可对(3.85)式两边取极限，又由于在 $C(\mathcal{X})$ 给定情况下，$l_{\max}$ 相当于常数，则得到 Kraft 不等式

$$\sum_{x\in\mathcal{X}}r^{-l(x)}\leqslant 1 \tag{3.86}$$

(2) 若码字长度满足 Kraft 不等式，则可构造前缀码 C_p，显然它是唯一可译码，则取 C_u 为 C_p 即可。

Kraft 不等式不但说明了唯一可译码的码字长度应满足的性质，还提供了衡量其性能的方法：对于任意唯一可译码 C，可构造出与之具备完全相同码长的前缀码 C_p，显然 C_p 与 C 期望长度也相等，只需考察前缀码 C_p 即可完全了解 C 的性能。

如果 $\mathcal{X}$ 为无限集，则 Kraft 不等式不一定成立，但 $\mathcal{X}$ 为可数集时该不等式成立，其表述如下。

设 $|\Sigma|=r$，且 $\mathcal{X}$ 为可数集。编码 C 为唯一可译码，则 $C(\mathcal{X})$ 中的码字长度必须满足

$$\sum_{s\in C(\mathcal{X})}r^{-|s|}\leqslant 1 \tag{3.87}$$

其等价形式为

$$\sum_{x\in\mathcal{X}}r^{-l(x)}\leqslant 1 \tag{3.88}$$

证 将 $\mathcal{X}$ 的元素一一列出，且前 k 个元素形成 $\mathcal{X}$ 的子集 $\mathcal{X}^{(k)}$。

如果编码 C 为唯一可译码，则取自 $\mathcal{X}^{(k)}$ 的编码必然也是唯一可译码，那么，它满足 Kraft 不等式

$$\sum_{x\in\mathcal{X}^{(k)}}r^{-l(x)}\leqslant 1 \tag{3.89}$$

再利用 $\mathcal{X}^{(k)}$ 的极限形式，即

$$\sum_{x\in\mathcal{X}}r^{-l(x)}=\lim_{k\to+\infty}\sum_{x\in\mathcal{X}^{(k)}}r^{-l(x)}\leqslant 1 \tag{3.90}$$

即可获证。

还可证明：若存在满足上述不等式的可数个码字长度 $l_1\leqslant l_2\leqslant\cdots\leqslant l_i\leqslant\cdots$，必然能构造出唯一可译码 C_u，且 $C_u(\mathcal{X})$ 中的码字长度为 l_1，l_2，…，l_i，…。

3.2.3 最佳码

利用 Kraft 不等式，可进一步分析唯一可译码的性能，得到其期望长度的界限。从熵的角度思考，固定长度的码字能表达的信息量是有限的，若唯一可译码的期望长度太小则难以表示随机变量的熵，这隐含着编码的期望长度可能存在固定的下界。

问题 11 如何求出获得唯一可译码期望长度的下界？

显然应从约束条件入手，可将其表达式改写为与 Kraft 不等式接近的形式。

$$l(C)=\sum_{x\in\mathcal{X}}p(x)l(x)=-\frac{1}{\log r}\sum_{x\in\mathcal{X}}p(x)\log(r^{-l(x)}) \tag{3.91}$$

注意到 $0<r^{-l(x)}<1$，可将其改写成相对熵的形式，为保证完备性可采用如下变形。

$$-\sum_{x\in\mathcal{X}}p(x)(\log r^{-l(x)})=-\sum_{x\in\mathcal{X}}p(x)\left(\log\left(\frac{r^{-l(x)}}{\sum_{x\in\mathcal{X}}r^{-l(x)}}\right)-\log\left(\sum_{x\in\mathcal{X}}r^{-l(x)}\right)\right) \tag{3.92}$$

若令概率分布 $q(x)$ 为

$$q(x)=\frac{r^{-l(x)}}{\sum_{x\in\mathcal{X}}r^{-l(x)}} \tag{3.93}$$

则(3.91)可变为

$$\begin{aligned}l(C)&=\frac{1}{\log r}\left(-\sum_{x\in\mathcal{X}}(p(x)\log q(x))-\log\left(\sum_{x\in\mathcal{X}}r^{-l(x)}\right)\right)\\&=\frac{1}{\log r}\left(\sum_{x\in\mathcal{X}}\left(p(x)\log\left(\frac{p(x)}{q(x)}\right)\right)-\sum_{x\in\mathcal{X}}(p(x)\log p(x))-\log\left(\sum_{x\in\mathcal{X}}r^{-l(x)}\right)\right)\end{aligned} \tag{3.94}$$

将真实概率分布 $p(x)$ 的熵记为 $H(X)$，则有

$$l(C)-\frac{H(X)}{\log r}=\frac{1}{\log r}\left(D(p\,\|\,q)-\log\left(\sum_{x\in\mathcal{X}}r^{-l(x)}\right)\right) \tag{3.95}$$

由于相对熵非负，可得

$$l(C)-\frac{H(X)}{\log r}\geqslant-\frac{1}{\log r}\log\left(\sum_{x\in\mathcal{X}}r^{-l(x)}\right) \tag{3.96}$$

又由于唯一可译码满足 Kraft 不等式，可知(3.96)式右边非负，于是可知

$$l(C)\geqslant\frac{H(X)}{\log r} \tag{3.97}$$

即唯一可译码期望长度的下界由熵与字母表的大小决定。若以字母表的大小 r 作为熵表达式中对数的底，则 $l(C)$ 的下界即是熵①。事实上，此结论说明了熵确为描述随机变量的最小长度。此外，以 r 作为对数的底还说明不同大小的字母表描述信息的能力存在差异。

如果某种编码能接近其期望长度的下界，则可认为该编码性能优异。从相对熵的角度看，$q(x)$ 越接近 $p(x)$，则相对熵越小，不妨假设

$$r^{-l(x)}=p(x) \tag{3.98}$$

这意味着 $-\log p(x)/\log r$ 均为整数，即达到了理想情况，不但满足

$$\sum_{x\in\mathcal{X}}r^{-l(x)}=1 \tag{3.99}$$

还满足相对熵为 0，从而使编码的期望长度等于熵。

而实际中难以满足 $-\log p(x)/\log r$ 均为整数的条件，必须对其取整，考虑到 Kraft 不等式的形式，应对其向上取整，方可保证必然满足该不等式，即码字的长度为

$$l(x)=\left\lceil-\frac{\log p(x)}{\log r}\right\rceil \tag{3.100}$$

---

① 由于 $\perp$ 出现的概率为 0，即便加入它也不影响熵的值，即不影响编码性能的下界。

显然码字的长度满足 Kraft 不等式。可根据向上取整的定义得到

$$-\frac{\log p(x)}{\log r}\leqslant l(x)<-\frac{\log p(x)}{\log r}+1 \tag{3.101}$$

进而得到编码的期望长度满足

$$\frac{H(X)}{\log r}\leqslant l(C)<\frac{H(X)}{\log r}+1 \tag{3.102}$$

这种编码由 Shannon 提出，一般称之为 **Shannon 编码**，其具体算法将在后文给出。

Shannon 编码的关键在于对随机变量的概率分布进行合理估计，若编码时采用 $\hat{p}(x)$ 作为概率分布函数的估计，则由此得到的编码 $\hat{C}$ 与熵之间有一定的差值，为

$$l(\hat{C})-\frac{H(X)}{\log r} \tag{3.103}$$

而它就是以 r 作为对数底情况下的相对熵

$$\frac{D(p\|\hat{p})}{\log r} \tag{3.104}$$

这说明相对熵确实是采用不正确估计后编码需要增加的长度。若能获得相对熵的具体值，可得到此种编码的期望长度满足

$$\frac{H(X)+D(p\|\hat{p})}{\log r}\leqslant l(\hat{C})<\frac{H(X)+D(p\|\hat{p})}{\log r}+1 \tag{3.105}$$

此外，由于码字长度必须为整数，难以找到任意情况下期望长度均恰好为熵的编码方法。不过，在给定概率分布的情况下，若编码 C 的期望长度不大于任意其他编码的期望长度，则称其为最佳唯一可译码，简称**最佳码**(Optimal Code)。

3.3 典型编码

3.3.1 Huffman 编码

借助贪婪算法的思想，可设计出 Huffman 编码。若字母表为 $\Sigma=\{0, 1\}$，则 Huffman 编码的算法见表 3.1。

表 3.1 Huffman 编码

对 $C(\mathcal{X})$ 中所有码字均创建一棵仅有根结点的树，每棵树赋权值为其概率分布值；
将所有树组织成最小堆 *heap*；
for($i=0$; $i<\|\mathcal{X}\|-1$; i++) *do*
从 *heap* 中取出当前堆顶(记为 T_R)，再从 *heap* 中取出当前堆顶(记为 T_L)；
创建新树 T，其根的左右孩子为 T_L 和 T_R，T 的权值为 T_L 和 T_R 的权值之和；
将 T 放入 *heap* 中；
END// *for*
从 *heap* 中取出堆顶 T，形成译码二叉树．

算法中采用了最小堆，可由其性质分析出 Huffman 算法的时间复杂度为 $O(|\mathcal{X}|\log|\mathcal{X}|)$。

【例 3.12】 字母表为 $\Sigma=\{0,1\}$，设某随机序列中所有元素的取值空间为 $\mathcal{X}=\{a,b,c,d,e\}$。若其概率分布为

$$p(a)=0.4,\quad p(b)=0.2,\quad p(c)=0.2,\quad p(d)=0.1,\quad p(e)=0.1 \tag{3.106}$$

试给出 $C(\mathcal{X})$ 的 Huffman 编码。

解 按照 Huffman 算法，可得到译码二叉树，如图 3.9 所示。

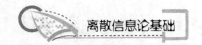

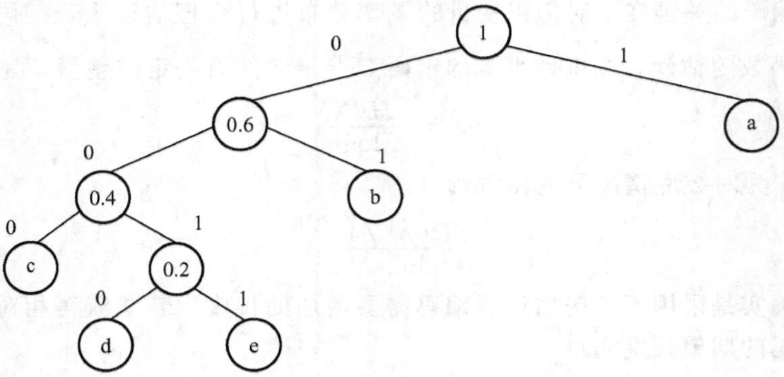

图 3.9 Huffman 编码的译码二叉树

Huffman 编码的算法效率较高，且具备很好的性能。事实上，在给定概率分布情况下，任何唯一可译码的期望长度都不小于 Huffman 编码，即 Huffman 编码是最佳码，本节将对此给出证明。此外，这也表明了最佳码确实存在。

问题 12 能否给出一种最佳码？

由于 Kraft 不等式的约束，最佳前缀码必然是最佳码，为证明 Huffman 编码是最佳码，可从最佳前缀码应满足的性质入手，这里仅证明 $\Sigma=\{0,1\}$ 情况下 Huffman 编码的最优性。[①] 尽管 Huffman 编码的构造过程不能保证获得唯一确定的编码，但它仍然满足一些特殊性质，可按照这些性质改造 $|\mathcal{X}|\geqslant 2$ 情况下的最佳前缀码，使得最佳前缀码满足如下性质：

(1) 若 $x, x'\in\mathcal{X}$，且 $p(x)>p(x')$，则 $l(x)\leqslant l(x')$。

(2) 将 $C(\mathcal{X})$ 中所有码字按长度递增排序，则最后两个码字具有相同的长度。

(3) 将 $C(\mathcal{X})$ 中所有码字按其对应概率值递增排序，则最前面两个码字的长度最长，且它们仅最后一位不同。

证 需要指出，(1)和(2)是所有最佳前缀码都必须满足的，而(3)是特殊性质，设满足上述性质的最佳前缀码为 C。

(1) 若不满足此性质，则可假设 $l(x)>l(x')$，再给出另一前缀码 C'，它与 C 不同之处在于交换了 x 和 x' 的码字。可计算 C 与 C' 的期望长度之差

$$l(C)-l(C')=p(x)l(x)+p(x')l(x')-p(x)l(x')-p(x')l(x)$$

① 字母表的大小大于 2 的情况下，证明 Huffman 编码的最优性略为烦琐，但思路基本一致。

$$=(p(x)-p(x'))(l(x)-l(x'))>0 \tag{3.107}$$

即C'的期望长度小于最佳前缀码C的期望长度，导致矛盾，则$l(x)\leqslant l(x')$应成立。

(2) 考虑拥有最大长度的码字，使用反证法，假设仅它拥有最大长度，这意味着不存在与其同层的结点。由于C为前缀码，则该码字的父亲结点未放置码字，可将其放置于父亲结点即可。这样形成的新编码的期望长度减少，导致矛盾。事实上，由这种处理方法可知$\Sigma=\{0,1\}$情况下的最佳前缀码是一棵满二叉树。

(3) 设最小概率为$p_{\min}$，由(1)可知概率最小的两个码字拥有最大的长度，而由类似于(2)的方法可知该码字所处的结点必有兄弟结点，而概率次小（可能值与$p_{\min}$相等）的码字可交换到该兄弟结点即可。这种交换不会改变期望长度，其分析讨论类似于(1)。

满足上述性质的最佳前缀码称之为**典范码**(Canonical Code)，由于任意前缀码可按上述方法改成典范码，可利用此性质证明 Huffman 编码是最佳码。

证 可对$|\mathcal{X}|$施以归纳法。

(1) 当$|\mathcal{X}|=2$时 Huffman 编码取$\{0,1\}$，显然它是最佳前缀码。

(2) 假设$|\mathcal{X}|=n$时，Huffman 编码为最佳前缀码。

当$|\mathcal{X}|=n+1$时，设其概率分布值按递增次序排列为

$$p_1, p_2, \cdots, p_{n+1} \tag{3.108}$$

设此时 Huffman 编码为$C_{\text{Huffman}}^{(n+1)}$，若$C_{\text{Huffman}}^{(n+1)}$不是最佳码，则存在典范码$C_{\text{other}}^{(n+1)}$，其期望长度$l(C_{\text{other}}^{(n+1)})$小于$C_{\text{Huffman}}^{(n+1)}$的期望长度$l(C_{\text{Huffman}}^{(n+1)})$。

由于 Huffman 编码首次挑选出概率值p_1，p_2，并将其合并成p_1+p_2，而其后的工作相当于对如下概率分布进行 Huffman 编码

$$p_1+p_2, p_3, \cdots, p_{n+1} \tag{3.109}$$

而此时仅有n个概率值，依归纳假设可知 Huffman 编码必然能构造出(3.109)概率分布下的最佳前缀码，设其为$C_{\text{Huffman}}^{(n)}$，易知$C_{\text{Huffman}}^{(n+1)}$与$C_{\text{Huffman}}^{(n)}$的期望长度差值为

$$l(C_{\text{Huffman}}^{(n+1)})-l(C_{\text{Huffman}}^{(n)})=p_1+p_2 \tag{3.110}$$

注意到典范码$C_{\text{other}}^{(n+1)}$中概率值p_1，p_2应满足的条件，显然它们的父亲结点空闲，可将p_1，p_2对应叶子结点去除，再将p_1+p_2对应的码字放置与p_1，p_2的父亲结点上，则可得到(3.109)概率分布下的编码$C_{\text{other}}^{(n)}$，它仍是前缀码。易知$C_{\text{other}}^{(n+1)}$与$C_{\text{other}}^{(n)}$的期望长度差值为

$$l(C_{\text{other}}^{(n+1)})-l(C_{\text{other}}^{(n)})=p_1+p_2 \tag{3.111}$$

由于$l(C_{\text{other}}^{(n+1)})$小于$l(C_{\text{Huffman}}^{(n+1)})$，综合(3.110)式和(3.111)式可得

$$l(C_{\text{other}}^{(n)})<l(C_{\text{Huffman}}^{(n)}) \tag{3.112}$$

而$C_{\text{Huffman}}^{(n)}$是(3.109)概率分布下的最佳前缀码，导致矛盾，所以当$|\mathcal{X}|=n+1$时，Huffman 编码仍为最佳前缀码。

因此，对于任意自然数$|\mathcal{X}|\geqslant 2$，Huffman 编码均为最佳前缀码，它同样也是最佳码。事实上，Huffman 编码给出了寻找最佳码的方法，即对于任意概率分布都可寻找到最佳码C_{Huffman}，从而任意唯一可译码C的期望长度满足

$$l(C)\geqslant l(C_{\text{Huffman}})\geqslant \frac{H(X)}{\log r} \tag{3.113}$$

当字母表的大小$|\Sigma|$为r时，则需要使用r叉树，即每次需从最小堆中取出r个树。不过，为保证最优性(实际上是最后得到的译码r叉树应为满r叉树①)，需要在$C(\mathcal{X})$补充一些概率为0的码字。若需要补充n_{add}个概率值为0的码字，易证n_{add}必须满足

$$(|C(\mathcal{X})|+n_{\text{add}})\equiv 1 \pmod{r-1} \tag{3.114}$$

可证明r叉树情况下的Huffman编码也是最佳码。

3.3.2 Fano编码

若X中的概率值已全部获知，且已按递增次序排列好，使用Huffman编码的时间复杂度仍为$O(|\mathcal{X}|\log|\mathcal{X}|)$，其原因是编码过程中新生成的树可能形成新的次序关系。此外，Huffman编码使用了较为复杂的堆，而**Fano编码**可给出较简单的实现方式，不但可降低编码实现难度，且拥有较好的性能。

可从特殊情况入手，不妨考虑概率值为1/2的码字，按照Shannon编码的码长要求，它应赋予码长值1。若从译码二叉树的角度看，该码字单独占据二叉树根结点的一个孩子，而根结点的另一孩子虽然包含若干概率值较小的结点，但其概率值和仍为1/2。若从权重的角度看，这是一棵概率值的**权重平衡二叉树**(Weight-Balanced Binary Tree)，可从此观点来构造编码。由于典范码要求概率值较大的码字长度稍短，而权重平衡二叉树某一侧中概率值较大的码字只能占据较少的结点，否则会使该侧权重过大，结点少也即意味着能将它们放在较高的位置。事实上，Shannon编码也要求概率值较大的码字的码字长度稍短，即所处结点的路径长度较小。可从上述讨论中提炼出编码的思想，即将X的元素按概率值分成尽可能平均的两份，从而构造出权重平衡二叉树。

由于按穷举法将X的元素尽可能“等分”是指数时间的算法，显然该方法效率过低，可考虑将X的元素已经按概率值递增次序进行排序(设$|\mathcal{X}|=n$)

$$p(x_1)\leqslant p(x_2)\leqslant\cdots\leqslant p(x_n) \tag{3.115}$$

则可给出较快但不是最优的算法，即寻找i使得

$$\left|\sum_{j=1}^{i}p(x_j)-\sum_{j=i+1}^{n}p(x_j)\right|=\min_{1\leqslant k\leqslant n}\left\{\left|\sum_{j=1}^{k}p(x_j)-\sum_{j=k+1}^{n}p(x_j)\right|\right\} \tag{3.116}$$

称此方法为“近似等分”。

当字母表的大小$|\Sigma|$为r时，则需将$\mathcal{X}$的元素分为r份，找出这种划分更难。②因此，一般Fano编码常使用$|\Sigma|=2$的字母表。

在字母表为$\Sigma=\{0,1\}$时，且$\mathcal{X}$中元素已排序，则Fano编码的算法见表3.2。

由于将$\mathcal{X}$按概率值“近似等分”需要花费$O(|\mathcal{X}|)$，而其递归中也使用了“近似等分”，再考虑预先排序所需时间，则可分析出Fano编码平均情况下的时间复杂度为$O(|\mathcal{X}|\log|\mathcal{X}|)$。

可以证明，Fano编码的期望长度满足

$$\frac{H(X)}{\log r}\leqslant l(C)<\frac{H(X)}{\log r}+2 \tag{3.117}$$

① 此处的“满”指结点的度已满，即任意非叶子结点的度均为r。

② 可定义r份的方差最小，或者r份中最大值与最小值的差最小，求解此类规划问题都相当不容易。

这说明 Fano 编码确实为一种性能优良的编码。

表 3.2 Fano 编码

$if(\lvert \mathcal{X} \rvert \neq 0)do$
将有序集合 $\mathcal{X}$ 进行"近似等分"，则分割 $\mathcal{X}$ 形成有序集合 $\mathcal{X}_L$ 和有序集合 $\mathcal{X}_R$；
$if(\lvert \mathcal{X}_L \rvert > 1)do$
将 $\mathcal{X}_L$ 放置到当前结点的左孩子中并对其递归使用 Fano 编码；
$else\ \ if(\lvert \mathcal{X}_L \rvert = 1)do$
将 $\mathcal{X}_L$ 放置到当前结点的左孩子中形成码字；
$END /\!/ if$
$END /\!/ if$
$if(\lvert \mathcal{X}_R \rvert > 1)do$
将 $\mathcal{X}_R$ 放置到当前结点的右孩子中并对其递归使用 Fano 编码；
$else\ \ if(\lvert \mathcal{X}_R \rvert = 1)do$
将 $\mathcal{X}_R$ 放置到当前结点的右孩子中形成码字；
$END /\!/ if$
$END /\!/ if$
$END /\!/ if$

【例 3.13】 字母表为 $\Sigma=\{0, 1\}$，设某随机序列中所有元素的取值空间为 $\mathcal{X}=\{a, b, c, d, e\}$。若其概率分布为

$$p(a)=1/8, \quad p(b)=1/8, \quad p(c)=1/8, \quad p(d)=1/8, \quad p(e)=1/2 \tag{3.118}$$

试给出 $C(\mathcal{X})$ 的 Fano 编码。

解 不断将 $\mathcal{X}$ 按概率值之和进行"近似"等分。

(1) 将 $\mathcal{X}$ 分为 $\{a, b, c, d\}$ 和 $\{e\}$，其概率值之和分别为 1/2 和 1/2。

(2) 将 $\{a, b, c, d\}$ 分为 $\{a, b\}$ 和 $\{c, d\}$，其概率值之和分别为 1/4 和 1/4；而 $\{e\}$ 不可再分割。

(3) 将 $\{a, b\}$ 分割为 $\{a\}$ 和 $\{b\}$，其概率值之和分别为 1/8 和 1/8；将 $\{c, d\}$ 分割为 $\{c\}$ 和 $\{d\}$，其概率值之和分别为 1/8 和 1/8。

于是可得到译码二叉树如图 3.10 所示。

可以看出，Fano 编码可以较为方便地进行手工计算，且不易犯错，而它的计算机实现也不困难。此外，本例中的概率值相当均衡，因此编码的期望长度恰等于熵，而实际中难以达到此下限。

3.3.3 Shannon-Fano-Elias 编码

若从二进制小数的观点考察二叉树，可发现二叉树可表示小数，其方法是将该小数以二进制形式写出。而使用二叉树表示无穷小数会导致无限长的路径，直接使用其表示码字显然不合适。可借鉴实数中 Dedekind 分割的思想，再让二叉树的结点代表区间，则能得到有限长的路径，即有限长的码字。这种二叉树称为**区间二叉树**(Interval Binary

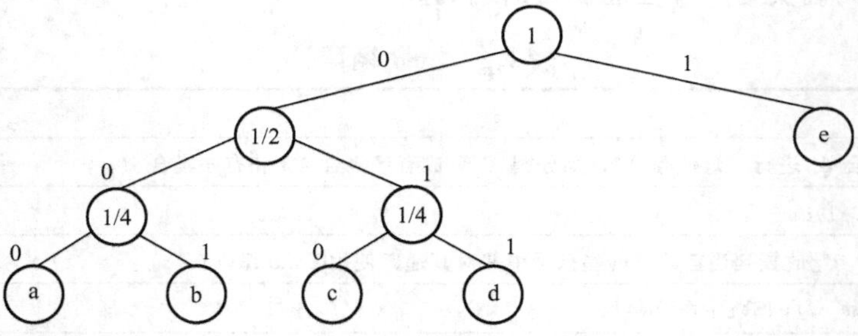

图 3.10　Fano 编码的译码二叉树

Tree)，如图 3.11 所示。

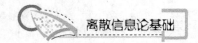

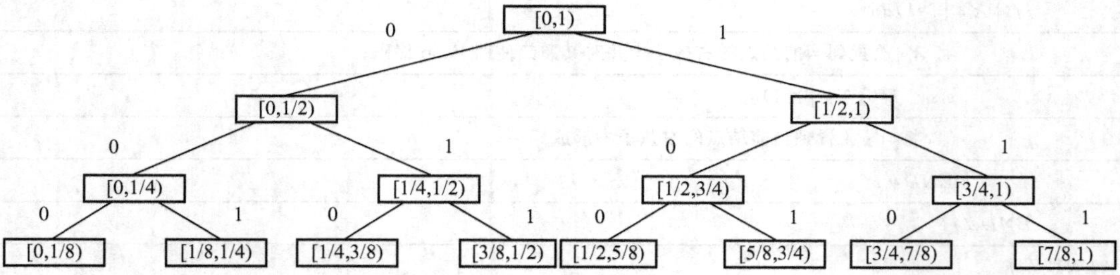

图 3.11　区间二叉树

区间二叉树也可按译码二叉树那样进行编码。若结点所对应的编码为 $s=\alpha_1\alpha_2\cdots\alpha_l$，其中 α_i 均取自 Σ，则其对应的区间为 $[0.\alpha_1\alpha_2\cdots\alpha_l,\ 0.\alpha_1\alpha_2\cdots\alpha_l+1/2^l)$，即 $[0.s,\ 0.s+1/2^{|s|})$。注意根结点对应编码应为空串 ε，而其对应区间为 $[0,\ 0+1/2^0)$，即 $[0,\ 1)$。若编码所在结点对应区间互不相交，则此编码必然是前缀码。

对于有限个互不相同的小数，且存在正整数 μ，使得这些小数之间的差异不小于 $1/2^{\mu}$，则总可以将它们放置到不同的结点，且最终得到前缀码。初始时将这些小数均放置于根结点上。若根结点中放置的结点数超过 1，则将其按值分别放置于根结点的左右孩子所对应的区间中；反之则不处理。不断重复此过程，一旦所有的小数都被放置到结点上，则算法终止。由于不同层次的结点代表了小数不同的表示精度，在第 $\mu+1$ 层表示精度为 $1/2^{\mu+1}$，必可将它们完全分离。这种构造方法看似简单，但其计算机实现比较麻烦，因为需要动态增加二叉树的结点。如果能将这些小数进行处理，改造为有限长的小数 $0.s=0.\alpha_1\alpha_2\cdots\alpha_l$，再利用其区间形式 $[0.s,\ 0.s+1/2^{|s|})$ 证明它是前缀码，则可获得一个可行的方案。此外，这些小数一经改造，则可立刻获得其码长，也利于分析编码的性能。

采用区间二叉树编码的基础是获得一系列互不相同的小数，而使用概率值的累积分布函数，即可构造出 $|\mathcal{X}|=n$ 个互不相同的小数。设 $\mathcal{X}$ 的元素已经一一列出，为

$$x_1,\ x_2,\ \cdots,\ x_n \tag{3.119}$$

定义累积分布函数为

$$F(x_i)=\sum_{j=1}^{i}p(x_j) \tag{3.120}$$

则这些累积分布函数的差异可由最小的 $p(x)$ 决定，为达到差异不小于 $1/2^{\mu}$ 的要求，必须假设 $\mathcal{X}$ 中的所有元素的概率值均为正。此外，$F(x_n)$ 的值为 1，超出了 $[0, 1)$ 区间，必须对累积分布函数进行修正。

降低累积分布函数的目的是满足在 $[0, 1)$ 区间内的要求，修正累积分布函数为

$$F^{\downarrow}(x_i) = \sum_{j=1}^{i-1} p(x_j) + \frac{p(x_i)}{2} \tag{3.121}$$

只需将 $F^{\downarrow}(x_i)$ 改造成有限长的小数则可获取码字，再让码字对应的区间包含于

$$[F(x_{i-1}), F(x_i)) = [F^{\downarrow}(x_i) - \frac{p(x_i)}{2}, F^{\downarrow}(x_i) + \frac{p(x_i)}{2}) \tag{3.122}$$

即可保证这些区间相互不相交。这种方法只利用 $F^{\downarrow}(x_i)$ 和 $\frac{p(x_i)}{2}$ 即可给出结果，相当方便。这就是 Shannon-Fano-Elias 编码的基本思想。

容易想到应对 $F^{\downarrow}(x_i)$ 取整而达到改造的目的，由于向上取整可能会将累积分布函数值变为 1，则应考虑向下取整。为简单起见，取 $F^{\downarrow}(x_i)$ 小数点后 $l_{\text{SFE}}(x_i)$ 位，而截去其后的数字，记此值为 $\lfloor F^{\downarrow}(x_i) \rfloor_{l_{\text{SFE}}(x_i)}$，易知 $F^{\downarrow}(x_i)$ 与 $\lfloor F^{\downarrow}(x_i) \rfloor_{l_{\text{SFE}}(x_i)}$ 之间满足

$$0 \leqslant F^{\downarrow}(x_i) - \lfloor F^{\downarrow}(x_i) \rfloor_{l_{\text{SFE}}(x_i)} < \frac{1}{2^{l_{\text{SFE}}(x_i)}} \tag{3.123}$$

由于 $\lfloor F^{\downarrow}(x_i) \rfloor_{l_{\text{SFE}}(x_i)}$ 小数点后有 $l_{\text{SFE}}(x_i)$ 位，按区间二叉树中结点的定义，$\lfloor F^{\downarrow}(x_i) \rfloor_{l_{\text{SFE}}(x_i)}$ 应对应区间

$$\left[\lfloor F^{\downarrow}(x_i) \rfloor_{l_{\text{SFE}}(x_i)}, \lfloor F^{\downarrow}(x_i) \rfloor_{l_{\text{SFE}}(x_i)} + \frac{1}{2^{l_{\text{SFE}}(x_i)}}\right) \tag{3.124}$$

为使(3.124)式包含于(3.122)式的区间内，需要满足

$$\begin{gathered} F^{\downarrow}(x_i) - \frac{p(x_i)}{2} \leqslant \lfloor F^{\downarrow}(x_i) \rfloor_{l_{\text{SFE}}(x_i)}, \\ \lfloor F^{\downarrow}(x_i) \rfloor_{l_{\text{SFE}}(x_i)} + \frac{1}{2^{l_{\text{SFE}}(x_i)}} \leqslant F^{\downarrow}(x_i) + \frac{p(x_i)}{2} \end{gathered} \tag{3.125}$$

而若满足

$$\frac{1}{2^{l_{\text{SFE}}(x_i)}} \leqslant \frac{p(x_i)}{2} \tag{3.126}$$

即可保证(3.125)式成立，则可令码长 $l_{\text{SFE}}(x_i)$ 为

$$l_{\text{SFE}}(x_i) = \lceil -\log p(x_i) \rceil + 1 \tag{3.127}$$

这样 $\lfloor F^{\downarrow}(x_i) \rfloor_{l_{\text{SFE}}(x_i)}$ 所对应区间包含于互不相交的区间内，于是 $\lfloor F^{\downarrow}(x_i) \rfloor_{l_{\text{SFE}}(x_i)}$ 所对应区间也互不相交，而它们符合区间二叉树中结点的区间形式，且对应路径长度为有限值，则这些由 $\lfloor F^{\downarrow}(x_i) \rfloor_{l_{\text{SFE}}(x_i)}$ 所形成的编码是前缀码。

易证明 Shannon-Fano-Elias 编码期望长度 $l(C)$ 的范围为

$$\frac{H(X)}{\log r} \leqslant l(C) < \frac{H(X)}{\log r} + 2 \tag{3.128}$$

需要指出，还可将累积分布函数进一步减少，可将累积分布函数进一步修正为

$$F^{\downarrow\downarrow}(x_i) = \sum_{j=1}^{i-1} p(x_j) \tag{3.129}$$

为进一步减少编码的期望长度，可采用 Shannon 编码所给出的码长 $l_S(x_i)$。由于字母表为 $\Sigma=\{0, 1\}$，则按照 Shannon 编码的定义知

$$l_S(x_i)=\lceil -\log p(x_i)\rceil \tag{3.130}$$

仍采用截断，取 $F^{\downarrow\downarrow}(x_i)$小数点后 $l_S(x_i)$位，记此值为$\lfloor F^{\downarrow\downarrow}(x_i)\rfloor_{l_S(x_i)}$。可以证明，只要概率值按递减顺序排列：

$$p(x_1)\geqslant p(x_2)\geqslant\cdots\geqslant p(x_n) \tag{3.131}$$

则由$\lfloor F^{\downarrow\downarrow}(x_i)\rfloor_{l_S(x_i)}$形成的编码是前缀码，这就是 Shannon 编码的基本思想。

利用式(3.130)易证明 Shannon 编码的期望长度 $l(C)$的范围为

$$\frac{H(X)}{\log r}\leqslant l(C)<\frac{H(X)}{\log r}+1 \tag{3.132}$$

从这个角度看，Shannon 编码的性能优于 Shannon-Fano-Elias 编码，但 Shannon 编码需要预先对 $\mathcal{X}$ 的元素进行按概率值递减进行排序。

无论是 Shannon-Fano-Elias 编码还是 Shannon 编码，都是仅通过算术运算即可获得码字，而不像 Huffman 编码和 Fano 编码那样需要进行大量的逻辑判断①。事实上，这是编码的另一种思维方式，后文中将对其深入讨论，并给出更为一般的算术编码。

【例 3.14】 字母表为 $\Sigma=\{0, 1\}$，设某随机序列中所有元素的取值空间为 $\mathcal{X}=\{a, b, c, d\}$。若其概率分布为

$$p(a)=1/8,\quad p(b)=1/2,\quad p(c)=1/4,\quad p(d)=1/8 \tag{3.133}$$

试给出 $C(\mathcal{X})$的 Shannon-Fano-Elias 编码和 Shannon 编码。

解 可将概率值分布写成二进制小数形式

$$p(a)=0.001,\quad p(b)=0.1,\quad p(c)=0.01,\quad p(d)=0.001 \tag{3.134}$$

为计算码长方便，可定义 $\alpha(p(x))$为

$$\alpha(p(x))=\lceil -\log(p(x))\rceil \tag{3.135}$$

事实上，对于二进制小数 $B\in[0, 1]$，其小数点后第 $\alpha(B)$位为 1，而此前所有位均为 0，利用此性质计算 $\alpha(p(x))$便非常容易。

(1) 对其进行 Shannon-Fano-Elias 编码，给出其 $F^{\downarrow}(x)$为

$$0.0001,\quad 0.011,\quad 0.110,\quad 0.1111 \tag{3.136}$$

再分别在第 4，2，3，4 位截断，可得到其编码为

$$C(a)=0001,\quad C(b)=01,\quad C(c)=110,\quad C(d)=1111 \tag{3.137}$$

(2) 对其进行 Shannon 编码，需要先按概率值排序，则可得到

$$p(b)=0.1,\quad p(c)=0.01,\quad p(a)=0.001,\quad p(d)=0.001 \tag{3.138}$$

对其计算 $F^{\downarrow\downarrow}(x)$，得

$$0,\quad 0.1,\quad 0.11,\quad 0.111 \tag{3.139}$$

再分别在第 1，2，3，3 位截断，可得到其编码为

$$C'(b)=0,\quad C'(c)=10,\quad C'(a)=110,\quad C'(d)=111 \tag{3.140}$$

此编码是前缀码。

---

① 对于现代计算机而言，截断操作虽然存在长度上的"判断"，但依然可认为是算术运算，因为它们不涉及真正的判断语句而引发的跳转语句。

需要指出，取值空间中的概率值若能满足

$$\alpha(p(x_1)) \leqslant \alpha(p(x_2)) \leqslant \cdots \leqslant \alpha(p(x_n)) \tag{3.141}$$

用 Shannon 编码的码长对 $F^{\downarrow\downarrow}(x)$ 处理仍可得到前缀码。

本章小结

本章较为深入地讨论了数据的压缩问题，并利用熵给出了其性能界限。为描述编码，我们给出了形式语言的概念，并借助人类语言的某些性质，逐步提炼了编码的形式语言表达。随后讨论了编码的二义性问题，并定义了唯一可译码，还给出了判断随机序列编码是否存在二义性的准则，而要判断编码的唯一可译性，可基于悬挂后缀的算法完成。此外，还讨论了即时码与前缀码。

衡量编码性能的重要指标是它的期望长度，本章对唯一可译码的期望长度进行了深入分析。为此，必须给出关于其码长的 Kraft 不等式。随后，可利用 Kraft 不等式给出编码期望长度的下限，即熵。此外，Kraft 不等式提示我们可用具备完全相同码长的前缀码研究唯一可译码。

在实际问题中存在码长必须为整数的限制，因此编码的期望长度往往难以达到其理论极限。但在给定的概率分布下，却存在一个实际的“极限”，且任何唯一可译码的期望长度都不可能小于它。Huffman 编码即可达到此“极限”，也即 Huffman 编码是最佳码。此外，为便于计算机实现，还讨论了其他常用的编码方法。

总之，从信息压缩的角度看，熵确为描述随机变量的最短长度。如果说理论上的探讨是对此观点作出的证明，而本章给出的实例则是对此观点作出的证实。

习　　题

(一) 填空题

1. 字母表为 $\Sigma=\{0, 1\}$，且取值空间 $\mathcal{X}=\{a, b, c, d, e\}$ 下的概率分布为

$$p(a)=0.2,\quad p(b)=0.5,\quad p(c)=0.1,\quad p(d)=0.1,\quad p(e)=0.1$$

则 $C(\mathcal{X})$ 的一种可行的 Huffman 编码是____________。

2. 字母表为 $\Sigma=\{0, 1\}$，且取值空间 $\mathcal{X}=\{1, 2, 3, 4, 5\}$ 下的概率分布为

$$p(1)=0.2,\quad p(2)=0.5,\quad p(3)=0.1,\quad p(4)=0.1,\quad p(5)=0.1$$

则 $C(\mathcal{X})$ 的一种可行的 Fano 编码是____________。

3. 唯一可译码的码长必须满足____________。

(二) 选择题

1. ______是最佳码。

(A) Fano 编码　　(B) Huffman 编码

(C) Shannon 编码　　(D) 算术编码

2. 字母表为 $\Sigma=\{0, 1\}$ 情况下的 Shannon 编码码长为______。

(A) $l(x)=-\log p(x)$　　(B) $l(x)=\lceil -\log p(x) \rceil$

(C) $l(x)=\lfloor -\log p(x) \rfloor$　　(D) $l(x)=[-\log p(x)]$

3. 字母表为 $\Sigma=\{0,1\}$ 情况下的 Shannon-Fano-Elias 编码码长为______。

(A) $l(x)=\lceil -\log p(x)\rceil+1$ (B) $l(x)=-\log p(x)+1$

(C) $l(x)=\lfloor -\log p(x)\rfloor+1$ (D) $l(x)=\lfloor -\log p(x)+1\rfloor$

(三) 计算题

1. 字母表为 $\Sigma=\{0,1\}$，且取值空间 $\mathcal{X}=\{a,b,c\}$ 下的概率分布为

$$p(a)=0.7,\quad p(b)=0.2,\quad p(c)=0.1$$

利用 $\lceil -\log p(x)\rceil$ 作为码长，并借助 Kraft 不等式的证明思路构造一种前缀码。

2. 字母表为 $\Sigma=\{0,1\}$，且取值空间 $\mathcal{X}=\{a,b,c,d,e\}$ 下的概率分布为

$$p(a)=1/16,\quad p(b)=1/2,\quad p(c)=1/4,\quad p(d)=1/8,\quad p(e)=1/16$$

给出 $C(\mathcal{X})$ 的 Shannon-Fano-Elias 编码。

3. 字母表为 $\Sigma=\{0,1\}$，且取值空间 $\mathcal{X}=\{1,2,3,4,5\}$ 下的概率分布为

$$p(1)=1/16,\quad p(2)=1/2,\quad p(3)=1/4,\quad p(4)=1/8,\quad p(5)=1/16$$

给出 $C(\mathcal{X})$ 的 Shannon 编码。

(四) 证明题

1. 字母表为 $\Sigma=\{0,1\}$，编码 C 的码字集合 $C(\mathcal{X})$ 为 $\{0,10,110,0001\}$，画出 $C(\mathcal{X})\cup\mathrm{suf}(C(\mathcal{X}))$ 中顶点的边，判断并证明 C 的唯一可译性。

2. 给出用悬挂前缀判定唯一可译性的方法并证明之。用此法判断字母表 $\Sigma=\{0,1\}$，码字集合 $C(\mathcal{X})$ 为 $\{0,11,110,1001\}$ 的唯一可译性。

第4章
离散信源

教学目标

理解离散信源的模型，掌握离散平稳信源的定义并能判定，掌握 Markov 信源的表示方法并能给出 Markov 链；掌握对信源扩展的相应编码，理解变长信源编码定理与熵率的关系，并能计算熵率；了解 AEP 和典型集，理解基于典型集编码的等长信源编码定理。

教学要求

知识要点	能力要求	相关知识
离散信源	(1) 准确理解离散信源的模型 (2) 掌握离散平稳信源的判定方法 (3) 掌握 Markov 信源的表示	(1) 随机过程 (2) 离散平稳过程 (3) 隐 Markov 模型
信源编码	(1) 掌握信源扩展方法 (2) 理解变长信源编码定理 (3) 掌握熵率的计算	(1) 信源扩展的编码和译码 (2) 信源编码的性能界限 (3) 熵率与描述随机变量的长度
渐近均分性	(1) 了解典型集的定义与性质 (2) 理解等长信源编码定理	(1) 弱大数定律 (2) 有损压缩

引言

一般情况下不对随机变量做任何限制，换言之，随机变量能代表任意信息：单个随机变量可表示一条信息；随机序列可表示离散的信息流。在现实世界中，信息流则更为实用，而信息流可能存在着一定的规律，从根源上说，可以认为信源存在一定的规律性。例如交通信号灯可视为信源，其状态如图 4.1 所示，它按一定的间隔变换状态。当然，交通信号灯的规律性相当强，现实中还有一些具有一定规律性但规律不甚明显的信源，比如小说或其他文字作品，它们可视为由文

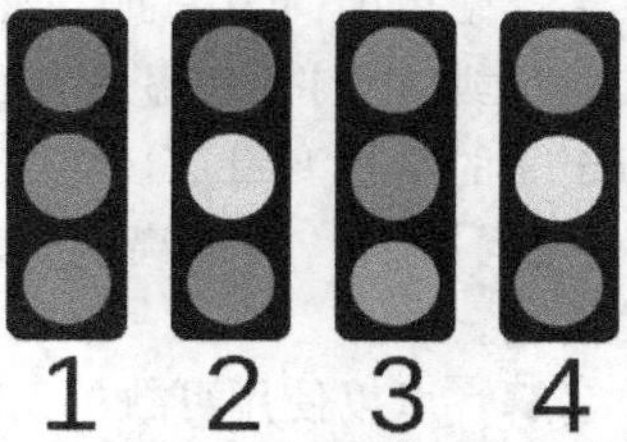

图 4.1　交通信号灯状态

字组成的随机序列，Shannon 在开创信息论的著名论文中就对英文的信息量进行了考察。事实上，只有细致考察信源的特点，才能对其信息量有深入的了解，进而对它们进行数据压缩以提高信息存储与传输的效率。

要考察信源，必然要从**随机过程**(Stochastic Process)入手。随机过程的种类丰富，例如与 Einstein 获 Nobel 奖的有关 **Brownian 运动**(Brownian Motion)，如图 4.2 所示。不过在实际的信源中，最常见也最有用的一类是与 Andrey Markov(图 4.3)发明的 **Markov 链**(Markov Chain)有关，其特征是给定当前已知信息情况下，只需用有限的历史信息即可预测将来，这种特性不但符合现实物理世界的特性，还非常有利于进行深入的理论分析。

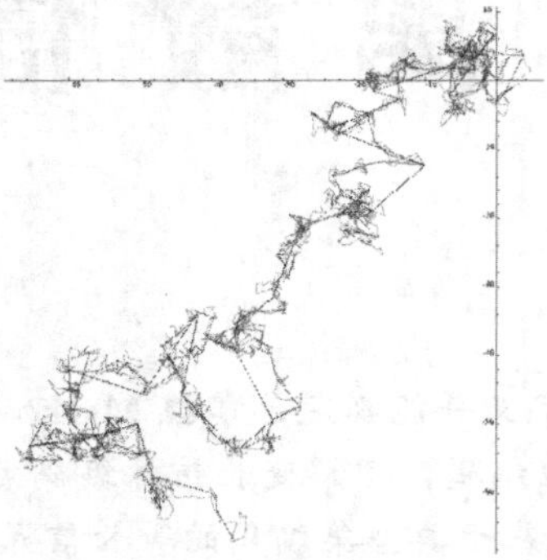

图 4.2　Brownian 运动

图 4.3　Andrey Markov

此外，对于熵的概念，尤其是无限序列情况下的熵，也需要着重分析，因为这决定了数据压缩的性能极限。事实上，对于此还有更深入的理论特征，本章也将一一讨论，从中可以看到概率与信息论的结合得到了完美的体现。

4.1　基本概念

4.1.1　离散信源模型

信源就是产生信息的源头，它发出的信息具有不确定性。离散信源的状态空间为离散值，那么用离散的随机变量表示离散信源是非常合适的。依据离散信息的可度量性，可将信源分为有限和无限（可数）两种。

【例 4.1】 投掷一枚硬币，硬币朝向可视为一个信源，将它以随机变量的形式描述。

解　设硬币的朝向为随机变量 X，取值为 0 或 1。若硬币正面朝上，该信源发出的信息是“硬币朝向为正面”或 $X=0$；若硬币反面朝上，该信源发出的信息是“硬币朝向为反面”或 $X=1$。很显然，这两种形式是等价的，即硬币投掷后的朝向这个信源等价于上面定义的随机变量 X。

【例 4.2】 时间离散化后，交通信号灯的状态可视为一个信源，将它以随机序列的形式描述。

解　可以使用可数的无限随机序列表示交通信号灯的状态。设交通信号灯有 4 个状态，定义随机变量 X_i，取值空间为 {1，2，3，4}。交通信号灯的状态可记为 X_1，X_2，…，

X_i，…。当然，也可以认为此信源是相当长的有限随机序列。这里应强调的是，交通信号灯的规律相当强，其随机性几乎不存在。

问题 1 如何以随机变量的形式给出离散信源的定义？

只需定义出离散信源的取值空间，即可用随机变量对离散信源进行描述。

(1) 若离散信源发出的信息是有限的，不妨设为 n 条，那么该离散信源可表示为

$$X_1, X_2, \cdots, X_i, \cdots, X_n \tag{4.1}$$

任意随机变量 X_i 的概率分布 $p_i(x)$ 都满足完备性，即

$$\sum_{x \in \mathcal{X}} p_i(x) = 1 \tag{4.2}$$

如果这些信息不区分次序，可用一个随机变量描述，此时的取值空间需要略作调整，需注意的是不同消息的等价关系。

(2) 若离散信源发出的信息是可数无限的，那么该离散信源可表示为

$$X_1, X_2, \cdots, X_i, \cdots \tag{4.3}$$

任意随机变量 X_i 的概率分布 $p_i(x)$ 仍然满足完备性(4.2)式。

利用随机变量的形式，可对信源的信息量进行分析。

(1) 对于有限的离散信源(4.1)，设其联合概率分布函数为 $u(x_1, x_2, \cdots, x_n)$，应考虑联合熵 $H(X_1, X_2, \cdots, X_n)$。

(2) 对于无限可数的离散信源的信息量，应从有限情况考虑，即考虑长度取到 n 时的联合熵 $H(X_1, X_2, \cdots, X_n)$，至于如何利用有限情况对此类信源做深入的分析留待后文展开。

综上所述，分析信源的信息量的关键是联合熵

$$H(X_1, X_2, \cdots, X_n) = -\sum_{x_1 \in \mathcal{X}_1}\sum_{x_2 \in \mathcal{X}_2}\cdots\sum_{x_n \in \mathcal{X}_n} u(x_1, x_2, \cdots, x_n)\log u(x_1, x_2, \cdots, x_n) \tag{4.4}$$

最简单的信源是所有 X_i 满足相互独立的特性，要考察这类信源的信息并不困难，因为 $X_1, X_2, \cdots, X_n$ 的概率分布函数 $u(x_1, x_2, \cdots, x_n)$ 满足

$$\begin{aligned} u(x_1, x_2, \cdots, x_n) &= p(x_1)p(x_2, x_3, \cdots, x_n | x_1) = p(x_1)u(x_2, x_3, \cdots, x_n) \\ &= p(x_1)p(x_2)p(x_3, x_4, \cdots, x_n | x_2 x_1) = p(x_1)p(x_2)u(x_3, x_4, \cdots, x_n) \\ &\cdots \\ &= \prod_{i=1}^{n} p(x_i) \end{aligned} \tag{4.5}$$

而从熵的角度看，$u(x_1, x_2, \cdots, x_n)$ 的特性使得序列 $X_1, X_2, \cdots, X_n$ 的熵为

$$H(X_1, X_2, \cdots, X_n) = \sum_{i=1}^{n} H(X_i) \tag{4.6}$$

这意味着序列中各个随机变量的信息互相不重合。特别地，若序列 $X_1, X_2, \cdots, X_n$ 为 i. i. d. 序列，且分布均与随机变量 X 相同，此类信源称为**离散无记忆信源**(Discrete Memoryless Source，DMS)，例如某人不断投掷同一枚硬币即为 DMS。易知 DMS 的熵为

$$H(X_1, X_2, \cdots, X_n) = nH(X) \tag{4.7}$$

DMS 的概率分布函数较为特殊，它与时间/下标无关，例如任取 $i, n \in \mathbb{N}$ 和位移 $l \in \mathbb{N}^+$，令 $u_{X_{i+1}, X_{i+2}, \cdots, X_{i+n}}(x_{i+1}, x_{i+2}, \cdots, x_{i+n})$ 是随机序列 $(X_{i+1}, X_{i+2}, \cdots, X_{i+n})$ 的联合概率分布函数，$u_{X_{i+l+1}, X_{i+l+2}, \cdots, X_{i+l+n}}(x_{i+l+1}, x_{i+l+2}, \cdots, x_{i+l+n})$ 则是随机序

列$(X_{i+l+1}, X_{i+l+2}, \cdots, X_{i+l+n})$的联合概率分布函数，对于随机序列可能取到的任意向量值$(a_1, a_2, \cdots, a_n)$，随机序列的概率分布满足

$$u_{X_{i+1},X_{i+2},\cdots,X_{i+n}}(a_1, a_2, \cdots, a_n)=u_{X_{i+l+1},X_{i+l+2},\cdots,X_{i+l+n}}(a_1, a_2, \cdots, a_n) \tag{4.8}$$

称满足(4.8)式的信源为**离散平稳信源**(Discrete Stationary Source)。而在现实问题中，离散平稳信源是一类重要的随机序列，它的特性是概率分布与时间/下标无关，一般称其为**时不变的**(Time-Invariant)。事实上，更一般性的概念是**平稳随机过程**(Stationary Stochastic Process)，简称**平稳过程**，它对于任意时间 $t_1, t_2, \cdots, t_n$满足

$$u_{X(t_1),X(t_2),\cdots,X(t_n)}(a_1, a_2, \cdots, a_n)=u_{X(t_1+l),X(t_2+l),\cdots,X(t_n+l)}(a_1, a_2, \cdots, a_n) \tag{4.9}$$

该特性比离散平稳信源的定义更一般，不过信源中重要的是连续、相邻的随机变量之间的关系，因此(4.8)式的定义已足够。

对于离散平稳信源来说，其条件概率也与时间无关，任取 $i, n\in\mathbb{N}$，并取 $m\in\mathbb{N}(0<m<n)$和位移 $l\in\mathbb{N}^+$，对于随机序列可能取到的任意向量值$(a_1, a_2, \cdots, a_n)$，由平稳性

$$u_{X_{i+1},X_{i+2},\cdots,X_{i+n}}(a_1, a_2, \cdots, a_n)=u_{X_{i+l+1},X_{i+l+2},\cdots,X_{i+l+n}}(a_1, a_2, \cdots, a_n) \tag{4.10}$$

可得

$$\begin{aligned}&u_{X_{i+1},X_{i+2},\cdots,X_{i+m}}(a_1, a_2, \cdots, a_m)\times\\&\quad p_{X_{i+m+1},X_{i+m+2},\cdots,X_{i+n}|X_{i+m}\cdots X_{i+1}}(a_{m+1}, a_{m+2}, \cdots, a_n|a_m\cdots a_1)\\&=u_{X_{i+l+1},X_{i+l+2},\cdots,X_{i+l+m}}(a_1, a_2, \cdots, a_m)\times\\&\quad p_{X_{i+l+m+1},X_{i+l+m+2},\cdots,X_{i+l+n}|X_{i+l+m}\cdots X_{i+l+1}}(a_{m+1}, a_{m+2}, \cdots, a_n|a_m\cdots a_1)\end{aligned} \tag{4.11}$$

其中 $p_{X_{i+m+1},X_{i+m+2},\cdots,X_{i+n}|X_{i+m}\cdots X_{i+1}}$是 $X_{i+m}\cdots X_{i+1}$条件下$(X_{i+m+1}, X_{i+m+2}, \cdots, X_{i+n})$的条件概率分布函数，而 $p_{X_{i+l+m+1},X_{i+l+m+2},\cdots,X_{i+l+n}|X_{i+l+m}\cdots X_{i+l+1}}$ 是 $X_{i+l+m}\cdots X_{i+l+1}$ 条件下$(X_{i+l+m+1}, X_{i+l+m+2}, \cdots, X_{i+l+n})$的条件概率分布函数，由于离散平稳信源满足

$$u_{X_{i+1},X_{i+2},\cdots,X_{i+m}}(a_1, a_2, \cdots, a_m)=u_{X_{i+l+1},X_{i+l+2},\cdots,X_{i+l+m}}(a_1, a_2, \cdots, a_m) \tag{4.12}$$

于是可得

$$\begin{aligned}&p_{X_{i+m+1},X_{i+m+2},\cdots,X_{i+n}|X_{i+m}\cdots X_{i+1}}(a_{m+1}, a_{m+2}, \cdots, a_n|a_m\cdots a_1)\\&=p_{X_{i+l+m+1},X_{i+l+m+2},\cdots,X_{i+l+n}|X_{i+l+m}\cdots X_{i+l+1}}(a_{m+1}, a_{m+2}, \cdots, a_n|a_m\cdots a_1)\end{aligned} \tag{4.13}$$

问题 2　离散平稳信源的熵有何特点？

从直观上看，离散平稳信源中任意连续的随机变量分布与时间无关，那么它们的熵也应该与时间无关。事实上，由上述性质可知，离散平稳信源的熵满足

$$H(X_{i+1}, X_{i+2}, \cdots, X_{i+n})=H(X_{i+l+1}, X_{i+l+2}, \cdots, X_{i+l+n}) \tag{4.14}$$

$$\begin{aligned}&H(X_{i+m+1}, X_{i+m+2}, \cdots, X_{i+n}|X_{i+m}\cdots X_{i+1})\\&=H(X_{i+l+m+1}, X_{i+l+m+2}, \cdots, X_{i+l+n}|X_{i+l+m}\cdots X_{i+l+1})\end{aligned} \tag{4.15}$$

因此，只需用 $H(X_1, X_2, \cdots, X_n)$便能表示随机序列中任意 n 个连续随机变量的联合熵 $H(X_{i+1}, X_{i+2}, \cdots, X_{i+n})$，而 $H(X_{m+1}, X_{m+2}, \cdots, X_n|X_m\cdots X_1)$便能表示任意的条件熵 $H(X_{i+m+1}, X_{i+m+2}, \cdots, X_{i+n}|X_{i+m}\cdots X_{i+1})$。

事实上，这些优良的特性为分析编码带来很多便利，下文会对此加以详述。尽管离散平稳信源有诸多优点，但其抽象性使得分析离散平稳信源比较困难，而且一般离散平稳信源的熵也难以求出。

【例 4.3】 设 $N(t)$是速率为 λ 的 Poisson 过程(此处仅考虑 $t\in\mathbb{N}$的情况)，G 为一正整数常数，某信源为 $X_i=N(i+G)-N(i)$，证明该信源是离散平稳信源。

证 由于 $X_i=N(i+G)-N(i)$ 对应着 $(i, i+G]$ 区间，考虑 $X_{i+1}, X_{i+2}, \cdots, X_{i+n}$ 所对应的全部区间，将区间的端点排序，重复端点只保留一个，剩余的有序端点则可形成一系列互不相交的区间，再将这些区间平移使得最左边的端点为原点，便可构造出区间 $\delta_k=(\delta_k^-, \delta_k^+]\ (k=1, 2, \cdots, s)$，令 $Y_k=N(\delta_k^+)-N(\delta_k^-)$。不妨取定一组数 $a_1, a_2, \cdots, a_n$，若 $Y_1, Y_2, \cdots, Y_s$ 取值为 $y_1, y_2, \cdots, y_s$ 时能使所对应的 $X_{i+1}, X_{i+2}, \cdots, X_{i+n}$ 取值为 $a_1, a_2, \cdots, a_n$，则记 $\tau(y_1, y_2, \cdots, y_s)=1$，否则 $\tau(y_1, y_2, \cdots, y_s)=0$。由 Poisson 过程的特性可知，不相交时间间隔增量是独立的，而 $Y_1, Y_2, \cdots, Y_s$ 对应区间不相交，因此它们互相独立，于是

$$
\begin{aligned}
& u_{X_{i+1}, X_{i+2}, \cdots, X_{i+n}}(a_1, a_2, \cdots, a_n) \\
&= \sum_{(y_1, y_2, \cdots, y_s)\in\mathbb{N}^s} \tau(y_1, y_2, \cdots, y_s)\, u_{Y_1, Y_2, \cdots, Y_s}(y_1, y_2, \cdots, y_s) \\
&= \sum_{(y_1, y_2, \cdots, y_s)\in\mathbb{N}^s} \tau(y_1, y_2, \cdots, y_s)\prod_{k=1}^{s} u_{Y_k}(y_k) \\
&= \sum_{(y_1, y_2, \cdots, y_s)\in\mathbb{N}^s} \tau(y_1, y_2, \cdots, y_s)\prod_{k=1}^{s}\left(\mathrm{e}^{-\lambda(\delta_k^+-\delta_k^-)}\frac{(\lambda(\delta_k^+-\delta_k^-))^{y_k}}{y_k!}\right)
\end{aligned} \tag{4.16}
$$

由于上述问题是仅跟 $y_1, y_2, \cdots, y_s$ 值的选取有关，与时间无关，于是可将 $X_{i+l+1}, X_{i+l+2}, \cdots, X_{i+l+n}$ 的联合概率分布也转换为

$$
\begin{aligned}
& u_{X_{i+l+1}, X_{i+l+2}, \cdots, X_{i+l+n}}(a_1, a_2, \cdots, a_n) \\
&= \sum_{(y_1, y_2, \cdots, y_s)\in\mathbb{N}^s} \tau(y_1, y_2, \cdots, y_s)\prod_{k=1}^{s}\left(\mathrm{e}^{-\lambda(\delta_k^+-\delta_k^-)}\frac{(\lambda(\delta_k^+-\delta_k^-))^{y_k}}{y_k!}\right)
\end{aligned} \tag{4.17}
$$

因此该信源是离散平稳信源。显然该信源的熵较难给出简单形式的表述。

从此例可看出，离散平稳信源的要求比较严格，证明也比较困难。这些问题的原因在于离散平稳过程的严格性①，但要深入研究离散平稳过程必须从现实中的实际例子着手。

4.1.2 Markov 信源

除了离散无记忆信源之外，一般的离散平稳信源都比较抽象，要理解离散平稳信源比较困难，为此不妨先考察一类实际中常见的信源模型。

在 Shannon 关于信息论的开创性论文中，他研究了关于英文的信息量问题，其基本假设是当前字符仅依赖于前几个字符，或者说与其前面的几个字符的关联性较强，而与距离远的字符的关联性几乎为零。这种假设从直观上来说是可信的，因为从时间的观点来看，较远时间前的信息对当前信息的影响力是相当弱的。

将 Shannon 所考虑的这种信源用模型的方式精确表示，这样有利于对其进行深入研究。设信源发出的消息为 $w_1, w_2, \cdots, w_n, \cdots$，当前消息只与前 l 个消息的取值有关，即对于 $i>0$ 时的条件概率满足

$$
p_{W_{i+l}|W_{i+l-1}\cdots W_1}(w_{i+l}|w_{i+l-1}\cdots w_1)=p_{W_{i+l}|W_{i+l-1}\cdots W_i}(w_{i+l}|w_{i+l-1}\cdots w_i) \tag{4.18}
$$

此处将 $w_1, w_2, \cdots, w_n, \cdots$ 视为随机序列 $W_1, W_2, \cdots, W_n, \cdots$ 所取的值(取值空间均

① 因此在实际中一般采用满足数字特征的**弱平稳过程**(Weakly Stationary Process)。

为 $\mathcal{W}$)。需要指出的是，$i>0$ 是为确保所考虑的消息 w_i 下标不小于 1。

大多数情况下还需假设条件概率 $p_{W_{i+l}|W_{i+l-1}\cdots W_i}(w_{i+l}|w_{i+l-1}\cdots w_i)$只与 w_i，w_{i+1}，…，w_{i+l}的值有关，而与下标无关，因此任取整数 i，j，对随机序列可能取到的任意向量值$(b_1, b_2, \cdots, b_l, b_{l+1})$还满足

$$p_{W_{i+l}|W_{i+l-1}\cdots W_i}(b_{l+1}|b_{l-1}\cdots b_1)=p_{W_{j+l}|W_{j+l-1}\cdots W_j}(b_{l+1}|b_{l-1}\cdots b_1) \tag{4.19}$$

注意这种与时间无关的特性指的是条件与目前的时间间隔为定值情况下值不变，一般称为**时齐的**(Time Homogeneous)。

问题 3 对于上述的英文信源模型，初始 l 个字符所对应的条件概率如何定义?

对于 $i>0$ 情况下的 w_{i+l}，在它之前存在 l 个字符 w_i，w_{i+1}，…，w_{i+l-1}，这些字符均是取值空间 $\mathcal{W}$ 中所取出，可视为 $\mathcal{W}^l$ 的一个向量，亦即 w_{i+l} 的取值依赖于向量$(w_i, w_{i+1}, \cdots, w_{i+l-1})$。而初始 l 个字符之前的字符数小于 l，可以假设它们的取值只依赖于前面所有的字符。例如 w_l 的取值依赖于$(w_{l-1}, w_{l-2}, \cdots, w_1)$，而$(w_{l-1}, w_{l-2}, \cdots, w_1)$可视为$\mathcal{W}^{l-1}$的一个向量，仿此 w_{l-1}，w_{l-2}，…，w_2 均可用向量作为条件进而给出条件概率，但这些定义之间没有统一性，即条件的维数不同。更重要的是，在这种假设下 w_1 的条件无法确定[①]。为此，可假定所有发出字符均由某种**状态**(State)所控制，且 w_i 的取值仅依赖于状态 s_i。特别的，w_1 的条件是状态 s_1，而 s_1 称为初始状态，要考察信源模型，必须了解 s_1 的值。根据上述讨论可定义状态 s_i 如下。

$$s_i=\begin{cases} w_{i-1}, \cdots, w_{i-l} & i>l \\ w_{i-1}, \cdots, w_1 s_1 & 1<i\leqslant l \\ s_1 & i=1 \end{cases} \tag{4.20}$$

从 s_i 的定义也可以看出，s_1 相当重要。

若将状态序列视为随机序列 S_1，S_2，…，S_n，…，从状态的定义可看出，由 S_i 和 W_i 能够完全确定 S_{i+1} 的取值，即存在与下标无关的映射 τ，使得 $s_{i+1}=\tau(s_i, w_i)$且满足

$$\Pr(S_{i+1}=v|S_i=u, W_i=w)=\begin{cases} 1, & v=\tau(u, w) \\ 0, & v\neq\tau(u, w) \end{cases} \tag{4.21}$$

定义了状态这个概念，那么英文的信源模型可定义成一种当前状态决定当前所要发出消息的模型，即

$$\begin{aligned} p_{W_i|S_i}(w_i|s_i) &= \Pr(W_i=w_i|S_i=s_i) \\ &= \Pr(W_i=w_i|S_i=s_i, W_{i-1}=w_{i-1}, S_{i-1}=s_{i-1}, \cdots, W_1=w_1, S_1=s_1) \end{aligned} \tag{4.22}$$

而状态与消息的条件概率 $p_{W_i|S_i}(w_i|s_i)$只与 s_i 和 w_i 的值有关，而与时间无关，可记为 $p(w_i|s_i)$。

由于消息 w_i 取决于当前状态 s_i，而 w_i 一旦确定，它又和 s_i 中的消息组合成了新状态 s_{i+1}，从这个意义上说，可认为状态随机序列 S_1，S_2，…，S_n，…的条件概率满足

$$p_{S_i|S_{i-1}\cdots S_1}(s_i|s_{i-1}\cdots s_1)=p_{S_i|S_{i-1}}(s_i|s_{i-1}) \tag{4.23}$$

利用(4.21)式和(4.22)式也可以证明(4.23)式，而这意味着随机序列 S_1，S_2，…，S_n，…是 Markov 链，因此这种信源也被称为 **Markov 信源**(Markov Source)，而上述英文信源模型还满足(4.20)式，因此一般称其为语言的 ***l* 阶近似**(lth Order Approximation)。由于此类信

① 这牵涉到一些哲学上的难题，它和“世界的本源是什么?”基本类似。

源是时齐的，因此随机序列 S_1，S_2，…，S_n，…是时齐的 Markov 链。对于离散时间的 Markov 链，一般设状态空间 $\mathcal{S}\subset\mathcal{Z}$，若 $|\mathcal{S}|$ 为有限值，则称为**有限状态空间的 Markov 链**(Markov Chains with Finite State-Space)，否则为**可数状态空间的 Markov 链**(Markov Chains with Countable State-Space)。为简便起见，记 $\Pr(S_{i+m}=v|S_i=u)=P_{uv}^{(m)}$，且 $P_{uv}^{(m)}$ 形成 ***m* 步概率转移矩阵**(m-step Transition Matrix)$\boldsymbol{P}^{(m)}$。特别地，$\boldsymbol{P}^{(1)}$ 称为单步概率转移矩阵，它一般是模型所要求的基本数据，且满足完备性

$$\sum_{v\in\mathcal{S}}P_{uv}^{(1)}=1 \quad (\forall u\in\mathcal{S}) \tag{4.24}$$

对于 Markov 信源来说，S_i 状态下发出消息 W_i 的条件概率也满足完备性

$$\sum_{w\in\mathcal{W}}\Pr(W_i=w|S_i=u)=1 \quad (\forall u\in\mathcal{S}) \tag{4.25}$$

至此 Markov 信源的模型基本建立。实际上，Markov 信源是**隐 Markov 模型**(Hidden Markov Model，HMM)的一个实例。

需要指出，在语言的 l 阶近似中，一般不考虑初始的 l 个字符，一种简单的解决方案是让 w_1 并不是信源发出的首个字符，只要英文序列的某一位置之前至少存在 l 个字符，便可将该位置定义为 w_1 的位置。在字符序列长度足够长的情况下，这种方案不影响对语言的分析。

【例 4.4】 设某 Markov 信源状态空间为 $\mathcal{S}=\{1,2,3,4,5\}$，它可发出 a_1，a_2，a_3 这几种消息，其转换情况如图 4.4 所示，其中箭头表示该状态下以对应概率值发出消息并转换到下一状态，写出映射 τ 和单步概率转移矩阵 $\boldsymbol{P}^{(1)}$。

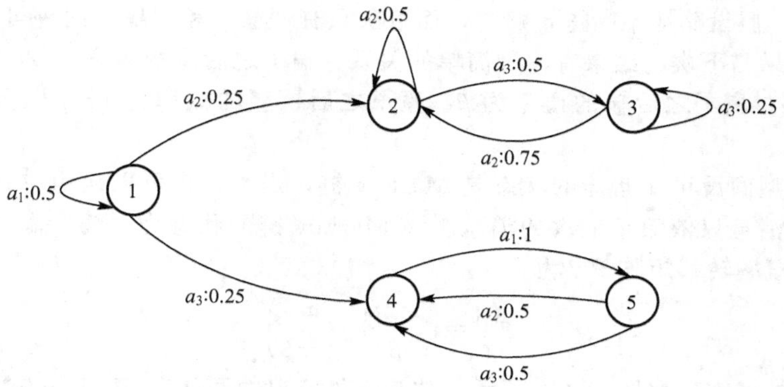

图 4.4 Markov 信源示例

解 由定义可简单地写出映射 τ

$$\begin{aligned}
&\tau(1,a_1)=1,\quad \tau(1,a_2)=2,\quad \tau(1,a_3)=4,\\
&\tau(2,a_1)=2,\quad \tau(2,a_2)=2,\quad \tau(2,a_3)=3,\\
&\tau(3,a_1)=3,\quad \tau(3,a_2)=2,\quad \tau(3,a_3)=3,\\
&\tau(4,a_1)=5,\quad \tau(4,a_2)=4,\quad \tau(4,a_3)=4,\\
&\tau(5,a_1)=5,\quad \tau(5,a_2)=4,\quad \tau(5,a_3)=4.
\end{aligned} \tag{4.26}$$

如果某状态发出某一消息的概率为 0，则可定义映射到原状态上。

由于 $P_{uv}^{(1)}=\Pr(S_{i+1}=v|S_i=u)$，利用条件概率可得

$$
\begin{aligned}
\Pr(S_{i+1}=v|S_i=u) &= \frac{\Pr(S_{i+1}=v,S_i=u)}{\Pr(S_i=u)} \\
&= \frac{\sum_{w\in\mathcal{W}}\Pr(S_{i+1}=v,S_i=u,W_i=w)}{\Pr(S_i=u)} \\
&= \sum_{w\in\mathcal{W}}\frac{\Pr(S_i=u,W_i=w)\Pr(S_{i+1}=v|S_i=u,W_i=w)}{\Pr(s_i=u)} \\
&= \sum_{w\in\mathcal{W}}\Pr(W_i=w|S_i=u)\Pr(S_{i+1}=v|S_i=u,W_i=w)
\end{aligned} \tag{4.27}
$$

于是单步概率转移矩阵 $\boldsymbol{P}^{(1)}$ 可求得

$$
\boldsymbol{P}^{(1)}=\begin{pmatrix} 0.5 & 0.25 & 0 & 0.25 & 0 \\ 0 & 0.5 & 0.5 & 0 & 0 \\ 0 & 0.75 & 0.25 & 0 & 0 \\ 0 & 0 & 0 & 0 & 1 \\ 0 & 0 & 0 & 1 & 0 \end{pmatrix} \tag{4.28}
$$

需要指出的是，图 4.4 并不是 Markov 链的状态转移图，需要将其中头尾相同的箭头合并并将对应概率值相加才可得到对应的 Markov 链。

4.1.3 Markov 链

Markov 信源其背后的主导是 Markov 链，而 Markov 链的应用相当广泛，在此略做简单介绍和分析。

【例 4.5】 假设赌徒不断进行赌博，而每次只有“输”和“赢”两种可能，人们常常假定这次的结果与下次的结果有一种简单的关系：输了之后赢的概率为 α，输了之后再输的概率为 $1-\alpha$；赢了之后输的概率为 β，赢了之后再赢的概率为 $1-\beta$①。试分析该赌博模型。

解 由模型假设可知赌徒的状态是 Markov 链，当然，也可以认为它是一种 Markov 信源，其输出消息只依赖于上次的消息。该 Markov 链的状态为“输”和“赢”，不妨记为 0 和 1。则概率转移矩阵 $\boldsymbol{P}^{(1)}$ 为

$$
\boldsymbol{P}^{(1)}=\begin{pmatrix} 1-\alpha & \alpha \\ \beta & 1-\beta \end{pmatrix} \tag{4.29}
$$

该 Markov 链的状态转移图如 4.5 所示，这是一类经典的两状态 Markov 链。

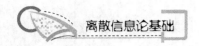

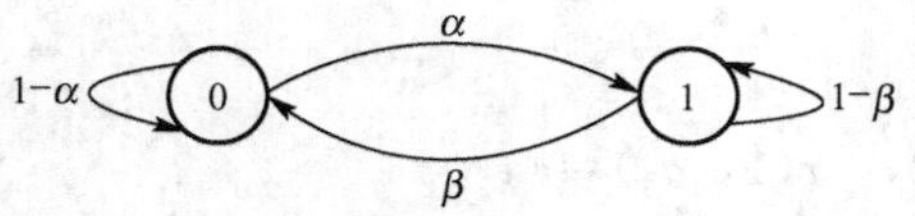

图 4.5 赌博的 Markov 链的状态转移图

问题 4 不同赌徒(比如疯狂的赌徒和倒霉的赌徒)所对应的 Markov 链有什么差异?

疯狂的赌徒认为 $\alpha\approx1$，$\beta\approx0$，而倒霉的赌徒一般都是 $\alpha\approx0$，$\beta\approx1$。如果将这种考虑按照极端化的形式给出，其结果更有启发意义。

如果 $\alpha=1$，$\beta=0$，则在概率意义下赌徒基本上只赢不输，即从长远意义上看状态永远为 1，不能转换为 0。

① 有许多人信奉此观点，但实际上在大多数情况下这种观点不正确。

如果 $\alpha=1$，$\beta=1$，则在概率意义下赌徒基本上是赢之后马上输，输之后马上赢，即从长远意义上看状态在 0 和 1 之间交替转换。换言之，该 Markov 链存在一定的周期。

如果 $\alpha=0$，$\beta=1$，则在概率意义下赌徒基本上只输不赢，即从长远意义上看状态永远为 0，不能转换为 1。

如果 $\alpha=0$，$\beta=0$，则在概率意义下赌徒基本上是只赢不输或者只输不赢，这依赖于初始的状态，即从长远意义上看状态永远持续初始所给的状态。如果初始状态为赢或输的概率较大，那么状态持续赢或输的概率也较大。

从上述简单分析可看出，概率转移矩阵的取值和初始状态的概率分布对 Markov 链的状态转移变化有很大的影响，需要对此进行详细分析。

从图论的观点看，Markov 链的一种解释就是有向图上的**随机行走**(Random Walk)，而行走的可行性由结点之间的强连通性保证，如果结点之间不是强连通的，那么可能到达不了某状态，也有可能到达某状态后停滞不动。

问题 5 如何分析 Markov 链作为有向图的强连通性？

从状态 u 开始，若能经过有限步到达状态 v，则可认为从 u 到 v 是强连通的。从概率的角度看，存在 $n\in\mathbb{N}$ 使得 $P_{uv}^{(n)}>0$。需要注意的是，$\boldsymbol{P}^{(0)}$ 是单位阵(从下文可知该假设是合理的)。一般需要找 $n\in\mathbb{N}^+$，但 u 到 u 是强连通的则只需利用 $P_{uu}^{(0)}=1$ 即可。

一般给定 $\boldsymbol{P}^{(1)}$ 的数据，可从 $\boldsymbol{P}^{(1)}$ 求出 $\boldsymbol{P}^{(n)}$，求解此需要 Chapman-Kolmogorov 方程

$$P_{uv}^{(n+l)}=\sum_{k\in\mathcal{S}}P_{uk}^{(n)}P_{kv}^{(l)} \tag{4.30}$$

其矩阵表示为 $\boldsymbol{P}^{(n+l)}=\boldsymbol{P}^{(n)}\boldsymbol{P}^{(l)}$，可分析条件概率 $\boldsymbol{P}_{uv}^{(n+l)}=\Pr(S_{i+n+l}=v|S_i=u)$ 证明之。

$$\begin{aligned}\Pr(S_{i+n+l}=v|S_i=u)&=\frac{\Pr(S_{i+n+l}=v,S_i=u)}{\Pr(S_i=u)}\\&=\frac{\sum_{k\in\mathcal{S}}\Pr(S_{i+n+l}=v,S_i=u,S_{i+n}=k)}{\Pr(S_i=u)}\\&=\sum_{k\in\mathcal{S}}\left(\frac{\Pr(S_i=u,S_{i+n}=k)\Pr(S_{i+n+l}=v|S_i=u,S_{i+n}=k)}{\Pr(S_i=u)}\right)\\&=\sum_{k\in\mathcal{S}}(P_{uk}^{(n)}\Pr(S_{i+n+l}=v|S_i=u,S_{i+n}=k))\end{aligned} \tag{4.31}$$

由 Markov 链的特性可知

$$\Pr(S_{i+n+l}=v|S_i=u,S_{i+n}=k)=\Pr(S_{i+n+l}=v|S_{i+n}=k)=P_{kv}^{(l)} \tag{4.32}$$

因此 Chapman-Kolmogorov 方程成立。

显然 $\boldsymbol{P}^{(n)}=(\boldsymbol{P}^{(1)})^n$。对于给定的 $\boldsymbol{P}^{(1)}$，求出 $\boldsymbol{P}^{(n)}$ 并分析之即可了解该 Markov 链的强连通性。如果某个 Markov 链所有结点都是强连通的，则称该 Markov 链**不可约**(Irreducible)。事实上，如果 Markov 链中结点存在若干不相交的闭集且关系错综复杂，分析起来比较烦琐，因此这里主要考察不可约的 Markov 链。

【例 4.6】 假设实力有一定差距的两位选手进行无限次比赛，每次比赛均分输赢。考虑其中一位选手，每局能获胜的概率均为 $\alpha>1/2$，设他获胜记 1 分，失败扣 1 分，分析以他的分数作为状态的 Markov 链。

解 该 Markov 链显然不可约，但整体趋势上看，该选手应该是获胜的，即 Markov 链具有一定的"方向性"，但这需要严格分析。

该选手每次得分是 i.i.d.，不妨设为随机变量 Z，它满足

$$\Pr(Z=1)=\alpha,\quad \Pr(Z=-1)=1-\alpha \tag{4.33}$$

易知 n 次比赛后得分的数学期望为

$$nE(Z)=n(\alpha-1+\alpha)=n(2\alpha-1) \tag{4.34}$$

显然该选手的得分会趋近于正无穷大。

事实上，该 Markov 链中所有状态都是**非常返/瞬态的**(Transient)，而非常返的状态在概率意义下至多能到达有限次[①]。如果 $\alpha=1/2$，该 Markov 链中所有状态都是**常返的**(Recurrent)，简单而言，这些状态都是可无限次到达。可以证明，对于不可约的 Markov 链，所有状态要么都是非常返的，要么都是常返的。

此外，对于任意状态 u 可证明 $P_{uu}^{(2n+1)}=0$，显然经过奇数次比赛后分数必然会发生变化。事实上，这意味着状态 u 存在**周期**(Period)。一般而言，称状态 u 是**周期性的**(Periodic)，若存在周期 $d>1$ 且对于 n 满足 $d\nmid n$ 必有 $P_{uu}^{(n)}=0$，否则状态 u 是**非周期性的**(Aperiodic)。如果 u 是周期性的，只有经过周期的整倍的步数才可能回到 u，其他情况回到 u 的概率为 0[②]。可以证明，对于不可约的 Markov 链，所有状态要么都是周期性的，要么都是非周期性的。

有了上述概念，则可介绍随机过程中的一个重要定理：对于有限状态空间的不可约时齐 Markov 链，如果它所有状态都是非周期性的，那么它的 $\boldsymbol{P}^{(n)}$ 存在极限 $\boldsymbol{P}^{(\infty)}$，并 $\forall v\in\mathcal{S}$ 满足

$$\lim_{n\to\infty}P_{uv}^{(n)}=\pi(v)>0\quad(\forall u\in\mathcal{S}) \tag{4.35}$$

其中 $\pi(v)$，$v\in\mathcal{S}$ 是其极限值。为方便起见，将 $\mathcal{S}$ 中所有 v 对应的 $\pi(v)$ 按 v 递增排列成行向量形式，记为 $\boldsymbol{\pi}$。注意到 $\boldsymbol{P}^{(n)}$ 的完备性，因此 $\boldsymbol{\pi}$ 也满足完备性

$$\sum_{v\in\mathcal{S}}\pi(v)=1 \tag{4.36}$$

为进一步考察 Markov 链，记 $\Pr(S_i=u)=\lambda_i(u)$，再将 $\mathcal{S}$ 中所有 $\lambda_i(u)$ 按 u 递增排列成行向量形式，并记为 $\boldsymbol{\lambda}_i$，所有的 $\boldsymbol{\lambda}_i$ 满足完备性，且有

$$\boldsymbol{\lambda}_i\boldsymbol{P}^{(1)}=\boldsymbol{\lambda}_{i+1}\quad\forall i\in\mathbb{N} \tag{4.37}$$

再让

$$\boldsymbol{\lambda}_1\boldsymbol{P}^{(n-1)}\boldsymbol{P}^{(1)}=\boldsymbol{\lambda}_1\boldsymbol{P}^{(n)} \tag{4.38}$$

对上式两边令 n 趋于正无穷大，则有

$$\boldsymbol{\lambda}_1\boldsymbol{P}^{(\infty)}\boldsymbol{P}^{(1)}=\boldsymbol{\lambda}_1\boldsymbol{P}^{(\infty)} \tag{4.39}$$

由 $\boldsymbol{P}^{(\infty)}$ 形式的特殊性可知任意完备的行向量 $\boldsymbol{\lambda}$ 均满足

$$\boldsymbol{\lambda}\boldsymbol{P}^{(\infty)}=\boldsymbol{\pi} \tag{4.40}$$

而 λ_1 满足完备性，从而有 $\boldsymbol{\lambda}_1\boldsymbol{P}^{(\infty)}=\boldsymbol{\pi}$，结合(4.39)可知

$$\boldsymbol{\pi}\boldsymbol{P}^{(1)}=\boldsymbol{\pi} \tag{4.41}$$

---

① 准确地说，到达该状态次数的数学期望是有限的。

② 如果将"可能"换成"必然"，"概率为 0"换成"不可能"，那么周期这个概念就很形象了。

此外，从 $\boldsymbol{\pi}$ 的完备性可知，如果存在另一个 $\boldsymbol{\pi}'$，它满足方程组(4.41)且也是完备，那么 $\boldsymbol{\pi}'$ 必然满足

$$\boldsymbol{\pi}'\boldsymbol{P}^{(\infty)}=\lim_{n\to 0}(\boldsymbol{\pi}'\boldsymbol{P}^{(n)})=\lim_{n\to 0}\boldsymbol{\pi}'=\boldsymbol{\pi}' \tag{4.42}$$

由于 $\boldsymbol{\pi}'$ 是完备的，依据(4.40)式可知

$$\boldsymbol{\pi}'\boldsymbol{P}^{(\infty)}=\boldsymbol{\pi} \tag{4.43}$$

于是 $\boldsymbol{\pi}'=\boldsymbol{\pi}$，这意味着满足方程组(4.41)和完备性要求的 $\boldsymbol{\pi}$ 是唯一的，只需按照这些要求解方程即可得到 $\boldsymbol{\pi}$。

从上述讨论可看出，如果 Markov 链满足定理的条件，所有初始状态都会趋向同一种分布，即 $\boldsymbol{\lambda}_n$ 的极限是 $\boldsymbol{\pi}$。

关于定理的条件，需要做如下说明。

(1) 如果状态有周期 $d>1$，那么在 n 满足 $d\nmid n$ 时的 $P_{uu}^{(n)}=0$ 则使 $\boldsymbol{P}^{(n)}$ 不存在像(4.35)式那样的正极限。

(2) 可数状态下的不可约 Markov 链如果状态都为非常返的，$P_{uv}^{(n)}$ 会趋近于 0。

(3) 可以证明，有限状态下的 Markov 链不可能所有状态都是非常返的，再加上不可约的条件，这也是让 $\boldsymbol{\pi}$ 的各分量均为正的原因。

问题 6 概率分布 $\boldsymbol{\pi}$ 如果作为上述条件下的 Markov 链初始分布，该 Markov 链有何特点？

所给条件是 $\boldsymbol{\lambda}_1=\boldsymbol{\pi}$，由(4.37)式和(4.41)式可知

$$\boldsymbol{\lambda}_i=\boldsymbol{\lambda}_1\boldsymbol{P}^{(i)}=\boldsymbol{\lambda}_1(\boldsymbol{P}^{(1)})^i=\boldsymbol{\pi} \tag{4.44}$$

即所有 $\boldsymbol{\lambda}_i$ 均为 $\boldsymbol{\pi}$。

事实上，此时的 Markov 链是平稳过程。为此需要证明

$$u_{S_{i+1},S_{i+2},\cdots,S_{i+n}}(b_1,\ b_2,\ \cdots,\ b_n)=u_{S_{i+l+1},S_{i+l+2},\cdots,S_{i+l+n}}(b_1,\ b_2,\ \cdots,\ b_n) \tag{4.45}$$

可对 n 施行归纳法。显然 $n=1$ 时成立，若 $n=k$ 时成立，则有

$$u_{S_{i+1},S_{i+2},\cdots,S_{i+k}}(b_1,\ b_2,\ \cdots,\ b_k)=u_{S_{i+l+1},S_{i+l+2},\cdots,S_{i+l+k}}(b_1,\ b_2,\ \cdots,\ b_k) \tag{4.46}$$

由时齐 Markov 链的特性知

$$p_{X_{i+k+1}|X_{i+k}\cdots X_{i+1}}(b_{i+k+1}\,|\,b_{i+k}\cdots b_{i+1})=p_{X_{i+k+1}|X_{i+k}}(b_{i+k+1}\,|\,b_{i+k})=P^{(1)}_{b_{i+k}b_{i+k+1}} \tag{4.47}$$

$$p_{X_{i+l+k+1}|X_{i+l+k}\cdots X_{i+l+1}}(b_{i+k+1}\,|\,b_{i+k}\cdots b_{i+1})=p_{X_{i+l+k+1}|X_{i+l+k}}(b_{i+k+1}\,|\,b_{i+k})=P^{(1)}_{b_{i+k}b_{i+k+1}} \tag{4.48}$$

由(4.47)式和(4.48)式，再利用条件概率定义与(4.46)式可证明之。

正是因为一旦 $\boldsymbol{\pi}$ 成为初始分布(或某一时刻的分布)，该 Markov 链此后就会变为平稳过程，所以也称 $\boldsymbol{\pi}$ 为平稳分布，该 Markov 链为平稳 Markov 链。显然，归纳基础是由(4.41)式所保证，再加上 Markov 性和时齐的归纳假设的推理，使得此类 Markov 链达到了平稳过程的要求。事实上，如果从归纳角度看平稳过程的定义，它和 Markov 链的定义具有很大的一致性。

此外，在 $\boldsymbol{\pi}$ 初始分布下的 Markov 信源也是离散平稳信源，可考虑输出消息序列所可能对应的状态序列，将概率事件按不同状态序列进行划分，上述过程均与时间无关，可写成与时间无关的和式，再利用该 Markov 链的平稳性即可证明。

事实上，前文所述条件下的 Markov 链趋于平稳分布，而这种离散平稳随机过程是到

某种平衡后，再以转移概率到达下一状态并保持平衡，它虽然是随机的，但满足一定的不变性，这也是“平稳”这个词的含义所在。

4.2 信源编码

4.2.1 随机变量扩展

信源所发出的消息量与信息量往往不相等，而为了减少表达符号的数量，可以对其进行一定的压缩编码，即**信源编码**(Source Coding)。对于常见的信源，考虑它的特殊之处才能对其进行更好的压缩编码，不妨从简单的问题分析开始。仍然考察投掷硬币问题，不断投掷一枚硬币可认为是随机事件的重复实验，也可认为它是一个随机过程。假设投掷的是魔力硬币Ⓜ，从数据压缩的角度看，如果直接对投掷结果进行编码，由于其朝向永远为“正”，只需用一个符号便可编码，即无论使用何种典范码其码簿一定只包含 Σ 中的一个元素，这意味着所有典范码的期望长度都为 1，从而无法找到有效的数据压缩。前文虽然叙述了一种描述的方法，但它不具备可算法化的步骤，更不具备一般性，因此需要考虑更具可操作性的方案。下文中作为投掷硬币压缩效果比较的基准均为普通硬币Ⓝ的编码。

问题 7 如何对不断投掷魔力硬币Ⓜ的过程进行数据压缩？

可以考虑人类描述魔力硬币Ⓜ的方法。一般书面表示可用 11…1…表示魔力硬币Ⓜ，事实上省略号中的符号“·”值得借鉴。先考虑特殊情况，不妨假定 11…1 表示 15 个符号，那么“·”(可编码为 0) 就表示 1111，这种思路值得借鉴。不妨将魔力硬币Ⓜ的符号序列按 n 个一组进行分割，每组都只能是 n 个连续的 1(记为 1^n)。若对 1^n 以 0 编码，显然能起到压缩的效果。

上述方法可给出一般化的表述。设信源不断发出消息，以 n 个为一组，可得到分组

$$(X_1, X_2, \cdots, X_n), (X_{n+1}, X_{n+2}, \cdots, X_{2n}), \cdots, (X_{(k-1)n+1}, X_{(k-1)n+2}, \cdots, X_{kn}), \cdots \tag{4.49}$$

于是经过分组的新信源的取值空间为 $\mathcal{X}^n$，这种对随机变量进行扩展的技术对应着信源的 n 次**扩展**(Extension)。于是相应的信源编码则是对 $\mathcal{X}^n$ 中的所有元素进行编码，而解码只需最后加上拆开分组的步骤即可。

【例 4.7】 设硬币Ⓤ具备控制朝向的魔力，它的朝向基本上可控制为 1，但会犯 1 次错误，硬币Ⓤ不知道它在哪次投掷中犯错。对不断投掷硬币Ⓤ的过程进行数据压缩。

解 该信源可进行 n 次扩展，不妨以 $n=3$ 为例。设原取值空间为 $\mathcal{X}=\{0, 1\}$，虽然一般情况下 3 次扩展信源的取值空间为 $\mathcal{X}^3$，但硬币Ⓤ只可能出现一次错误，于是扩展信源的取值空间只可能为

$$\mathcal{X}^* = \{111, 110, 101, 011\} \tag{4.50}$$

注意到 111 出现的概率 $p(111)=1$，可给出 $\mathcal{X}^*$ 下的编码

$$C(111)=1, \quad C(110)=01, \quad C(101)=000, \quad C(011)=001 \tag{4.51}$$

显然这种编码的压缩效果比不扩展好。

问题 8 如何对 100 次硬币投掷进行数据压缩？

仍然可对信源进行 n 次扩展，显然 $n\,|\,100$ 是非常理想的情况，因为这样可将新信源

的取值空间限定为 $\mathcal{X}^n$，从而减少编码的复杂性。

将此问题一般化，如果硬币投掷次数为 m，则 $n|m$ 是理想情况。但是，m 如果为素数，理想情况则只能选择 n 为 1 或 m，显然当 m 非常大时难以选择到理想的 n。设选择某个 n 使得 $m=kn+r$，那么信源的取值空间为 $\mathcal{X}^n \cup \mathcal{X}^r$，而一般情况下无法确定 m 的值，则经过 n 次扩展后新信源的取值空间为

$$\mathcal{X}^{\{n\}}=\mathcal{X}^n \cup \mathcal{X}^{n-1} \cup \cdots \cup \mathcal{X}=\bigcup_{i=1}^{n} \mathcal{X}^i \tag{4.52}$$

对 $\mathcal{X}^{\{n\}}$ 中的元素进行编码即可。

在扩展情况下使用基于概率方法的数据压缩方法会变得相当复杂，从(4.52)式易知

$$|\mathcal{X}^{\{n\}}|=\sum_{i=1}^{n}|\mathcal{X}^i|=\sum_{i=1}^{n}|\mathcal{X}|^i=|\mathcal{X}|\frac{|\mathcal{X}|^n-1}{|\mathcal{X}|-1} \tag{4.53}$$

这意味着对较大的 n 而言，新信源的取值空间(即编码和解码所要处理的元素个数)会非常大，从而使编码和解码的复杂度急剧增大。

不过，如果已知 m 还可以采用另一种编码方案，即只对前 kn 个消息按 n 次扩展情况进行编码(编码后长度为 m')，而对剩余 r 个消息按 1 次扩展进行编码。在解码时需要附加 m' 的长度信息，并分别进行解码。

【例 4.8】 设硬币ⓦ出现 1 的概率为 0.9，对投掷硬币ⓦ2000001 次的过程进行数据压缩，并估算压缩前后描述该序列长度的比率(压缩比)。

解 该信源可进行 n 次扩展，不妨以 $n=2$ 为例。显然投掷普通硬币的过程是 i. i. d.，而且投掷次数相当大，可知新信源 $\mathcal{X}^*$ 的概率分布近似为

$$p(11)=0.81,\quad p(10)=0.09,\quad p(01)=0.09,$$
$$p(00)=0.01,\quad p(1)=0,\quad p(0)=0 \tag{4.54}$$

采用 Huffman 编码，可知编码为

$$C(11)=1,\quad C(10)=01,\quad C(01)=000,$$
$$C(00)=0011,\quad C(1)=00101,\quad C(0)=00100 \tag{4.55}$$

具体如图 4.6 所示。

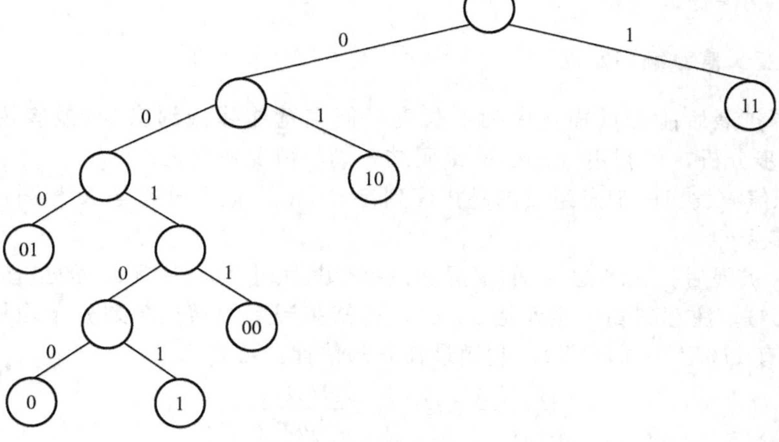

图 4.6 投掷硬币的 Huffman 编码

显然，扩展后的新信源编码较为复杂，而 n 更大时会导致编码更复杂。

压缩比估算如下：前 2000000 次描述该序列的长度大约为

$$\frac{2000000}{2}\times\Big(p(11)|C(11)|+p(10)|C(10)|+$$
$$p(01)|C(01)|+p(00)|C(00)|\Big)=1300000 \tag{4.56}$$

第 2000001 次的编码长度 $|C(1)|$ 或 $|C(0)|$（均为 5），则压缩比为 1300005/2000001≈0.65。显然压缩比越小，压缩效率越高。从上述分析上看，这种扩展确实减少了描述信息的长度，获得了压缩效果。

更一般化的压缩比的定义是：压缩前信源使用字母表 Σ 编码，且编码后共需要 n 个符号描述信源发出的序列；压缩后信源使用字母表 Σ' 编码，且编码后共需要 m 个符号描述该序列。压缩比则为 m/n，为公平起见一般取 $\Sigma=\Sigma'$，因为不同的字母表的描述能力不一样。

需要指出，实际中 m 往往非常大，而只有末尾部分会出现非 $\mathcal{X}^n$ 内的元素(称为截断问题)，于是 $\mathcal{X}^n$ 中元素概率和接近于 1，因此 $\mathcal{X}^n$ 中的元素决定着编码长度。因此，可以忽略截断问题，即假定扩展后取值空间就是 $\mathcal{X}^n$，在理论分析中仅仅考虑对 $\mathcal{X}^n$ 中元素编码的情况。

事实上，以字母表 {0，1} 进行 Huffman 编码，这种假设所导致的码字的期望长度至多有 $|\mathcal{X}|^{-n}$ 的误差。由于非 $\mathcal{X}^n$ 中元素概率均近似为 0，在 Huffman 编码的前面步骤中需要处理这些元素，处理完后与 $\mathcal{X}^n$ 中概率最小的元素 s 形成一棵树，该树的概率与 s 相同，等价于仅对 $\mathcal{X}^n$ 中元素进行编码，所不同的是 s 码长会增加 1。由于 s 的概率最小，则有

$$\sum_{x\in\mathcal{X}^n}p(s)\leqslant\sum_{x\in\mathcal{X}^n}p(x)=1 \tag{4.57}$$

显然有

$$|\mathcal{X}|^n p(s)=|\mathcal{X}^n|p(s)\leqslant 1 \tag{4.58}$$

因此编码的期望长度误差上界可确定，且 n 趋近于无穷大时误差的极限为 0，为方便起见，下文中不再考虑此误差。

4.2.2 变长信源编码定理

虽然信源扩展后能降低描述序列的长度，但究竟能降低到多少(或者说压缩比的界限)需要进一步分析，可利用 Shannon 编码结合熵的情况考察之。

问题 9 信源发出的消息组成的随机序列是 i.i.d.，概率分布与 X 相同，编码的压缩比的界限是多少？

进行 n 次扩展后，仅考虑 $\mathcal{X}^n$ 的情况。设字母表大小为 r 时对 $\mathcal{X}^n$ 的最佳码为 C^n，期望长度为 $l(C^n)$。注意到随机序列是 i.i.d.，可知扩展后的随机序列分布均相同，不妨记为 X^n，显然有 $H(X^n)=nH(X)$。利用最佳码的估计，可知

$$\frac{H(X^n)}{\log r}\leqslant l(C^n)<\frac{H(X^n)}{\log r}+1 \tag{4.59}$$

从数据压缩的观点看，要比较扩展后编码的性能，必须比较每个随机变量平均所需要的

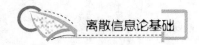

期望描述长度，于是可定义**每随机变量期望描述长度**(Expected Description Length per Random Variable)

$$l(C^n/n)=\frac{l(C^n)}{n} \tag{4.60}$$

易知

$$\frac{1}{n}\frac{nH(X)}{\log r}\leqslant\frac{l(C^n)}{n}<\frac{1}{n}\left(\frac{nH(X)}{\log r}+1\right)$$

$$\frac{H(X)}{\log r}\leqslant\frac{l(C^n)}{n}<\frac{H(X)}{\log r}+\frac{1}{n} \tag{4.61}$$

如果令 n 趋近于正无穷大，则 $l(C^n/n)$ 存在极限，进而可求出压缩比的界限为

$$\frac{H(X)}{H(X)+\log r}\leqslant\lim_{n\to+\infty}\frac{l(C^n/n)}{l(C)}\leqslant 1 \tag{4.62}$$

事实上，$l(C^n/n)$ 是一个更容易分析的指标，下文即以 $l(C^n/n)$ 作为编码扩展的性能进行讨论。

问题 10 对离散平稳信源进行数据压缩时，编码 C 的 $l(C^n/n)$ 是否存在极限？

事实上，在 i.i.d. 随机序列的分析过程中，其关键条件是任意 $X_{(k-1)n+1}$，$X_{(k-1)n+2}$，…，X_{kn} 的概率分布均相同，这恰好满足离散平稳分布的定义，于是可用类似的方法进一步考虑离散平稳信源的 $l(C^n/n)$。以 X_1，X_2，…，X_n 即可代表扩展后的随机序列分布情况，设对 $\mathcal{X}^n$ 的最佳码仍为 C^n，期望长度满足

$$\frac{H(X_1, X_2, \cdots, X_n)}{\log r}\leqslant l(C^n)<\frac{H(X_1, X_2, \cdots, X_n)}{\log r}+1 \tag{4.63}$$

仍有类似于 i.i.d. 随机序列的不等式

$$\frac{1}{n}\frac{H(X_1, X_2, \cdots, X_n)}{\log r}\leqslant l(C^n/n)<\frac{1}{n}\left(\frac{H(X_1, X_2, \cdots, X_n)}{\log r}+1\right) \tag{4.64}$$

如果需要分析此界限，需要考察 $\frac{H(X_1, X_2, \cdots, X_n)}{n}$，如果它的极限存在，则 $l(C^n/n)$ 的极限可求。可认为 $\frac{H(X_1, X_2, \cdots, X_n)}{n}$ 是平均值，若此平均值存在极限，则称该随机序列存在**熵率**(Entropy Rate)

$$H(\mathcal{X})=\lim_{n\to\infty}\frac{H(X_1, X_2, \cdots, X_n)}{n} \tag{4.65}$$

为了分析离散平稳信源 $l(C^n/n)$ 的极限情况，必须从熵率入手，可以用链式法则拆分 $H(X_1, X_2, \cdots, X_n)$ 为

$$\frac{H(X_1, X_2, \cdots, X_n)}{n}=\frac{\sum_{i=1}^{n}H(X_i|X_{i-1}\cdots X_1)}{n} \tag{4.66}$$

不妨记

$$A_n=\sum_{i=1}^{n}H(X_i|X_{i-1}\cdots X_1)\quad B_n=n \tag{4.67}$$

可以考虑利用 Stolz 定理，由于 A_n，B_n 满足该定理的条件，因此可知

$$\lim_{n\to\infty}\frac{A_n}{B_n}=\lim_{n\to\infty}\frac{A_n-A_{n-1}}{B_n-B_{n-1}} \tag{4.68}$$

而使用定理必须要满足$\frac{A_n - A_{n-1}}{B_n - B_{n-1}} = H(X_n | X_{n-1} \cdots X_1)$存在极限的条件。还可以从**Cesáro 均值**(Cesáro Mean)的角度来分析，如果a_n极限为a，那么

$$\lim_{n\to\infty} \frac{\sum_{i=1}^{n} a_i}{n} = a \tag{4.69}$$

事实上，上述讨论给出了熵率存在的一种判定方法：如果信源的$H(X_n | X_{n-1} \cdots X_1)$存在极限，其值为$H^{|}(\mathcal{X})$，那么信源的熵率$H(\mathcal{X})$也存在，且它们满足

$$H(\mathcal{X}) = \lim_{n\to\infty} \frac{H(X_1, X_2, \cdots, X_n)}{n} = H^{|}(\mathcal{X}) = \lim_{n\to\infty} H(X_n | X_{n-1} \cdots X_1) \tag{4.70}$$

显然，如果信源的$H(\mathcal{X})$和$H^{|}(\mathcal{X})$都存在，那么它们必然相等，因此$H(\mathcal{X})$和$H^{|}(\mathcal{X})$都被称为熵率。事实上，$H^{|}(\mathcal{X})$代表着增加随机变量后信息增长的差值，这是$H^{|}(\mathcal{X})$被称为熵率的另一个原因，而且$H^{|}(\mathcal{X})$的求解更为方便。

重新回到离散平稳信源的讨论，由于条件熵满足

$$H(X_n | X_{n-1} \cdots X_1) \leqslant H(X_n | X_{n-1} \cdots X_2) \tag{4.71}$$

由平稳性可知

$$H(X_n | X_{n-1} \cdots X_2) = H(X_{n-1} | X_{n-2} \cdots X_1) \tag{4.72}$$

则$H(X_n | X_{n-1} \cdots X_1)$单调递减，且有下限

$$H(X_n | X_{n-1} \cdots X_1) \geqslant 0 \tag{4.73}$$

因此$H(X_n | X_{n-1} \cdots X_1)$存在极限

$$H^{|}(\mathcal{X}) = \lim_{n\to\infty} H(X_n | X_{n-1} \cdots X_1) \tag{4.74}$$

由上述讨论可知离散平稳信源的$H(\mathcal{X})$和$H^{|}(\mathcal{X})$都必然存在。不过，一般而言离散平稳信源的熵率比较难求得，只有满足某些形式才能简单求解。

基于上述熵率的讨论，再令n趋近于正无穷大，于是(4.64)式可给出离散平稳信源的$l(C^n/n)$的极限

$$\lim_{n\to\infty} l(C^n/n) = \frac{H(\mathcal{X})}{\log r} = \frac{H^{|}(\mathcal{X})}{\log r} \tag{4.75}$$

可将(4.64)式和(4.75)式称为**变长信源编码定理**(Variable-Length Source Coding Theorem)①。

不妨设字母表大小$r=2$，从变长信源编码定理可以看出，描述平稳信源的一个消息平均只需要$H(\mathcal{X})$个比特，这和它们的信息量是息息相关的，因为$X_1, X_2, \cdots, X_n$的信息量由联合熵$H(X_1, X_2, \cdots, X_n)$来表征，因而平均后的极限$H(\mathcal{X})$是非常合适的度量。

需要指出，尽管信源编码的性能很关键，但鲁棒性也很重要。例如某篇冗长啰嗦的文章丢失了部分信息可能不影响它表达的意思，而精练的论文可能会因为丢失关键的一个符号而造成无法理解。对于变长信源编码而言，唯一可译性需要保证，而某些符号因为各种原因变成了其他符号，则可导致唯一可译性不再满足。例如码簿为{1，01，000，

① 此定理的适用条件为离散平稳信源，但一般不特殊说明。

001}，而经过编码后的序列为 000000000，由于发生错误变成了 000010000，导致错误发生后的序列 0000 无法译码。一种方法是加上校验码，如 MD5 码，如果校验失败则编码无效，而校验码必然带来一定的冗余。因此，必要的冗余信息也是重要的，在信息传输中还将看到冗余信息的重要性。

【例 4.9】 设某信源 X_1，X_2，…，X_n，…的随机序列是平稳 Markov 链，随机序列的取值空间均为 $\mathcal{S}$。该平稳 Markov 链的单步概率转移矩阵为 $\boldsymbol{P}^{(1)}$，平稳分布为 $\boldsymbol{\pi}$。分析该信源 $l(C^n/n)$的极限问题。

解 易知此信源是离散平稳信源，则熵率存在，且有

$$H(\mathcal{X})=H^{|}(\mathcal{X})=\lim_{n\to\infty}H(X_n|X_{n-1}\cdots X_1) \tag{4.76}$$

而条件概率

$$\begin{aligned}&H(X_n|X_{n-1}\cdots X_1)\\&=\sum_{x_1\in\mathcal{S}}\cdots\sum_{x_{n-1}\in\mathcal{S}}\left(u(x_1,\cdots,x_{n-1})\left(-\sum_{x_n\in\mathcal{S}}(p(x_n|x_{n-1}\cdots x_1)\log p(x_n|x_{n-1}\cdots x_1))\right)\right)\\&=\sum_{x_1\in\mathcal{S}}\cdots\sum_{x_{n-1}\in\mathcal{S}}\left(u(x_1,\cdots,x_{n-1})\left(-\sum_{x_n\in\mathcal{S}}(p(x_n|x_{n-1})\log p(x_n|x_{n-1}))\right)\right)\end{aligned} \tag{4.77}$$

适当地变形，并由时齐性和平稳性可得

$$\begin{aligned}H(X_n|X_{n-1}\cdots X_1)&=\sum_{x_{n-1}\in\mathcal{S}}\left(\pi(x_{n-1})\left(-\sum_{x_n\in\mathcal{S}}(p(x_n|x_{n-1})\log p(x_n|x_{n-1}))\right)\right)\\&=-\sum_{x_{n-1}\in\mathcal{S}}\sum_{x_n\in\mathcal{S}}(\pi(x_{n-1})p(x_n|x_{n-1})\log p(x_n|x_{n-1}))\\&=-\sum_{u\in\mathcal{S}}\sum_{v\in\mathcal{S}}(\pi(u)P_{uv}^{(1)}\log P_{uv}^{(1)})\end{aligned} \tag{4.78}$$

于是熵率为

$$H(\mathcal{X})=H^{|}(\mathcal{X})=-\sum_{u\in\mathcal{S}}\sum_{v\in\mathcal{S}}(\pi(u)P_{uv}^{(1)}\log P_{uv}^{(1)}) \tag{4.79}$$

这就是该信源 $l(C^n/n)$的极限。

4.2.3 熵率

虽然对离散平稳信源的编码已有相应的理论分析，但它还是比较特殊，需要考虑其他种类离散信源情况下的编码期望长度，而其关键则是熵率的分析。

问题 11 对于有限状态空间的不可约时齐 Markov 链，如果它的所有状态都是非周期性的，此随机序列的熵率是否存在？其编码的期望长度性能如何？

为分析此问题，必须要利用 Markov 链的特征。显然分析条件熵较为便利，类比(4.77)式和(4.78)式可得到

$$\begin{aligned}H(X_n|X_{n-1}\cdots X_1)&=\sum_{x_{n-1}\in\mathcal{S}}\left(p_{X_{n-1}}(x_{n-1})\left(-\sum_{x_n\in\mathcal{S}}(p(x_n|x_{n-1})\log p(x_n|x_{n-1}))\right)\right)\\&=-\sum_{x_{n-1}\in\mathcal{S}}\sum_{x_n\in\mathcal{S}}(p_{X_{n-1}}(x_{n-1})p(x_n|x_{n-1})\log p(x_n|x_{n-1}))\\&=H(X_n|X_{n-1})\end{aligned} \tag{4.80}$$

注意到 $H(X_n|X_{n-1})$中只有 $p_{X_{n-1}}(x_{n-1})$随时间变化，准确地说是 $p_{X_{n-1}}(\cdot)$随时间变化，即

$$H(X_n|X_{n-1})=-\sum_{u\in\mathcal{S}}\sum_{v\in\mathcal{S}}(p_{X_{n-1}}(u)P_{uv}^{(1)}\log P_{uv}^{(1)}) \tag{4.81}$$

由于此 Markov 链的极限分布是平稳分布，即 $p_{X_{n-1}}(\cdot)$ 能达到 $\pi(\cdot)$，因此

$$\lim_{n\to\infty}H(X_n|X_{n-1})=-\sum_{u\in\mathcal{S}}\sum_{v\in\mathcal{S}}(\pi(u)P_{uv}^{(1)}\log P_{uv}^{(1)}) \tag{4.82}$$

因此，该 Markov 链的熵率 $H^{|}(\mathcal{X})$存在，其值为(4.82)式。

对这个 Markov 链进行扩展编码需要了解 $\boldsymbol{X}_{k,n}=(X_{(k-1)n+1}, X_{(k-1)n+2}, \cdots, X_{kn})$的概率分布，而这个一般随下标而变化，不妨以平稳情况下$(X_1, X_2, \cdots, X_n)$的概率分布作为$\boldsymbol{X}_{k,n}$概率分布的估计，从而得到编码 C^n。指定 $\varepsilon>0$，在下标 i 较大时，易知这种概率分布估计比较符合真实概率分布，而它们间的误差小于 ε。设平稳情况下$(X_1, X_2, \cdots, X_n)$的概率分布为 $\boldsymbol{\pi}_n$，而 $\boldsymbol{X}_{k,n}$ 的概率分布为 $\boldsymbol{u}_{k,n}$，可知

$$\frac{H(\boldsymbol{X}_{k,n})+D(\boldsymbol{u}_{k,n}\|\boldsymbol{\pi}_n)}{n\log r}\leqslant l(C^n/n)<\frac{H(\boldsymbol{X}_{k,n})+D(\boldsymbol{u}_{k,n}\|\boldsymbol{\pi}_n)}{n\log r}+\frac{1}{n} \tag{4.83}$$

令 ε 趋近于 0，n 趋近于无穷大，仍然有 $l(C^n/n)$的极限

$$\lim_{n\to\infty}l(C^n/n)=\frac{H(\mathcal{X})}{\log r}=\frac{H^{|}(\mathcal{X})}{\log r}=-\frac{1}{\log r}\sum_{u\in\mathcal{S}}\sum_{v\in\mathcal{S}}(\pi(u)P_{uv}^{(1)}\log P_{uv}^{(1)}) \tag{4.84}$$

问题 12　若 Markov 信源所对应的 Markov 链满足上述条件，此信源的熵率 $H(\mathcal{W})$是否存在？

Markov 信源发出的消息是 $W_1, W_2, \cdots, W_n, \cdots$，该随机序列不是直接与 Markov 链的特性关联，因此无论是考虑 $H(W_1, W_2, \cdots, W_n)$或是 $H(W_n|W_{n-1}\cdots W_1)$都难以给出分析结果。事实上，Markov 信源的消息受初始条件 S_1制约，必须考虑在原有基础添加条件 S_1。

(1) 可从 $H(W_1, W_2, \cdots, W_n)$出发，考虑 $H(W_1, W_2, \cdots, W_n|S_1)$，利用条件熵和互信息的关系

$$\begin{aligned}&\frac{1}{n}H(W_1, W_2, \cdots, W_n)\\&=\frac{1}{n}(H(W_1, W_2, \cdots, W_n|S_1)+I(W_1, W_2, \cdots, W_n; S_1))\end{aligned} \tag{4.85}$$

注意到该 Markov 链状态数有限，则互信息 $I(W_1, W_2, \cdots, W_n; S_1)$的上下界即可明确，为

$$0\leqslant I(W_1, W_2, \cdots, W_n; S_1)\leqslant H(S_1)\leqslant\log|\mathcal{S}| \tag{4.86}$$

其物理意义是在 n 很大时 $W_1, W_2, \cdots, W_n$平均每个随机变量与初始条件 S_1之间几乎没有互信息。在 n 取极限的情况下分析$\frac{H(W_1, W_2, \cdots, W_n)}{n}$，只需考察$\frac{H(W_1, W_2, \cdots, W_n|S_1)}{n}$。

由条件熵的链式法则可知

$$\frac{H(W_1, W_2, \cdots, W_n|S_1)}{n}=\frac{\sum_{i=1}^{n}H(W_i|W_{i-1}\cdots W_1S_1)}{n} \tag{4.87}$$

而 $H(W_i|W_{i-1}\cdots W_1S_1)$为

$$H(W_i|W_{i-1}\cdots W_1S_1)$$
$$=\sum_{s_1\in\mathcal{S}}\sum_{w_1\in\mathcal{W}}\cdots\sum_{w_{i-1}\in\mathcal{W}}\Big[u(s_1,w_1,\cdots,w_{i-1})\Big(-\sum_{w_i\in\mathcal{W}}p(w_i|w_{i-1}\cdots w_1s_1)\log p(w_i|w_{i-1}\cdots w_1s_1)\Big)\Big] \tag{4.88}$$

由于条件概率满足

$$p(w_i|w_{i-1}\cdots w_1s_1)=p(w_i|s_iw_{i-1}s_{i-1}\cdots w_1s_1)=p(w_i|s_i) \tag{4.89}$$

从 S_1 到 W_1，W_2，…，W_n 都是由状态到消息再到状态，即 $(s_1, w_1, \cdots, w_{i-1})$ 唯一确定了 s_i，这意味着它们之间有一定的关联，因此不能对(4.88)式中 $u(s_1, w_1, \cdots, w_{i-1})$ 进行直接化简。不妨设转移映射为 $\tau^{(i)}$，它能由 $(s_1, w_1, \cdots, w_{i-1})$ 唯一确定 s_i

$$s_i=\tau^{(i)}(s_1, w_1, \cdots, w_{i-1}) \tag{4.90}$$

再将 s_1，w_1，…，w_{i-1} 简记为 $\boldsymbol{z}$，S_1，W_1，W_2，…，W_n 简记为 $\boldsymbol{Z}$，其取值空间为 $\mathcal{Z}$。利用上述记号对(4.88)式适当变形，将 $\mathcal{Z}$ 中的所有 $\boldsymbol{z}$ 按 $\tau^{(i)}(\boldsymbol{z})$ 的取值情况分类，即

$$\begin{aligned}H(W_i|W_{i-1}\cdots W_1S_1)&=\sum_{s\in\mathcal{S}}\Big(\sum_{\tau^{(i)}(\boldsymbol{z})=s}\Big(u(\boldsymbol{z})\Big(-\sum_{w_i\in\mathcal{W}}(p(w_i|s)\log p(w_i|s))\Big)\Big)\Big)\\&=\sum_{s\in\mathcal{S}}\Big(\Big(-\sum_{w_i\in\mathcal{W}}\Big(p(w_i|s)\log p(w_i|s)\Big)\Big)\Big(\sum_{\tau^{(i)}(\boldsymbol{z})=s}u(\boldsymbol{z})\Big)\Big)\end{aligned} \tag{4.91}$$

由于转移映射决定了

$$\Pr(S_i=s|\boldsymbol{Z}=\boldsymbol{z})=\begin{cases}1, & s=\tau^{(i)}(\boldsymbol{z})\\0, & s\neq\tau^{(i)}(\boldsymbol{z})\end{cases} \tag{4.92}$$

可将 $\boldsymbol{z}\in\mathcal{Z}$ 分成 $\tau^{(i)}(\boldsymbol{z})=s$ 和 $\tau^{(i)}(\boldsymbol{z})\neq s$ 两部分，它们分别满足

$$\sum_{\tau^{(i)}(\boldsymbol{z})=s}u(\boldsymbol{z})\Pr(S_i=s|\boldsymbol{Z}=\boldsymbol{z})=\sum_{\tau^{(i)}(\boldsymbol{z})=s}u(\boldsymbol{z}) \tag{4.93}$$

$$\sum_{\tau^{(i)}(\boldsymbol{z})\neq s}u(\boldsymbol{z})\Pr(S_i=s|\boldsymbol{Z}=\boldsymbol{z})=0 \tag{4.94}$$

再将 $\boldsymbol{z}\in\mathcal{Z}$ 统一，则有

$$\begin{aligned}&H(W_i|W_{i-1}\cdots W_1S_1)\\&=\sum_{s\in\mathcal{S}}\Big(\Big(-\sum_{w_i\in\mathcal{W}}(p(w_i|s)\log p(w_i|s))\Big)\Big(\sum_{\boldsymbol{z}\in\mathcal{Z}}u(\boldsymbol{z})\Pr(S_i=s|\boldsymbol{Z}=\boldsymbol{z})\Big)\Big)\\&=\sum_{s\in\mathcal{S}}\Big(\Big(-\sum_{w_i\in\mathcal{W}}(p(w_i|s)\log p(w_i|s))\Big)\Pr(S_i=s)\Big)\end{aligned} \tag{4.95}$$

而该 Markov 链的极限分布是平稳分布，因此 $H(W_i|W_{i-1}\cdots W_1S_1)$ 收敛到①

$$\lim_{n\to\infty}H(W_i|W_{i-1}\cdots W_1S_1)=-\sum_{s\in\mathcal{S}}\Big(\pi(s)\sum_{w\in\mathcal{W}}(p(w|s)\log p(w|s))\Big) \tag{4.96}$$

利用 Cesáro 均值，可知该信源的熵率 $H(\mathcal{W})$ 存在，即

$$H(\mathcal{W})=-\sum_{s\in\mathcal{S}}\Big(\pi(s)\sum_{w\in\mathcal{W}}(p(w|s)\log p(w|s))\Big) \tag{4.97}$$

(2) 也可从 $H(W_n|W_{n-1}\cdots W_1)$ 出发来考虑 $H(W_n|W_{n-1}\cdots W_1, S_1)$，能获得同样的结果，由于

$$H(W_n|W_{n-1}\cdots W_1)=H(W_n|W_{n-1}\cdots W_1, S_1)+I(W_n; S_1|W_{n-1}\cdots W_1) \tag{4.98}$$

---

① 也可以不考虑转移情况，直接利用形式化的概率求和来分析 $H(W_i|W_{i-1}\cdots W_1S_1)$ 的收敛情况。

注意到 $I(W_1, W_2, \cdots, W_n; S_1)$ 与 $I(W_n; S_1|W_{n-1}\cdots W_1)$ 的链式法则

$$I(W_1, W_2, \cdots, W_n; S_1) = \sum_{i=1}^{n} I(W_i; S_1|W_{i-1}\cdots W_1) \tag{4.99}$$

由(4.86)式知互信息 $I(W_1, W_2, \cdots, W_n; S_1)$ 有界，此外它满足

$$I(W_1, W_2, \cdots, W_n; S_1) = H(S_1) - H(S_1|W_n\cdots W_1) \tag{4.100}$$

而 $H(S_1|W_n\cdots W_1)$ 随 n 单调减，因此 $I(W_1, W_2, \cdots, W_n; S_1)$ 随 n 单调增，从而互信息 $I(W_1, W_2, \cdots, W_n; S_1)$ 有极限。

由于 $I(W_n; S_1|W_{n-1}\cdots W_1)$ 非负，可以让(4.99)式两边的 n 趋近于正无穷大，从而有 $I(W_n; S_1|W_{n-1}\cdots W_1)$ 的极限为 0，其物理意义是 n 很大时若知 $W_1, W_2, \cdots, W_{n-1}$，则 W_n 与初始条件 S_1 之间几乎没有互信息。在 n 取极限的情况下分析 $H(W_n|W_{n-1}\cdots W_1)$ 只需要考察 $H(W_n|W_{n-1}\cdots W_1, S_1)$ 即可，由(4.96)式可知熵率 $H^{|}(\mathcal{W})$ 存在，即

$$H^{|}(\mathcal{W}) = -\sum_{s\in\mathcal{S}}\left(\pi(s)\sum_{w\in\mathcal{W}}(p(w|s)\log p(w|s))\right) \tag{4.101}$$

此方法与从 $H(W_1, W_2, \cdots, W_n)$ 出发的结果一样。

对满足前述条件的 Markov 信源扩展编码需了解 $\boldsymbol{W}_{k,n} = (W_{(k-1)n+1}, W_{(k-1)n+2}, \cdots, W_{kn})$ 的概率分布，而这一般随下标而变化，且与此前的状态 $S_{(k-1)n}$ 有关，需要针对不同的状态值 s 设计不同的编码 C_s^n，利用 Shannon 编码的码长可知

$$\frac{H(\boldsymbol{W}_{k,n}|S_{(k-1)n}=s)}{n\log r} \leqslant l(C_s^n/n) < \frac{H(\boldsymbol{W}_{k,n}|S_{(k-1)n}=s)}{n\log r} + \frac{1}{n} \tag{4.102}$$

进而有

$$\begin{aligned}\sum_{s\in\mathcal{S}}p(s)\left(\frac{H(\boldsymbol{W}_{k,n}|S_{(k-1)n}=s)}{n\log r}\right) &\leqslant \sum_{s\in\mathcal{S}}p(s)l(C_s^n/n)\\ &< \sum_{s\in\mathcal{S}}p(s)\left(\frac{H(\boldsymbol{W}_{k,n}|S_{(k-1)n}=s)}{n\log r}+\frac{1}{n}\right)\end{aligned} \tag{4.103}$$

其中 $p(s) = \Pr(S_{(k-1)n} = s)$，其极限情况仍有

$$\lim_{n\to\infty}\sum_{s\in\mathcal{S}} l(C_s^n/n) = \frac{H(\mathcal{W})}{\log r} = \frac{H^{|}(\mathcal{W})}{\log r} = -\frac{1}{\log r}\sum_{s\in\mathcal{S}}\left(\pi(s)\sum_{w\in\mathcal{W}}(p(w|s)\log p(w|s))\right) \tag{4.104}$$

【例 4.10】 某 Markov 信源的消息集合为 $\mathcal{W} = \{0, 1\}$，发出的消息仅依赖于前 2 个消息，其转换情况如图 4.7 所示，分析该信源的熵率 $H(\mathcal{W})$。

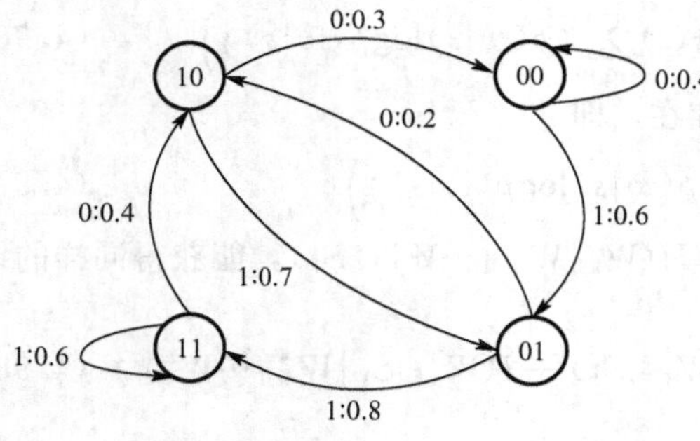

图 4.7　Markov 信源

解　该信源的状态为 00，01，10，11，可记为 0，1，2，3。此信源的 Markov 链是时齐的，其单步概率转移矩阵 $\boldsymbol{P}^{(1)}$ 为

$$\boldsymbol{P}^{(1)} = \begin{pmatrix} 0.4 & 0.6 & 0 & 0 \\ 0 & 0 & 0.2 & 0.8 \\ 0.3 & 0.7 & 0 & 0 \\ 0 & 0 & 0.4 & 0.6 \end{pmatrix} \tag{4.105}$$

由 $\boldsymbol{P}^{(2)}$ 可以判断出该 Markov 链是不可约的。

由于 $P_{00}^{(2)}>0$，利用归纳法可证明在 $n>1$ 情况下 $P_{00}^{(n)}>0$，进而可知状态 0 是非周期性的。由于该 Markov 链不可约，因此所有状态都是非周期性的。

从以上讨论可知，该 Markov 链存在平稳分布 $\boldsymbol{\pi}$，利用 $\boldsymbol{\pi P}^{(1)}=\boldsymbol{\pi}$ 和 $\boldsymbol{\pi}$ 的完备性可计算出

$$\boldsymbol{\pi}=\left(\frac{1}{9},\ \frac{2}{9},\ \frac{2}{9},\ \frac{4}{9}\right) \tag{4.106}$$

因此该信源存在熵率，其值为

$$H(\mathcal{W})=-\sum_{s\in\mathcal{S}}\left(\pi(s)\sum_{w\in\mathcal{W}}(p(w|s)\log p(w|s))\right)\approx 0.9 \tag{4.107}$$

4.3 渐近均分性

4.3.1 典型集

熵率这个特征量作为描述随机变量所需长度的一种度量，在各种信源中已经得到了充分的体现，但这种表面现象必然隐含着深层次的原因。从定义上看，熵率可写成

$$H(\mathcal{X})=\lim_{n\to\infty}\sum_{x_1\in\mathcal{X}_1}\sum_{x_2\in\mathcal{X}_2}\cdots\sum_{x_n\in\mathcal{X}_n}u(x_1,\ x_2,\ \cdots,\ x_n)\left(-\frac{\log u(x_1,\ x_2,\ \cdots,\ x_n)}{n}\right) \tag{4.108}$$

也就是说熵率是在联合概率分布函数 $u(x_1,\ x_2,\ \cdots,\ x_n)$ 下 $-\frac{\log u(X_1,\ X_2,\ \cdots,\ X_n)}{n}$ 的数学期望，显然熵率的表达式中最重要的量是 $u(x_1,\ x_2,\ \cdots,\ x_n)$。在前文的讨论中可知常见的这些信源熵率均存在，这意味着 $u(x_1,\ x_2,\ \cdots,\ x_n)$ 可能满足一种共同的性质。联想到概率论中正态分布的普适性，如果 $-\frac{\log u(X_1,\ X_2,\ \cdots,\ X_n)}{n}$ 服从正态分布，且数学期望为 $H(\mathcal{X})$，那么在 n 很大时，$u(x_1,\ x_2,\ \cdots,\ x_n)$ 值较大的那些点所对应 $-\frac{\log u(x_1,\ x_2,\ \cdots,\ x_n)}{n}$ 的值都非常接近于 $H(\mathcal{X})$，从而这些 $u(x_1,\ x_2,\ \cdots,\ x_n)$ 的值接近于 $2^{-nH(\mathcal{X})}$，即它们的概率分布基本相同。从正态分布的函数特性可以看出，这些特殊的 $(x_1,\ x_2,\ \cdots,\ x_n)$ 在整个取值空间中可能比例不大，但出现的概率之和接近于 1，它们形成了一个特殊的子集。当然，对于 $u(x_1,\ x_2,\ \cdots,\ x_n)$ 的特性需要严格的论证，不妨从简单的 i.i.d. 序列入手，深入分析此问题。

问题 13 对于 i.i.d. 序列，其概率分布的渐近特性将会如何？

设 i.i.d. 序列 $X_1,\ X_2,\ \cdots,\ X_n$ 的概率分布与 X 相同，且 X 的概率分布函数为 $p(x)$，$X_1,\ X_2,\ \cdots,\ X_n$ 的概率分布为 $u(x_1,\ x_2,\ \cdots,\ x_n)$，可从考察 $-\frac{\log u(X_1,\ X_2,\ \cdots,\ X_n)}{n}$ 入手，由独立性可知

$$-\frac{\log u(X_1,\ X_2,\ \cdots,\ X_n)}{n}=-\frac{1}{n}(\log p(X_1)+\log p(X_2)+\cdots+\log p(X_n)) \tag{4.109}$$

注意到 $X_1,\ X_2,\ \cdots,\ X_n$ 的独立性也能保证 $-\log p(X_1),\ -\log p(X_2),\ \cdots,\ -\log p(X_n)$

的独立性，即

$$\Pr\left(-\log p(X_{i_1})=-\log p(u_1),\cdots,-\log p(X_{i_s})=-\log p(u_s)\right)$$
$$=\prod_{k=1}^{s}\Pr(-\log p(X_{i_k})=-\log p(u_k)) \tag{4.110}$$

其原因是$-\log p(X_i)$取某值对应着X_i的相应集合之并，只需利用事件之间的关系可证明$-\log p(X_1)$，$-\log p(X_2)$，…，$-\log p(X_n)$之间的独立性。于是，由**弱大数定律**(Weak Law of Large Numbers)可知$-\log p(X_1)$，$-\log p(X_2)$，…，$-\log p(X_n)$的均值依概率收敛

$$-\frac{1}{n}(\log p(X_1)+\log p(X_2)+\cdots+\log p(X_n))\xrightarrow{\Pr}E(-\log p(X))=H(X) \tag{4.111}$$

或者说

$$\lim_{n\to\infty}\Pr\left(\left|-\frac{1}{n}(\log p(X_1)+\log p(X_2)+\cdots+\log p(X_n))-H(X)\right|<\varepsilon\right)=1 \tag{4.112}$$

而X_1，X_2，…，X_n的熵率为

$$H(\mathcal{X})=\lim_{n\to\infty}\frac{H(X_1,X_2,\cdots,X_n)}{n}=\lim_{n\to\infty}\frac{nH(X)}{n}=H(X) \tag{4.113}$$

从而有

$$-\frac{\log u(X_1,X_2,\cdots,X_n)}{n}\xrightarrow{\Pr}H(\mathcal{X}) \tag{4.114}$$

通过对$-\frac{\log u(X_1,X_2,\cdots,X_n)}{n}$的分析可看出，在概率意义下$u(X_1,X_2,\cdots,X_n)$收敛于$2^{-nH(\mathcal{X})}$，即$u(X_1,X_2,\cdots,X_n)$以高概率“接近于”$2^{-nH(\mathcal{X})}$。

考察取值空间$\mathcal{X}^n$中点的情况，由于$-\frac{\log u(X_1,X_2,\cdots,X_n)}{n}$依概率收敛，而(4.112)式中的$\varepsilon$则描述了其“接近于”熵率的程度。如果取定$\varepsilon$，可知$\mathcal{X}^n$中存在一些$(x_1,x_2,\cdots,x_n)$满足

$$H(\mathcal{X})-\varepsilon\leqslant-\frac{\log u(x_1,x_2,\cdots,x_n)}{n}\leqslant H(\mathcal{X})+\varepsilon \tag{4.115}$$

即

$$2^{-n(H(\mathcal{X})+\varepsilon)}\leqslant u(x_1,x_2,\cdots,x_n)\leqslant 2^{-n(H(\mathcal{X})-\varepsilon)} \tag{4.116}$$

称满足(4.115)式或(4.116)式的$(x_1,x_2,\cdots,x_n)$组成的向量集合为**典型集**(Typical Set)$\mathbf{T}^n(\varepsilon)$，典型集中的元素的概率值基本上都非常接近$2^{-nH(\mathcal{X})}$，其接近程度由$\varepsilon$刻画。典型集的特性非常鲜明，在该集合中$X_1$，$X_2$，…，$X_n$取集合中所有值的概率基本都相等，这种性质称为**渐近均分性**(Asymptotic Equipartition Property，AEP)。AEP用到了随机变量和的特性，这种特性可从Galton Board中得到更直观的认识，如图4.8所示。

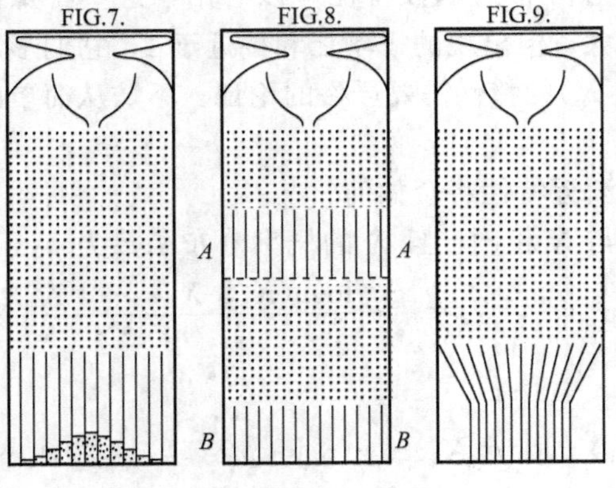

图 4.8　Galton Board

关于Galton Board的介绍可参看相关书籍，这里仅讨论图4.8中的FIG.7。由该图

可看出，如果将球的行走视为 i.i.d. 随机序列 Y_1，Y_2，…，Y_n之和，其中任意 Y_i 取 1，−1 的概率均为 1/2，那么多次行走后，必然趋向于其均值 0，显然这与 i.i.d. 序列下的 $-\frac{\log u(X_1, X_2, \cdots, X_n)}{n}$ 的性质是完全类似的。

事实上，AEP 具有一般性，Shannon-McMillan-Breiman 定理证明了，如果有限值平稳遍历过程 X_1，X_2，…，X_n存在熵率 $H(\mathcal{X})$，仍然有

$$-\frac{\log u(X_1, X_2, \cdots, X_n)}{n} \xrightarrow{\Pr} H(\mathcal{X}) \tag{4.117}$$

下文便以这个具有一般性的结论展开讨论。

虽然从概率上看，$(x_1, x_2, \cdots, x_n)$在典型集中的概率很大，但从数量上考虑，Galton Board 中虽有大量的球(即相当大的概率)落到中间位置附近，但球最后所停留位置只占了所有可能停留位置(对应取值空间)中的一部分，那么究竟典型集有多少元素值得考虑。

问题 14 对于一般情况下的典型集，其大小应如何估算？

直接利用典型集的定义，可以估计出典型集大小的上界，将 $\mathcal{X}^n$ 划分为典型集和非典型集的元素，利用概率的完备性可知

$$\sum_{(x_1,x_2,\cdots,x_n)\in \mathbf{T}^n(\varepsilon)} u(x_1, x_2, \cdots, x_n) + \sum_{(x_1,x_2,\cdots,x_n)\notin \mathbf{T}^n(\varepsilon)} u(x_1, x_2, \cdots, x_n) = 1 \tag{4.118}$$

由(4.116)式可知

$$\sum_{(x_1,x_2,\cdots,x_n)\in \mathbf{T}^n(\varepsilon)} 2^{-n(H(\mathcal{X})+\varepsilon)} + \sum_{(x_1,x_2,\cdots,x_n)\notin \mathbf{T}^n(\varepsilon)} u(x_1, x_2, \cdots, x_n) \leqslant 1 \tag{4.119}$$

略作变形可得到

$$|\mathbf{T}^n(\varepsilon)|\, 2^{-n(H(\mathcal{X})+\varepsilon)} \leqslant 1 \tag{4.120}$$

可从概率角度估计典型集大小的下界。由 AEP 知 $\left|-\frac{\log u(X_1, X_2, \cdots, X_n)}{n} - H(\mathcal{X})\right| < \varepsilon$ 的概率为 1，即 X_1，X_2，…，X_n取值为典型集的概率为 1，用 ε_0 来刻画概率收敛到 1 的程度，可知对于较大的 n 存在

$$\Pr\Big((x_1, x_2, \cdots, x_n)\in \mathbf{T}^n(\varepsilon)\Big) > 1-\varepsilon_0 \tag{4.121}$$

即

$$\sum_{(x_1,x_2,\cdots,x_n)\in \mathbf{T}^n(\varepsilon)} u(x_1, x_2, \cdots, x_n) > 1-\varepsilon_0 \tag{4.122}$$

再利用(4.116)式可知

$$|\mathbf{T}^n(\varepsilon)|\, 2^{-n(H(\mathcal{X})-\varepsilon)} > 1-\varepsilon_0 \tag{4.123}$$

通过上述分析，可估计出典型集大小的界为

$$(1-\varepsilon_0)2^{n(H(\mathcal{X})-\varepsilon)} < |\mathbf{T}^n(\varepsilon)| \leqslant 2^{n(H(\mathcal{X})+\varepsilon)} \tag{4.124}$$

其中下界依赖于 ε_0，即在 n 满足 ε_0 要求的情况下成立。此外，可看出典型集在 X^n 中所占的比率不像它所出现的概率那样高。

4.3.2 信源编码定理

在变长编码的讨论中，$l(C^n/n)$的下界用到了 Kraft 不等式来保证唯一可译性。而对

于等长编码而言，它只要求非奇异编码，其条件更具备一般性，而且等长编码的速度非常快，这些原因都是它被应用广泛的原因。更重要的是，变长编码还有一个不足，即个别符号发生错误时(符号未丢失，仅出现错误)可能使一长串序列不满足唯一可译性，最终造成译码瘫痪，而此情况下的错误仅影响等长编码中的某个码字。基于这些原因，对等长编码进行深入讨论很有必要。

问题 15 能否给出一个类似等长编码且效率较高的编码？该编码是否存在 $l(C^n/n)$ 的理论界限？

可从典型集出发，先设计编码再考虑理论分析。由于典型集中元素出现的概率很高，那么针对它优先进行编码是一个非常好的选择，利用此可给出编码 $\mathbf{C}^n$，其步骤如下。

(1) 对典型集中的元素按字典序排列，再将字母表中的元素也按字典序同样排序，将字母表中的元素不断扩展使得能够对典型集中的所有元素编码，在扩展过程中保持序号的递增性并与典型集中的元素进行一一对应，以等长编码处理即可。根据典型集大小的上界，可知典型集中元素的这种等长编码长度至多为

$$l_T = \left\lceil \frac{n(H(\mathcal{X})+\varepsilon)}{\log r} \right\rceil \tag{4.125}$$

(2) 对于非典型集中的元素也可按字典序排列并对应。由于典型集大小的下界依赖于概率收敛情况，可用元素个数更多的 $\mathcal{X}^n$ 来表述非典型集大小的上界，于是对非典型集中元素的等长编码长度至多为

$$l_{NT} = \left\lceil \frac{n\log|\mathcal{X}|}{\log r} \right\rceil \tag{4.126}$$

(3) 为了区分典型集和非典型集，可在编码前加 1 位标记以区分，注意等长码可根据码长来分割，译码时只需要根据标记来判断是典型集还是非典型集，进而以不同的码长来分割即可完成译码。

为简便起见，以向量 $\boldsymbol{x}$ 表示 $(x_1, x_2, \cdots, x_n)$，上述编码 $l(\mathbf{C}^n/n)$ 的值为

$$\sum_{\boldsymbol{x}\in \mathbf{T}^n(\varepsilon)} u(\boldsymbol{x}) \frac{l_T+1}{n} < l(\mathbf{C}^n/n) < \sum_{\boldsymbol{x}\in \mathbf{T}^n(\varepsilon)} u(\boldsymbol{x}) \frac{l_T+1}{n} + \sum_{\boldsymbol{x}\notin \mathbf{T}^n(\varepsilon)} u(\boldsymbol{x}) \frac{l_{NT}+1}{n} \tag{4.127}$$

取 ε_0 使得(4.121)式成立，则有

$$(1-\varepsilon_0)\frac{l_T+1}{n} < l(\mathbf{C}^n/n) < \frac{l_T+1}{n} + \varepsilon_0 \frac{l_{NT}+1}{n} \tag{4.128}$$

令 n 趋近于无穷大，且 ε_0 趋近于 0，仍可得到

$$\lim_{n\to\infty} l(\mathbf{C}^n/n) = \frac{H(\mathcal{X})}{\log r} \tag{4.129}$$

上述分析没有给出具体的构造步骤，仅从典型集的角度给出了抽象方案。这种思想来自 Shannon，其理论性非常强，而且对于具体的概率分布情况，还能给出更细致的界限讨论。

问题 16 直接使用等长编码，是否会出现译码错误？其错误概率能否控制在一定范围？

如果完全用等长编码，一般会使码长过大，不但不能达到压缩的效果，还会使得编码速度降低。编码的速度如果给定，接收到长为 n 的序列只能编出长为 m 的码字，即每

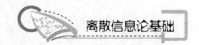

随机变量期望描述长度是固定的。显然，给定 n 情况下若 m 的值过小，必然要犯一定的错误。不妨考虑如下模型。

(1) 假定 m/n 恒定，采用等长编码，即将长为 n 的序列编为长为 m 的码字。

(2) 长为 m 的码字对应 r^m 种不同的符号，它只能对应信源中 r^m 条不同的信息。

(3) 允许进行错误编码，即(2)中 r^m 条信息以外的信源信息随意编成一个长为 m 的码字。

上述编码记为 $C^{n\to m}$，其码簿为 Σ^m，显然有 $|C^{n\to m}(\mathcal{X})|=r^m$。

对出现概率大的元素编码能减少出错概率。仍然采用对典型集编码的方法，按概率大小递减排序后取 r^m 条信息编码。可考虑每随机变量期望描述长度 m/n 与熵率之间的关系。

(1) 如果 m/n 满足

$$\frac{m}{n}<\frac{H(\mathcal{X})}{\log r} \tag{4.130}$$

由于 m/n 给定，则存在常数 $\lambda>0$ 使得

$$\frac{m}{n}+\lambda=\frac{H(\mathcal{X})}{\log r} \tag{4.131}$$

即

$$r^m=2^{n(H(\mathcal{X})-\lambda\log r)} \tag{4.132}$$

此外，(4.130)式还揭示了数量之间的关系

$$r^m<2^{nH(\mathcal{X})} \tag{4.133}$$

由于存在 ε_0 使得较大的 n 情况下典型集 $|\mathbf{T}^n(\varepsilon)|$ 的元素个数满足

$$|\mathbf{T}^n(\varepsilon)|>(1-\varepsilon_0)2^{n(H(\mathcal{X})-\varepsilon)} \tag{4.134}$$

若 ε，ε_0 都非常接近于 0，再考虑到(4.133)式的限制，意味着典型集 $|\mathbf{T}^n(\varepsilon)|$ 中只有部分元素能予以编码。对此可给出严格的分析，给定 ε，ε_0 情况下，由于该种编码的正确概率至多为

$$r^m 2^{-n(H(\mathcal{X})-\varepsilon)}=2^{n(H(\mathcal{X})-\lambda\log r)}2^{-n(H(\mathcal{X})-\varepsilon)}=2^{-n(\lambda\log r-\varepsilon)} \tag{4.135}$$

可取 $\varepsilon=\lambda\log r/2$，再让 n 趋近于无穷大，则正确概率的上界趋近于 0，即错误概率趋近于 1。

(2) 如果 m/n 满足

$$\frac{m}{n}>\frac{H(\mathcal{X})}{\log r} \tag{4.136}$$

易知典型集中的元素可全部予以编码。该种编码的正确概率至少为典型集中元素发生的概率，易证可让错误概率小于 ε_0。

以上结论称为**等长信源编码定理**(Fixed-Length Source Coding Theorem)①。事实上，这是一种**有损压缩**(Lossy Compression)方案，比起前面所讨论的**无损压缩**(Lossless Compression)而言，有损压缩的体积更小，速度更快，具有相当大的实际意义。此外，等长有损编码对于无限集合也是适用的，例如可将整数集合压缩成一个有限的码簿。

---

① 此定理的适用条件是上述模型所给的假设。

需要指出的是，在满足(4.136)式且不等式两边相当接近的情况下，信源在等长有损编码的扩展 n 较大时，新字母表满足

$$\frac{m}{n}\approx\frac{H(\mathcal{X})}{\log r}\approx\frac{H(X_1, X_2, \cdots, X_n)}{n\log r} \tag{4.137}$$

压缩后的随机序列为 $Y_1, Y_2, \cdots, Y_m$，由于错误概率小于 ε_0，取非常接近于 0 的 ε_0，可以证明联合熵满足

$$H(Y_1, Y_2, \cdots, Y_m)\approx H(X_1, X_2, \cdots, X_n) \tag{4.138}$$

进而有

$$H(Y_1, Y_2, \cdots, Y_m)\approx m\log r \tag{4.139}$$

即 $Y_1, Y_2, \cdots, Y_m$ 达到了其最大熵。从熵率的角度看，指定的 m 对应着编码所想达到的一种指标，而编码所能承载的(最大)信息率(Rate)R(也称为码率)为

$$R=\frac{m\log r}{n} \tag{4.140}$$

从码率的观点看，如果某个等长编码 $R<H(\mathcal{X})$，则它无法在任何错误概率界下完成任务。

实际上，等长编码中的假设可一般化，设所采用的编码 $C^{n\to m}$ 满足 $C^{n\to m}(\mathcal{X})\subset\Sigma^m$①，而假设(2)中 r^m 对应着码簿大小，将其改为“长为 m 的码字对应 $|C^{n\to m}(\mathcal{X})|$ 种不同的符号，它只能对应信源中 $|C^{n\to m}(\mathcal{X})|$ 条不同的信息”，注意此时 $|C^{n\to m}(\mathcal{X})|\leqslant r^m$，可将码率的概念加以推广，编码 $C^{n\to m}$ 的 R 可定义为

$$R=\frac{\log|C^{n\to m}(\mathcal{X})|}{n} \tag{4.141}$$

这种 R 的定义虽然抽象，但仍然反映了进行等长编码时在 $C^{n\to m}$ 意义下向量$(Y_1, Y_2, \cdots, Y_m)$的最大熵，而且更具一般性，即任意编码 C 的码率为

$$R=\frac{\log|C(\mathcal{X})|}{n} \tag{4.142}$$

问题 17 利用码率的观点如何分析变长编码？

应考虑扩展 n 取值较大时的变长编码情况，由(4.75)式可知 $l(C^n)$可接近其极限值。再取较大的 k，以 kn 为组长进行扩展，而此时所对应的期望长度 $l(C^{kn})$近似于 $kl(C^n)$，而且任意的 kn 扩展情况下编出的码长均接近于 $kl(C^n)$。那么，可将这种情况视为等长编码②，于是 $l(C^{kn})$就相当于等长编码中的 m。

由于 $l(C^{kn})$存在极限值，于是

$$kl(C^n)\log r\approx l(C^{kn})\log r\approx knH(\mathcal{X})\approx H(X_1, X_2, \cdots, X_{kn}) \tag{4.143}$$

注意到编码无损，从编码的一一映射对应的角度可知

$$H(X_1, X_2, \cdots, X_{kn})=H(Y_1, Y_2, \cdots, Y_{kl(C^{kn})}) \tag{4.144}$$

进而有

$$H(Y_1, Y_2, \cdots, Y_{kl(C^{kn})})\approx kl(C^n)\log r \tag{4.145}$$

---

① 例如以取模 11 的余数对自然数集合进行压缩，在计算机中等长编码的码长只能是 4，因此 $C^{+\infty\to 4}(\mathbb{N})\subset\{0, 1\}^4$。

② 从这个角度看，“等长编码更具一般性”的论断被进一步验证。此外，有损比无损更具一般性，因此前文中的讨论仍适用。

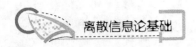

这意味着 Y_1，Y_2，…，$Y_{kl(C^{kn})}$ 达到了最大熵，因此码簿大小相应可近似为

$$|C^{kn}(\mathcal{X})| \approx r^{kl(C^n)} \tag{4.146}$$

从而使得所对应的码率为

$$R = \frac{\log|C^{kn}(\mathcal{X})|}{kn} \approx \frac{l(C^n)\log r}{n} \tag{4.147}$$

它依然必须满足 $R > H(\mathcal{X})$。从这个观点看，码率的概念更具一般性。因此，上述关于等长信源编码的结论也称为**信源编码定理**(Source Coding Theorem)。

此外，由于较好的信源编码能让 Y_1，Y_2，…，Y_m 接近于最大熵，而 Y_1，Y_2，…，Y_m 的取值空间个数是扩展字母表的大小，即

$$|\Sigma^m| = r^m \tag{4.148}$$

因此联合概率分布近似于等概分布

$$u(y_1, y_2, \cdots, y_m) \approx \frac{1}{r^m} \tag{4.149}$$

进而任意的 Y_i 的概率分布满足

$$q(y_i) \approx \sum_{y_1 \in \mathcal{Y}_1} \cdots \sum_{y_{i-1} \in \mathcal{Y}_{i-1}} \sum_{y_{i+1} \in \mathcal{Y}_{i+1}} \cdots \sum_{y_m \in \mathcal{Y}_m} u(y_1, y_2, \cdots, y_m) \approx \frac{1}{r} \tag{4.150}$$

即任意符号 $y \in \mathcal{Y}$ 出现的概率都相等，而且 Y_1，Y_2，…，Y_m 也接近于 i. i. d. 序列。从随机性的角度看，上述要求是判断序列是否具备良好随机性的指标，而完全随机则意味着无法继续压缩。

本章小结

本章深入讨论了信源的模型，并针对常见的信源给出了熵与编码的关系。为分析信源的特征，我们从信源的模型出发，给出了离散信源的模型。随后给出了抽象但便于分析的离散平稳信源，还讨论了几种常见的信源，着重分析了 Markov 信源，并考察了 Markov 信源和离散平稳信源的关系。

利用随机变量扩展可以更好压缩信源信息，我们给出了理论和实际上的分析。为对随机变量扩展的性能进行分析，我们给出了离散平稳信源的变长信源编码定理。事实上，熵率这个概念可从上述定理中引出，本章对它进行了深入的讨论。

为深入考察熵率和编码的关系，必须从概率理论中获得答案，而这就是渐近均分性。本章讨论了渐近均分性的定义和特性，给出了典型集的概念，并基于典型集给出合理、高效的编码，最后给出了等长信源编码定理，以码率形式给出了统一的信源编码定理。

严格地说，熵率是描述随机序列的最小平均描述长度，我们又对前面的结论得到了更深入的结论，对信息的概念理解也越发丰富。

习　题

(一) 填空题

1. 字母表为 $\Sigma = \{0, 1, 2\}$，若 i. i. d. 序列 X_1，X_2，…，X_n，…的熵率为 0.5，若

要让每随机变量期望描述长度小于 0.4，则 ______________ 是一个满足要求的扩展次数下界。

2. 有限状态空间的不可约时齐 Markov 链的 $H(X_n|X_{n-1}\cdots X_1)$ 的值为 ______________。

(二) 计算题

1. 若时齐的 Markov 链单步概率转移矩阵 $\boldsymbol{P}^{(1)}$ 为

$$\boldsymbol{P}^{(1)}=\begin{pmatrix}1/2 & 1/2 & 0\\ 0 & 1/2 & 1/2\\ 1/2 & 0 & 1/2\end{pmatrix}$$

讨论它的熵率存在性，若存在熵率则求出其值。

2. 若 Markov 信源的状态空间为 $\mathcal{S}=\{1, 2, 3\}$，它的消息集合为 $\mathcal{W}=\{a_1, a_2, a_3\}$，其转换情况如下。

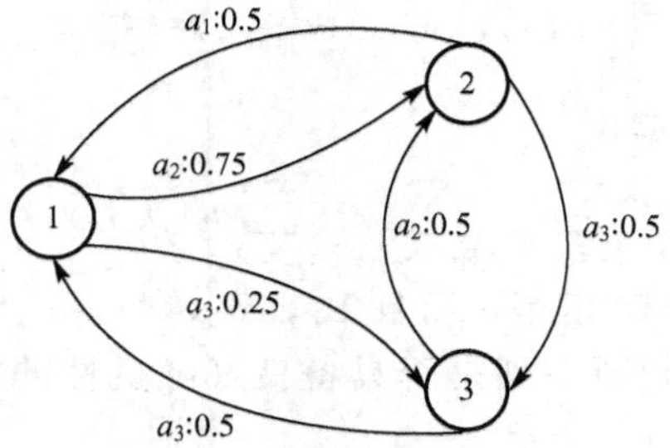

求出其熵率。

3. 字母表为 $\Sigma=\{0, 1\}$，且取值空间为 $\mathcal{X}=\{a, b, c\}$。序列 $X_1, X_2, \cdots, X_n, \cdots$ 为 i. i. d. 序列，且任意 X_i 的概率分布为

$$p(a)=0.2,\quad p(b)=0.5,\quad p(c)=0.3$$

进行 2 次扩展，给出相应的 Huffman 编码并计算对应的每随机变量期望描述长度。

(三) 证明题

1. 证明 Markov 链满足

$$H(X_1, X_2, \cdots, X_n)=\sum_{i=1}^{n}H(X_i|X_{i-1})$$

2. 若时齐的 Markov 链单步概率转移矩阵 $\boldsymbol{P}^{(1)}$ 为

$$\boldsymbol{P}^{(1)}=\begin{pmatrix}0.5 & 0.25 & 0 & 0.25 & 0\\ 0 & 0.5 & 0.5 & 0 & 0\\ 0 & 0.75 & 0.25 & 0 & 0\\ 0 & 0 & 0 & 0 & 1\\ 0 & 0 & 0 & 1 & 0\end{pmatrix}$$

判断它的可约性，并予以证明。

(四) 综述题

查阅关于 Shannon-McMillan-Breiman 定理的相关文献，写出对该定理的直观认识。

第5章 数据纠错

教学目标

了解信道模型；能给出典型信道的信道转移矩阵，并理解其物理意义；能计算译码错误概率，掌握最小错误译码准则，理解等概率意义下的最大似然译码准则；掌握 Hamming 距离，能判定与纠正错误的位数，并能设计 Hamming 码。

教学要求

知识要点	能力要求	相关知识
信道	(1) 了解信道的数学模型 (2) 理解几种典型信道的物理意义	(1) 信道转移矩阵 (2) 熵与噪声
译码与纠错	(1) 掌握错误概率和最小错误译码准则 (2) 理解加入冗余信息的编码策略	(1) 最大似然译码准则 (2) 错误概率的估计
典型编码	(1) 理解 Hamming 距离与纠错的关系 (2) 掌握 Hamming 码	(1) 距离空间 (2) 代数编码

引例

信息传输是信息处理的一个重要环节，其目的是让其他人获得所需的信息。前文中重点讨论的是数据压缩，它仅在本地进行处理，并不涉及信息转运到其他位置。事实上，信息的传输过程是相当复杂的过程，因为它受到外界的干扰较大，难以对其精确控制。

古人相当重视信息的传输，如烽火台(图 5.1)就是一种信息传递的典型建筑，它能对敌情发出有效的警报。由于它采用烟与火表示信息，从而限制了其信息表达的精度。此外，为使烽火台能发挥功效，必须为烟与火的操作规定较为复杂的指令，而在恶劣的天气下这些指令往往会失效，这才是其致命的缺

图 5.1　烽火台

陷。事实上，烽火台功能失效意味着在信息传输中产生了错误，古人也对它们提出了一些改进，但收效甚微。

而在无线电时代人类有了更多选择，其中最具有鲜明特色的是收音机(图 5.2)和电视机(图 5.3)，而在这种信息传递过程中，干扰是相当明显的。不过，上述信息的传输大多数是以模拟形式，即以连续形式传递的，这不属于本书的讨论范围。

如今传递信息的方式不但先进，而且形式多样。现代人可通过移动电话来传递信息，还能通过网络传递信息。人类所传输的信息不但包括简单的语音信息，还可能是复杂的图像和视频信息。这些信息传输的手段面临着同一个问题，也就是如何避免和修复传输中的错误。对于传输中的错误，既要正确对待又要有效解决，本章简单介绍信息传输中面临的错误以及处理方法。这里需说明的是，本地存放的信息也会受物理介质的影响而产生部分丢失，本章方法也可用于此类问题的有效处理。

图 5.2　收音机

图 5.3　电视机

5.1　基本概念

5.1.1　离散信道模型

研究信息传输之前必须对该过程给出合适的数学模型，否则难以对其进行定量分析。时至今日，人们已不再依赖传统的书信方式传递信息，而采用了相当多样且复杂的手段。比如在网络中的 P2P 文件传输，参与此过程的用户在动态变化，从而为其研究带来了不便。虽然 P2P 文件传输方式较为复杂，但是它的确有效地利用了网络带宽，并能大幅度提高文件传输的速度，因此研究它非常必要。不过，本书不涉及如此复杂的问题，只研究相对简单的模型。

问题 1　如何将信息传输的形式尽量化简而得到利于研究的模型？

可以考虑从传统的通信方式中寻找例子，进而对其抽象。比如传统的甲给乙发电报的通信。此过程仅涉及两个实体——发送端和接收端，而信息的表达方式也只有点与划。从概率论的角度看，发送端可认为是不断地发出随机序列，而接收端可认为是不断地收到随机序列。也可将发送端和接收端分别称为“信源”和“信宿”，只不过这种意义下的通信系统仅涉及信息传输过程。

在信息传输中可能产生错误，发送端的随机序列与接收端的随机序列不尽相同。在发送过程中，发送端对信源的信息经过处理进行发送，而接收端则获得信息再复原。设发送端的取值空间为 $\mathcal{X}$，接收端的取值空间为 $\mathcal{Y}$，$\mathcal{X}$ 和 $\mathcal{Y}$ 也对应发送端与接收端所对应的字母表，因为实际传输的符号取自发送端和接收端。通常所有随机序列均满足同样的分布，即发送端所发出序列 X_1，X_2，…，X_i，…的概率分布均与 X 相同，而接收端所接收序列 Y_1，Y_2，…，Y_i，…的概率分布均与 Y 相同。通信过程可视为随机映射

$$T_i: \mathcal{X} \to \mathcal{Y} \quad (i=1, 2, \cdots, n) \tag{5.1}$$

它能将上述序列按次序建立关系，即当 $X_i=x_i$ 且 $Y_i=y_i$ 时满足 $y_i=T_i(x_i)$，称 T_i 为**单向离散信道**(One-way Discrete Channel)，如图 5.4 所示。

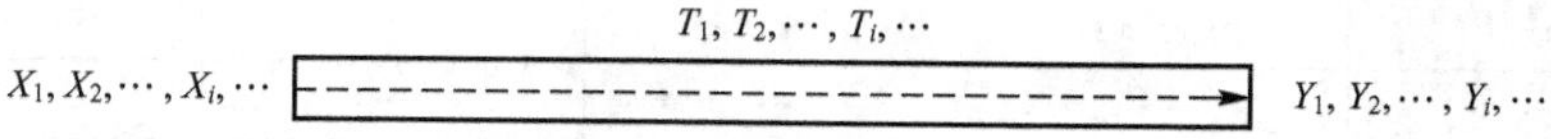

图 5.4 单向离散信道

【例 5.1】 打字机的工作过程为：用户敲击键盘，而在纸上打印出对应的字母。试说明打字机是单向离散信道。

解 发送端可认为是进行打字的用户，他所采用的取值空间 $\mathcal{X}$ 为键盘上所有的字符(包括大小写的英文字母与标点符号等)；而接收端为打印纸，它的取值空间 $\mathcal{Y}$ 为能打印出的所有字符(通常 $\mathcal{Y}$ 与 $\mathcal{X}$ 在物理意义上对等)。而在打字过程中，发送端发出 X_1，X_2，…，X_i，…，而接收端也相应接收到 Y_1，Y_2，…，Y_i，…。因此打字机可认为是单向离散信道。

从此例可看出，单向离散信道是一个经过抽象的概念，若某一实体是随机序列单向地发送与接收的中介，则它就是单向信道。换言之，单向离散信道已经超越了电报或打字机等具体表现形式，因而由此而衍生的观念更具普适性。此外，单向离散信道形式简单，表现形式丰富，本章主要对它进行研究。事实上，单向离散信道也是经典信息论所研究的主要内容，在不引起混淆的情况下，简称其为**信道**(Channel)。

在信道中，发送端只知道发出的分别是 X_1，X_2，…，X_i，…，而到达接收端时得到的 Y_1，Y_2，…，Y_i，…不可能完全控制；接收端只知道收到的是 Y_1，Y_2，…，Y_i，…，而发送端对应的 X_1，X_2，…，X_i，…也无法完全了解。造成这一现象的主要因素在于信道，信道是传递信息的中介，它能让接收端收到发送端所发出的信息，但不一定能完全保证信息传输的可靠性。为此，必须建立模型以研究信道的特性，从而保证信息的有效传输。

问题 2 应如何对具体信道的特性进行描述？

从传输的角度来看，发送信息到接收信息是两个随机变量 X_i 与 Y_i 的转移关系，可用条件概率 $p_i(y|x)$ 来描述。

为简单起见，可假设信道在一定时间内的特性是稳定的，即 $p_i(y|x)$ 不随时间变化；再假设任意 $p_i(y|x)$ 均为 $p(y|x)$，即它是时不变的，与序号 i 无关；最后还要求 $p_i(y|x)$ 满足无记忆性。上述这些假设意味着：任给一个随机向量 $\mathbf{Z}$，当 $\mathbf{Z}$ 取值为任意的 $\mathbf{z}$ 时，条

件概率函数均满足

$$\Pr(Y_i=y|X_i=x,\ \mathbf{Z}=\mathbf{z})=p(y|x) \tag{5.2}$$

一般称满足上述条件的信道为**离散无记忆信道**(Discrete Memoryless Channel，DMC)。事实上，只要确定发送端的取值空间 $\mathcal{X}$、接收端的取值空间 $\mathcal{Y}$ 和 $p(y|x)$，可足以完全描述离散无记忆信道。离散无记忆信道一般记为$(\mathcal{X},\ p(y|x),\ \mathcal{Y})$。注意，上述变量虽不随时间和序号 i 变化，但映射 T_i 却是随机的，它意味着信息传输的不确定性。

为方便起见，可以把 $p(y|x)$ 写成矩阵形式，即**信道转移矩阵**(Channel Transition Matrix)。$p(y|x)$这个记号既表示条件概率的函数，又表示矩阵。$p(y|x)$的矩阵形式一般为

$p(y\|x)$	y_1	y_2	…	$y_{\|\mathcal{Y}\|}$
x_1	$p(y_1\|x_1)$	$p(y_2\|x_1)$	…	$p(y_{\|\mathcal{Y}\|}\|x_1)$
x_2	$p(y_1\|x_2)$	$p(y_2\|x_2)$	…	$p(y_{\|\mathcal{Y}\|}\|x_2)$
…	…	…	…	…
$x_{\|\mathcal{X}\|-1}$	$p(y_1\|x_{\|\mathcal{X}\|-1})$	$p(y_2\|x_{\|\mathcal{X}\|-1})$	…	$p(y_{\|\mathcal{Y}\|}\|x_{\|\mathcal{X}\|-1})$
$x_{\|\mathcal{X}\|}$	$p(y_1\|x_{\|\mathcal{X}\|})$	$p(y_2\|x_{\|\mathcal{X}\|})$	…	$p(y_{\|\mathcal{Y}\|}\|x_{\|\mathcal{X}\|})$

从物理意义上看，从 X 到 Y 的各种可能均存在，而且总概率为 1。而在概率论中，这也是必然的结论，即条件概率 $p(y|x)$的完备性

$$\sum_{y\in\mathcal{Y}}p(y|x)=\sum_{y\in\mathcal{Y}}\frac{u(x,y)}{p(x)}=1 \quad (\forall x\in\mathcal{X}) \tag{5.3}$$

同样，从 Y 到 X 的各种可能均存在，而且总概率为 1。仿照(5.3)式可证明后验概率 $q(x|y)$的完备性

$$\sum_{x\in\mathcal{X}}q(x\mid y)=1 \quad (\forall y\in\mathcal{Y}) \tag{5.4}$$

这样，离散无记忆信道就与概率论中的相关概念获得了对应，下面借此对离散无记忆信道进行深入研究。

【例 5.2】 某打字机做工精良，在相当长的时间内准确无误，试描述该打字机所对应的信道转移矩阵。

解 设该打字机所对应发送端的取值空间为 $\mathcal{X}$，而接收端的取值空间为 $\mathcal{Y}$，易知 $|\mathcal{X}|=|\mathcal{Y}|$。则存在与发送和接收的序号 i 无关的一一映射

$$\theta:\ \mathcal{X}\to\mathcal{Y} \tag{5.5}$$

它满足

$$p(y|x)=\begin{cases}1, & y=\theta(x)\\ 0, & y\neq\theta(x)\end{cases} \tag{5.6}$$

一般称其为**无噪信道**(Noiseless Channel)。这里的无噪不单意味着物理上能恢复，而且意味着形式上的准确性。

事实上，存在着另一类型的信道，它虽然不可靠，但可完全恢复发送端的信息。设 $\mathcal{X}$ 中元素 x 经过信道可能得到的结果形成集合

$$M(x)=\{y|p(y|x)\neq 0,\ y\in\mathcal{Y}\} \tag{5.7}$$

而 $\mathcal{X}$ 中不同元素得到结果无交集，即

$$M(x')\cap M(x'')=\varnothing,\quad (x',x''\in\mathcal{X},\ x'\neq x'') \tag{5.8}$$

则只需将 $\mathcal{Y}$ 依照 $M(x)$ 划分，便可完全恢复发送端的信息，一般称之为**输出隔离有噪信道**(Noisy Channel with Nonoverlapping Outputs)。

问题 3 熵的基本概念在信道中对应什么样的物理意义？

为方便理解，可将该过程想象为电视节目发送和接收的过程，仅有一个发送节目的电视频道，以 X 表示其发出的信息，也仅有一个接收节目的用户，以 Y 表示其接收的信息。

在发送前，用户和电视台都对彼此有一些简单的了解：用户知道电视频道发送的节目不外乎像素点颜色和波形声音的组合，但他不知道具体的组合方式；同样，电视台也知道用户接收到的节目也是像素点颜色和波形声音的组合，但它也不知道具体的组合方式。

于是，在发送后，用户和电视台会对彼此了解更多：用户收到了 Y，比如是新闻联播节目，但可能图像不清晰甚至出现了缺失，它影响到对电视节目的理解，即关于正确性的度量。这导致了用户对当前电视节目的正确性还需要一些额外的信息描述，其信息量即条件熵 $H(X|Y)$；同样，电视台发送了 X，它知道用户基本上会收到新闻联播节目，且可能出现一些无意义的信息，即关于无用性的度量。这导致电视台对传输过程的无用性也需要一些额外的信息描述，它就是条件熵 $H(Y|X)$。

由于讨论的信道是单向传输的，所以有价值的信息是针对 X 的，即熵 $H(X)$。而 Y 的信息即熵 $H(Y)$ 依赖于 $H(X)$。因此，焦点应放在 $H(X)$ 上。在传输过程中，由于 T_i 的不确定性，导致 $H(Y)$ 与 $H(X)$ 不一致，而更关键的问题在于 Y 中有关 X 的信息可能与 $H(X)$ 不一致。实际上，这意味着噪声分为两种：无意义的噪声，其量由 $H(Y|X)$ 衡量；影响正确性的噪声，其量由 $H(X|Y)$ 衡量①。

从条件熵的链式法则可知

$$H(Y|X)=H(X,Y)-H(X) \tag{5.9}$$

$$H(X|Y)=H(X)-I(X;Y) \tag{5.10}$$

其中，(5.9)式意味着 X 和 Y 的总信息量 $H(X,Y)$ 减去有价值的信息量 $H(X)$，可得到无意义的噪声量 $H(Y|X)$；而(5.10)式意味着有价值的信息量 $H(X)$ 减去 Y 中有关 X 的信息量 $I(X;Y)$，可得到影响正确性的噪声量 $H(X|Y)$。如果 $H(Y|X)$ 越大，意味着节目在传递过程中增加了越多的无意义信息；而如果 $H(X|Y)$ 越大，则意味着节目在传递过程中增加了越多的错误信息。前文所提到的无噪信道中的 $H(Y|X)$ 和 $H(X|Y)$ 均为 0，这意味着它确实不存在噪声。而(5.8)式所描述的信道虽然存在噪声，但不影响正确性。当然，还存在一种含噪声信道，其 $H(Y|X)$ 为 0 但 $H(X|Y)$ 不为 0，它虽然没有无意义信息，但影响正确性。

在整个发送过程中，对于 X 和 Y 都一致的一个量是互信息

$$I(X;Y)=H(X)-H(X|Y) \tag{5.11}$$

---

① 关于噪声，各种教材对其存在不同的阐释。由于国外大多数教材所定义的无噪信道是准确无误的信道，因而噪声也应依此作相应理解。

$$I(X;Y)=H(Y)-H(Y|X) \tag{5.12}$$

它被认为是信道中传输的信息量，即接收端得到的有关发送端的信息量。

5.1.2 典型信道

既然本章主要讨论离散信道，对数字通信的特点必须予以关注。目前大多数数字通信采用发送端与接收端的取值空间 $\mathcal{X}$ 和 $\mathcal{Y}$ 均为 $\{0,1\}$，称之为**二元信道**(Binary Channel)，下面叙述中若不加说明一般默认为是二元信道。

可将打字机简化为二元形式，从此实例可研究一些典型的信道，进而给出一些实际中常用的信道模型，并以此讨论信息传输的可靠性。为方便讨论，假定二元打字机的信道转移矩阵的值为

$p(y\|x)$	$y=0$	$y=1$
$x=0$	$p(0\|0)$	$p(1\|0)$
$x=1$	$p(0\|1)$	$p(1\|1)$

为方便起见，一般简记为

$$p(y|x)=\begin{bmatrix} p(0|0) & p(1|0) \\ p(0|1) & p(1|1) \end{bmatrix} \tag{5.13}$$

前面已讨论了精确无误的打字机，它能将敲击的键准确无误地打印在纸上，而二元打字机由于取值空间较小，则可将其模型完全确定。

问题 4 无错误的二元打字机应以何种模型研究？

若信道转移矩阵为

$$p(y|x)=\begin{bmatrix} 1 & 0 \\ 0 & 1 \end{bmatrix} \tag{5.14}$$

则打字机无错误。将此情况一般化，即可获得**二元无噪信道**(Binary Noiseless Channel)的定义，即信道转移矩阵为单位矩阵的二元信道，如图 5.5 所示。

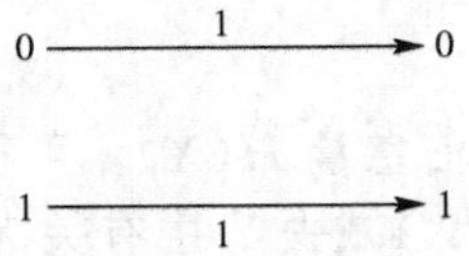

图 5.5 二元无噪信道

若信道转移矩阵为

$$p(y|x)=\begin{bmatrix} 0 & 1 \\ 1 & 0 \end{bmatrix} \tag{5.15}$$

从直观上看打字机虽有错误，但它满足无噪信道的定义(5.6)，也可认为该打字机为二元无噪信道[①]。

问题 5 有少量错误的二元打字机应以何种模型研究？

一般而言，若二元打字机存在大量错误，则已无使用价值，对信道而言也如此。因此，可能出现少量错误的二元打字机应作为重点研究。可分两种情况予以讨论，一种是总能打印出结果，但有时显示的并非所敲击的键；另一种是有时不能打印出结果。

1) 总能打印出结果的二元打字机

① 不过，大多数教材仍采用约定俗成的定义，即信道转移矩阵为单位矩阵则为二元无噪信道。

若存在较小的错误概率值 p_1，p_2，则信道转移矩阵为

$$p(y|x)=\begin{bmatrix}1-p_1 & p_1\\ p_2 & 1-p_2\end{bmatrix} \tag{5.16}$$

它定义了有少量错误的二元打字机。

(1) 若打字机上的键盘使用均匀，则经过一段时间使用后，每个键犯错的概率相等，即信道转移矩阵为

$$p(y|x)=\begin{bmatrix}1-p & p\\ p & 1-p\end{bmatrix} \tag{5.17}$$

其中 p 通常小于1/2，且较小。这种信道称为**二元对称信道**(Binary Symmetric Channel，BSC)。BSC 在数字通信中也是相当常见的，即高电平和低电平犯错的概率对称，如图 5.6 所示。

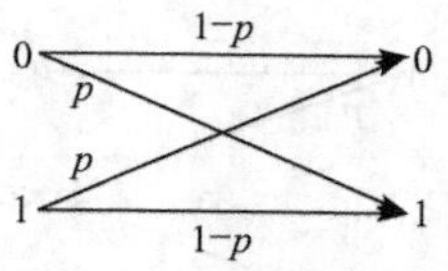

图 5.6 二元对称信道

此外，二元对称信道可推广到满足 $|\mathcal{X}|=|\mathcal{Y}|=n$ 的一般情况。取两组满足完备性的概率向量 α 和 β

$$\alpha=(p_1,\ p_2,\ \cdots,\ p_n)^T \tag{5.18}$$

$$\beta=(q_1,\ q_2,\ \cdots,\ q_n)^T \tag{5.19}$$

而 $p(y|x)$可表示为不同的形式

$$p(y|x)=(\alpha_1,\ \alpha_2,\ \cdots,\ \alpha_n)^T \tag{5.20}$$

$$p(y|x)=(\beta_1,\ \beta_2,\ \cdots,\ \beta_n) \tag{5.21}$$

令$(1,\ 2,\ \cdots,\ n)$上置换群为 S_n，可定义**对称信道**(Symmetric Channel)为

$$\alpha_i=\sigma_i(\alpha)=(p_{\sigma_i(1)},\ p_{\sigma_i(2)},\ \cdots,\ p_{\sigma_i(n)}),\quad (\sigma_i\in S_n,\ 1\leqslant i\leqslant n) \tag{5.22}$$

$$\beta_i=\tau_i(\beta)=(q_{\tau_i(1)},\ q_{\tau_i(2)},\ \cdots,\ q_{\tau_i(n)})^T,\quad (\tau_i\in S_n,\ 1\leqslant i\leqslant n) \tag{5.23}$$

【例 5.3】 利用一组完备的概率值$(p_1,\ p_2,\ \cdots,\ p_n)$构造出对称信道。

解 只需对$(p_1,\ p_2,\ \cdots,\ p_n)$做循环移位即可，这里采用循环右移，即

$$p(y|x)=\begin{bmatrix}p_1 & p_2 & p_3 & \cdots & p_n\\ p_n & p_1 & p_2 & \cdots & p_{n-1}\\ p_{n-1} & p_n & p_1 & \cdots & p_{n-2}\\ \cdots & \cdots & \cdots & \cdots & \cdots\\ p_2 & p_3 & p_4 & \cdots & p_1\end{bmatrix} \tag{5.24}$$

易证该信道是对称信道，当 $n=2$ 时即为二元对称信道。

(2) 若打字机上的键盘使用不均匀，例如 1 使用较多，而 0 则基本不使用。这样，可认为仅有击键为 1 时犯错误，即信道转移矩阵为

$$p(y|x)=\begin{bmatrix}1 & 0\\ p & 1-p\end{bmatrix} \tag{5.25}$$

它一般被形象地称为 ***Z* 信道**(Z Channel)，如图 5.7 所示。

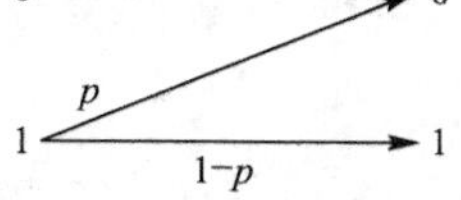

图 5.7 Z 信道

2) 有时不能打印出结果的二元打字机

发送端的取值空间仍然为 $\mathcal{X}=\{0,\ 1\}$，而不能打印出结果意味着接收端可能会出现“无结果”这种元素，定义其为 NULL，于是 $\mathcal{Y}$ 变为 $\{0,\ 1,\ \text{NULL}\}$。不妨假定发送 0 和 1 后出现 NULL 的概

率均为一个较小值 p，即信道转移矩阵为

$p(y\|x)$	$y=0$	$y=1$	$y=\text{NULL}$
$x=0$	$1-p$	0	p
$x=1$	0	$1-p$	p

此种信道称为**二元删除信道**（Binary Erasure Channel，BEC，如图 5.8 所示）。BEC 在数字通信中也是相当常见的，即可能出现不能明显归类为高电平和低电平的信号。需要注意，二元删除信道并没有真正删除信息。NULL 虽不能让接收方接收到信息，但能告知接收方在该位置数据丢失，这样只要让序号不错乱，则可保证不会误以为下一个正确信号是当前的信号，进而不会出现更多的错误。

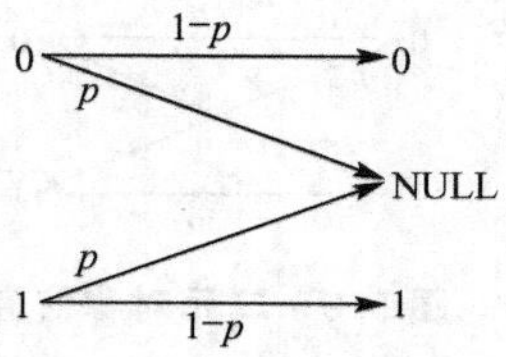

图 5.8　二元删除信道

为了纠正二元删除信道所出现的错误，接收方需要向发送方反馈错误信息（在物理上可能是发送时所采用的信道），此类纠错方式一般称为**自动重传请求**（Automatic Repeat reQuest，ARQ），本书不对其作深入介绍。

实际上，二元打字机犯的错误，也正是数字信道中可能出现的一些典型错误。这些典型信道可以指示设计者更好地避免错误，从而保证有效的信息传输。

5.1.3　信道扩展

离散无记忆信道每次仅传输一个符号，其效率较低，这从它所对应的实例——二元打字机可得到印证。一般的信道也同样存在效率的问题，而通常由于信道的物理特性所限，传输信息的速率难以提高，而选用性能更好的信道则经济开销更大，导致性价比过低。

问题 6　在已有信道条件下，如何简单高效地提高传输信息的传输速率？

若能一次传输多个字符，且每次传输的字符之间有序排列，则能大大提高传输效率，而计算机网络正是采用了这种传输方式，即组织为**包**（Package）。而具体实现方法就是将 n 个信道并联，如图 5.9 所示，它们之间保持独立。必须注意，接收端为了复原信息则必须按信道顺序进行，即接收和发送时要保证 n 个信道同步，这样才能在保证序号对应情况下提高信息传输速率。

$$X_1, X_{n+1}, \ldots, X_{(k-1)n+1} \xrightarrow{T_1, T_{n+1}, \ldots, T_{(k-1)n+1}} Y_1, Y_{n+1}, \ldots, Y_{(k-1)n+1}$$

$$X_2, X_{n+2}, \ldots, X_{(k-1)n+2} \xrightarrow{T_2, T_{n+2}, \ldots, T_{(k-1)n+2}} Y_2, Y_{n+2}, \ldots, Y_{(k-1)n+2}$$

$$\cdots\cdots$$

$$X_n, X_{2n}, \ldots, X_{kn} \xrightarrow{T_n, T_{2n}, \ldots, T_{kn}} Y_n, Y_{2n}, \ldots, Y_{kn}$$

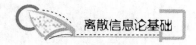

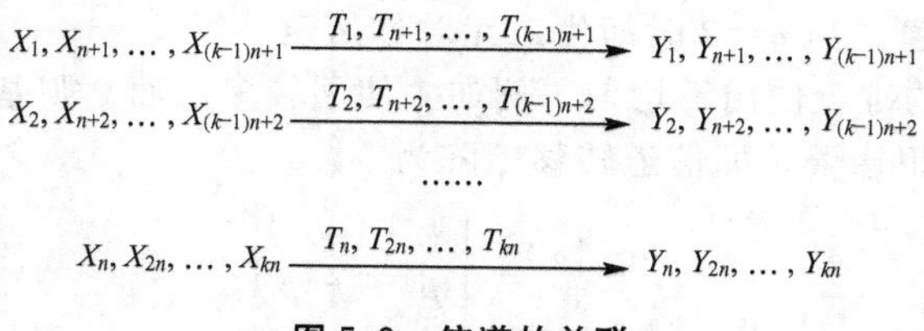

图 5.9　信道的并联

设发送端所发出的序列为

$$(X_1, X_2, \cdots, X_n), (X_{n+1}, X_{n+2}, \cdots, X_{2n}), \cdots,$$
$$(X_{(k-1)n+1}, X_{(k-1)n+2}, \cdots, X_{kn}), \cdots \tag{5.26}$$

而接收端所接收的序列为

$$(Y_1, Y_2, \cdots, Y_n), (Y_{n+1}, Y_{n+2}, \cdots, Y_{2n}), \cdots,$$
$$(Y_{(k-1)n+1}, Y_{(k-1)n+2}, \cdots, Y_{kn}), \cdots \tag{5.27}$$

通信过程可视为映射

$$T_k^n: \mathcal{X}^n \to \mathcal{Y}^n \quad (k=1, 2, \cdots) \tag{5.28}$$

它能将上述序列按次序建立关系，即当$(X_{(k-1)n+1}, X_{(k-1)n+2}, \cdots, X_{kn})$取值为$(x_{(k-1)n+1}, x_{(k-1)n+2}, \cdots, x_{kn})$，且当$(Y_{(k-1)n+1}, Y_{(k-1)n+2}, \cdots, Y_{kn})$取值为$(y_{(k-1)n+1}, y_{(k-1)n+2}, \cdots, y_{kn})$时满足

$$y_{(k-1)n+j} = T_{(k-1)n+j}(x_{(k-1)n+j}) \quad (j=1, 2, \cdots, n) \tag{5.29}$$

事实上，由于这些信道并联，则在逻辑上可将它们视为一个信道，即将原传输序列按 n 进行分组，从而获得信道的 n 次**扩展**(Extension)。信道扩展的关键思想是随机变量的扩展，即将原来在信道中传输的随机序列按 n 个为一组进行切割，进而让传输和接收的最小单位变成 n 维向量。

于是扩展信道也可形式化描述如下。设发送端取值空间为 $\mathcal{X}^n$，接收端取值空间为 $\mathcal{Y}^n$，记 $x^n=(x_1, x_2, \cdots, x_n)$，$y^n=(y_1, y_2, \cdots, y_n)$，信道转移矩阵为 $p(y^n|x^n)$，扩展信道为$(\mathcal{X}^n, p(y^n|x^n), \mathcal{Y}^n)$。令 $x_k^n=(x_{(k-1)n+1}, x_{(k-1)n+2}, \cdots, x_{kn})$，$y_k^n=(y_{(k-1)n+1}, y_{(k-1)n+2}, \cdots, y_{kn})$，则传输过程所对应的映射 T_k^n满足

$$y_k^n = T_k^n(x_k^n) \tag{5.30}$$

其中每个分量仍按原信道的映射方式即(5.29)式。需要指出，信道扩展后与信源扩展一样会出现截断问题，但信道不存在编码后长度变化问题，因而可用协议的形式解决①。

对于离散无记忆信道而言，由于各信道之间独立(无记忆性)，且均为 $p(y|x)$，则扩展的信道转移矩阵 $p(y^n|x^n)$在(x_k^n, y_k^n)处的值为

$$p(y_k^n|x_k^n) = \prod_{j=1}^{n} p(y_{(k-1)n+j}|x_{(k-1)n+j}) \tag{5.31}$$

通常的扩展离散无记忆信道采用单向信道模型，即信道是重复使用且接收端无信息反馈至发送端，这可认为是从发送端的随机变量 X^n 到接收端 Y^n 的转移过程②。

由于发送序列的元素之间可能存在一定的关联，而且信道的各次传输之间也可能有一定的相关性，因此有必要对其传输的总体信息量即互信息进行分析。事实上，可对一般情况展开讨论，为方便起见，可考察前 n 个符号组成的向量情况，即 X^n 和 Y^n。

问题 7 在一般性的扩展信道中，信道中传递的互信息有何变化？

(1) 如果信道是离散无记忆的，可对 X^n 与 Y^n 的互信息依 Y^n 展开

$$\begin{aligned} I(X^n; Y^n) &= H(Y^n) - H(Y^n|X^n) \\ &= H(Y^n) - H(Y_1, Y_2, \cdots, Y_n|X^n) \\ &= H(Y^n) - \sum_{i=1}^{n} H(Y_i|Y_{i-1}\cdots Y_1, X^n) \end{aligned} \tag{5.32}$$

由离散无记忆信道特性可知

① 一种可能的简单方案是：在每组前加上标记，传输截断剩余的信号时更换标记并将分组长度调整为 1。

② 扩展离散无记忆信道在实际传输时仍按离散无记忆信道方式逐个传输，并没有提高其信息传输速率，其真实目的是实现纠错编码。

$$p(y_i|y_{i-1}\cdots y_1,\ x^n)=p(y_i|x_i) \tag{5.33}$$

则 $H(Y_i|Y_{i-1}\cdots Y_1,\ X^n)$ 为

$$\begin{aligned}H(Y_i|Y_{i-1}\cdots Y_1,\ X^n) &= -\sum_{x^n\in\mathcal{X}^n}\sum_{y_1\in\mathcal{Y}}\cdots\sum_{y_i\in\mathcal{Y}}u(x^n,\ y_1,\ \cdots,\ y_i)\log p(y_i|y_{i-1}\cdots y_1 x^n)\\ &= -\sum_{x^n\in\mathcal{X}^n}\sum_{y_1\in\mathcal{Y}}\cdots\sum_{y_i\in\mathcal{Y}}u(x^n,\ y_1,\ \cdots,\ y_i)\log p(y_i|x_i)\\ &= -\sum_{x_i\in\mathcal{X}}\sum_{y_i\in\mathcal{Y}}u(x_i,\ y_i)\log p(y_i|x_i)\\ &= H(Y_i|X_i)\end{aligned} \tag{5.34}$$

于是 $I(X^n;\ Y^n)$ 为

$$I(X^n;\ Y^n)=H(Y^n)-\sum_{i=1}^{n}H(Y_i|X_i) \tag{5.35}$$

对联合熵进行考察，则有

$$I(X^n;\ Y^n)\leqslant\sum_{i=1}^{n}H(Y_i)-\sum_{i=1}^{n}H(Y_i|X_i)=\sum_{i=1}^{n}I(X_i;\ Y_i) \tag{5.36}$$

其物理意义是：如果信道是离散无记忆的，则 Y_i 仅从 X_i 获得信息，即便 Y_i 与 X_j 有重复信息，也只是 X_i（Y_i 的根源）与 X_j 有重复信息导致。又由于 X_i 之间存在重复信息，则考察所有 X_i 和 Y_i 的互信息再求和，其值必大于 $I(X^n;\ Y^n)$，如图 5.10 所示。

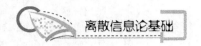

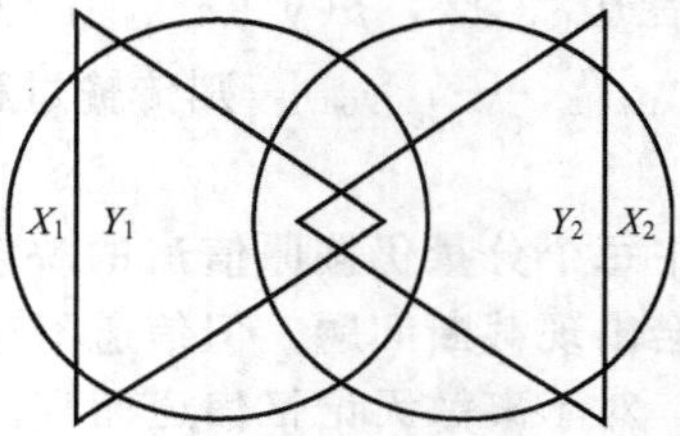

图 5.10 互信息(离散无记忆信道)

(2) 如果发送端是离散无记忆的，可对 X^n 与 Y^n 的互信息依 X^n 展开

$$\begin{aligned}I(X^n;\ Y^n)&=H(X^n)-H(X^n|Y^n)\\ &=H(X^n)-H(X_1,\ X_2,\ \cdots,\ X_n|Y^n)\\ &=H(X^n)-\sum_{i=1}^{n}H(X_i|X_{i-1}\cdots X_1,\ Y^n)\end{aligned} \tag{5.37}$$

由于发送端是离散无记忆的，则(5.37)式可改写为

$$I(X^n;\ Y^n)=\sum_{i=1}^{n}H(X_i)-\sum_{i=1}^{n}H(X_i|X_{i-1}\cdots X_1,\ Y^n) \tag{5.38}$$

利用条件熵不等式，可知

$$\begin{aligned}I(X^n;\ Y^n)&=\sum_{i=1}^{n}H(X_i)-\sum_{i=1}^{n}H(X_i|X_{i-1}\cdots X_1,\ Y^n)\\ &\geqslant\sum_{i=1}^{n}H(X_i)-\sum_{i=1}^{n}H(X_i|Y_i)\\ &=\sum_{i=1}^{n}I(X_i;\ Y_i)\end{aligned} \tag{5.39}$$

其物理意义是：如果信道输出元素与历史有关，称之为**离散有记忆信道**(Discrete Channel with Memory)，则 X_i 的信息可能残留在信道中，再分散到更多的 Y_j 中。又由于 X_i 之间没有重复信息，则考察所有 X_i 和 Y_i 的互信息再求和，其值必小于 $I(X^n;\ Y^n)$，如图 5.11 所示。

（3）如果信道是离散无记忆的，且发送端也是离散无记忆的，易知

$$I(X^n;Y^n)=\sum_{i=1}^{n}I(X_i;Y_i) \tag{5.40}$$

即互信息不变。其物理意义是：在此情况下，Y_i仅从X_i获得信息，又由于X_i之间没有重复信息，则考察所有X_i和Y_i的互信息再求和，其值恰为$I(X^n;Y^n)$，如图5.12所示。

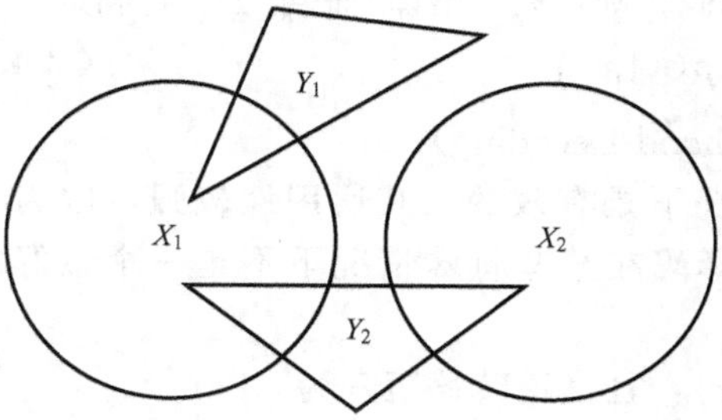

图5.11 互信息(离散无记忆信源)

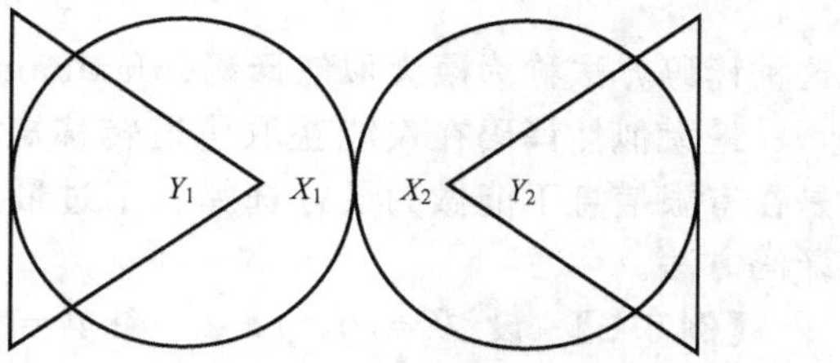

图5.12 互信息（离散无记忆信道＋离散无记忆信源）

5.2 信道纠错

5.2.1 译码准则

由于信道在传输中存在一定的错误，会给译码带来困难。信源编码虽然已是唯一可译码，但若利用信道直接传输之，可能会变成存在二义性甚至无法译码的编码。因此，讨论译码准则是有必要的。

首先从最简单的方案讨论之，即在离散无记忆信道中直接传输信息。设发送端的取值空间为$\mathcal{X}$，而接收端的取值空间为$\mathcal{Y}$。发送端发出的值为$X_i=x_i$，而接收端接收到的是$Y_i=y_i$，译码是从Y_i中获得对X_i的估计$\hat{X}_i=\hat{x}_i$，即译码为映射

$$D:\mathcal{Y}\rightarrow\mathcal{X} \tag{5.41}$$

使得$D(y_i)=\hat{x}_i$，该映射将Y_i复原为$\hat{X}_i$。显然需要依照离散无记忆信道的信道转移矩阵来设计译码映射。

【例5.4】 设$\mathcal{X}=\{0,1,2\}$和$\mathcal{Y}=\{a,b,c\}$，且信道转移矩阵为

$p(y\|x)$	$y=a$	$y=b$	$y=c$
$x=0$	0.8	0.1	0.1
$x=1$	0.05	0.05	0.9
$x=2$	0.1	0.85	0.05

试设计一个可行的译码映射。

解 由转移概率矩阵可见，$x=0$时有相当大的概率使得$y=a$，而$x=1$或$x=2$时都只有较小的概率使得$y=a$，于是若接收到$y=a$，可认为发出的是$x=0$；$x=2$时有相当大的概率使得$y=b$，而$x=0$或$x=1$时都只有较小的概率使得$y=b$，于是若接收到的是

$y=b$，可认为发出 $x=2$；$x=1$ 时有相当大的概率使得 $y=c$，而 $x=0$ 或 $x=2$ 时都只有较小的概率使得 $y=c$，于是若接收到的是 $y=c$，可认为发出 $x=1$。则译码映射为

$$D(a)=0,\ D(b)=2,\ D(c)=1 \tag{5.42}$$

从直观上看，译码映射 D 在此例中应该能运行良好。

问题 8 在仅知道信道转移矩阵的情况下，能否给出一个通用的译码映射？

从上例中可看出，如果按条件概率最大值进行译码，则可设计出译码映射 D，它满足

$$p(y|D(y))=\max_{x\in\mathcal{X}}\{p(y|x)\} \tag{5.43}$$

这种译码方法称为**最大似然译码**(Maximum Likelihood Decoding)。

最大似然译码在仅能获取信道转移矩阵的情况下是有效的，其通用性较强，因为它是在有限信息下能做的最好选择。不过最大似然译码在某些特殊情况下不是一个最好的译码方法。

【例 5.5】 设 $\mathcal{X}=\{0,1,2\}$ 和 $\mathcal{Y}=\{a,b,c\}$，且信道转移矩阵为

$p(y\|x)$	$y=a$	$y=b$	$y=c$
$x=0$	0.4	0.4	0.2
$x=1$	0.4	0.4	0.2
$x=2$	0.1	0.85	0.05

试设计一个可行的译码映射。

解 利用最大似然译码可设计出多组满足需要的译码映射。如

$$D(a)=0,\quad D(b)=2,\quad D(c)=0 \tag{5.44}$$

又如

$$D'(a)=0,\quad D'(b)=2,\quad D'(c)=1 \tag{5.45}$$

从直观上看，D' 要优于 D，因为 D' 是一一映射。这意味着若出现相同的值，最大似然译码需要挑选出像集较大的译码映射。虽然这种思路在一般意义上是正确的，但在某些情况下未必成立。例如已知先验概率 $p(x)$ 满足

$$p(x)=\begin{cases}0, & x=0\\0, & x=1\\1, & x=2\end{cases} \tag{5.46}$$

显然译码映射应设计为

$$D''(a)=2,\quad D''(b)=2,\quad D''(c)=2 \tag{5.47}$$

这意味着先验概率也应纳入译码准则的考察范围内。

问题 9 若知道信道转移矩阵和发送端的先验概率分布，应如何设计译码映射？

解决此问题可借助 Bayes 决策的思想，即设计出译码映射 D，它取后验概率 $q(x|y)$ 最大的发送端符号 x，即

$$q(D(y)|y)=\max_{x\in\mathcal{X}}\{q(x|y)\} \tag{5.48}$$

这种译码方法称为**最大后验概率译码**(Maximum a Posteriori Decoding)。需要注意此方法一般假设先验概率值均不为 0。

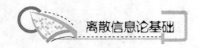

若要对译码映射进行定量分析，可进一步定义**译码错误概率**(Decoding Error Probability)。设 $\mathcal{Y}$ 中随机变量 Y 采用译码映射 D 而产生译码错误的概率分布函数为 $p_e^{\langle D\rangle}(y)$，其值为

$$p_e^{\langle D\rangle}(y)=\sum_{\substack{x\in\mathcal{X}\\ x\neq D(y)}} q(x|y) \tag{5.49}$$

于是可定义译码映射 D 的译码错误概率为 $p_e^{\langle D\rangle}$，它为 $p_e^{\langle D\rangle}(Y)$的数学期望

$$\begin{aligned} p_e^{\langle D\rangle} &= E[p_e^{\langle D\rangle}(Y)] \\ &= \sum_{y\in\mathcal{Y}}\Big(q(y)\sum_{\substack{x\in\mathcal{X}\\ x\neq D(y)}} q(x|y)\Big) \\ &= \sum_{y\in\mathcal{Y}}(q(y)(1-q(D(y)|y))) \end{aligned} \tag{5.50}$$

显然，最大后验概率译码可使译码错误概率最小，所以它又称为**最小错误概率译码**(Minimum Error Probability Decoding)。

此外，经过信源编码后的序列，其各个符号出现的概率基本相等，即先验概率近似为等概率分布，则可知

$$\begin{aligned} q(x|y) &= \frac{p(x)p(y|x)}{\sum_{x\in\mathcal{X}}(p(x)p(y|x))} \\ &\approx \frac{p(y|x)/|\mathcal{X}|}{\sum_{x\in\mathcal{X}}p(y|x)/|\mathcal{X}|} \\ &= \frac{p(y|x)}{\sum_{x\in\mathcal{X}}p(y|x)} \end{aligned} \tag{5.51}$$

即此情况下最大后验概率译码退化成最大似然译码。

【例 5.6】 设 $\mathcal{X}=\{0, 1, 2\}$ 和 $\mathcal{Y}=\{a, b, c\}$，且信道转移矩阵为

$p(y\|x)$	$y=a$	$y=b$	$y=c$
$x=0$	0.6	0.2	0.2
$x=1$	0.5	0.4	0.1
$x=2$	0.1	0.8	0.1

且先验概率 $p(x)$满足

$$p(x)=\begin{cases}0.3, & x=0\\ 0.5, & x=1\\ 0.2, & x=2\end{cases} \tag{5.52}$$

试给出最大后验概率译码 D 和最大似然译码 D'，并分别计算其译码错误概率。

解 联合概率分布函数 $u(x, y)$为

$u(x, y)$	$y=a$	$y=b$	$y=c$
$x=0$	0.18	0.06	0.06
$x=1$	0.25	0.2	0.05
$x=2$	0.02	0.16	0.02

进而可知接收端的概率分布 $q(y)$ 为

$$q(y)=\begin{cases}0.45, & y=a\\ 0.42, & y=b\\ 0.13, & y=c\end{cases} \tag{5.53}$$

可通过此求出 $q(x|y)$ 进而寻找最大后验概率译码 D。事实上，由于

$$q(x|y)=\frac{u(x, y)}{q(y)} \tag{5.54}$$

和 $q(y)$ 不为 0，则有

$$u(D(y), y)=\max_{x\in\mathcal{X}}\{u(x, y)\} \tag{5.55}$$

于是可通过 $u(x, y)$ 寻找最大后验概率译码 D

$$D(a)=1, \quad D(b)=1, \quad D(c)=0 \tag{5.56}$$

而译码错误概率也可通过 $u(D(y), y)$ 给出简单的计算

$$\begin{aligned}p_e^{\langle D\rangle}&=\sum_{y\in\mathcal{Y}}(q(y)(1-q(D(y)|y)))\\&=\sum_{y\in\mathcal{Y}}(q(y)-u(D(y), y))\\&=1-\sum_{y\in\mathcal{Y}}u(D(y), y)\end{aligned} \tag{5.57}$$

于是可知

$$p_e^{\langle D\rangle}=1-0.25-0.2-0.06=0.49 \tag{5.58}$$

从信道转移矩阵中易知最大似然译码 D' 为

$$D'(a)=0, \quad D'(b)=2, \quad D'(c)=0 \tag{5.59}$$

也可通过 $u(D'(y), y)$ 得到其译码错误概率

$$p_e^{\langle D'\rangle}=1-0.18-0.16-0.06=0.6 \tag{5.60}$$

5.2.2 错误概率估计

最大后验概率译码所得到的译码错误概率最小，又由于它仅依赖先验概率 $p(x)$ 和信道转移矩阵 $p(y|x)$，只要它们确定，则直接传输信息所得的译码错误概率的下界也就固定了。

问题 10 离散无记忆信道中直接传输信息所能达到的最小译码错误概率的界是否可显式地表示？

若采用最大后验概率译码 D，则相应错误概率 $p_e^{\langle D\rangle}$ 为最小值，但该最小值作为下界不利于进行数学上的分析。从熵的角度看，由 $p(x)$ 和 $p(y|x)$ 可确定条件熵 $H(Y|X)$ 和 $H(X|Y)$。注意到译码是通过 Y 获得 $\hat{X}$，在其基础上进而猜测 X，所以应考察 $H(X|Y)$。

从 Y 猜测 X 一般有两类：正确的和错误的，可从此处入手。

$$\begin{aligned}H(X|Y)&=\sum_{y\in\mathcal{Y}}\sum_{x\in\mathcal{X}}u(x, y)(-\log q(x|y))\\&=\sum_{y\in\mathcal{Y}}u(D(y), y)(-\log q(D(y)|y))+\sum_{y\in\mathcal{Y}}\sum_{x\in\mathcal{X}-\{D(y)\}}u(x,y)(-\log q(x|y))\end{aligned} \tag{5.61}$$

将 $H(X|Y)$ 拆成两部分分别分析。

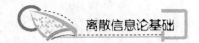

(1) 对于正确的部分，尽量凑成 Jensen 不等式所需要的形式，于是有

$$
\begin{aligned}
&\sum_{y\in\mathcal{Y}}\frac{u(D(y),\ y)}{\sum\limits_{y\in\mathcal{Y}}u(D(y),\ y)}\left(\log\frac{1}{q(D(y)\mid y)}\right)\\
&=-\sum_{y\in\mathcal{Y}}\frac{u(D(y),y)}{1-p_e^{\langle D\rangle}}\left(-\log\frac{1}{q(D(y)\mid y)}\right)\\
&\leqslant-\left[-\log\sum_{y\in\mathcal{Y}}\left(\frac{u(D(y),\ y)}{1-p_e^{\langle D\rangle}}\frac{1}{q(D(y)\mid y)}\right)\right]\\
&=-\left[-\log\sum_{y\in\mathcal{Y}}\left(\frac{q(y)}{1-p_e^{\langle D\rangle}}\right)\right]\\
&=\log\left(\frac{1}{1-p_e^{\langle D\rangle}}\right)
\end{aligned}
\tag{5.62}
$$

进而有

$$
\sum_{y\in\mathcal{Y}}u(D(y),\ y)\left(\log\frac{1}{q(D(y)\mid y)}\right)\leqslant(1-p_e^{\langle D\rangle})\log\left(\frac{1}{1-p_e^{\langle D\rangle}}\right)
\tag{5.63}
$$

(2) 对于错误的部分，也需要凑成 Jensen 不等式所需要的形式，只不过换成了双重求和，于是可得到

$$
\begin{aligned}
&\sum_{y\in\mathcal{Y}}\sum_{x\in\mathcal{X}-\{D(y)\}}\frac{u(x,\ y)}{\sum\limits_{y\in\mathcal{Y}}\sum\limits_{x\in\mathcal{X}-\{D(y)\}}u(x,\ y)}\left(\log\frac{1}{q(x\mid y)}\right)\\
&=-\sum_{y\in\mathcal{Y}}\sum_{x\in\mathcal{X}-\{D(y)\}}\frac{u(x,\ y)}{p_e^{\langle D\rangle}}\left(-\log\frac{1}{q(x\mid y)}\right)\\
&\leqslant-\left(-\log\sum_{y\in\mathcal{Y}}\sum_{x\in\mathcal{X}-\{D(y)\}}\left(\frac{u(x,\ y)}{p_e^{\langle D\rangle}}\frac{1}{q(x\mid y)}\right)\right)\\
&=-\left(-\log\sum_{y\in\mathcal{Y}}\sum_{x\in\mathcal{X}-\{D(y)\}}\left(\frac{q(y)}{p_e^{\langle D\rangle}}\right)\right)\\
&=\log\sum_{x\in\mathcal{X}-\{D(y)\}}\left(\frac{1}{p_e^{\langle D\rangle}}\right)\\
&=\log\left(\frac{|\mathcal{X}|-1}{p_e^{\langle D\rangle}}\right)
\end{aligned}
\tag{5.64}
$$

进而有

$$
\sum_{y\in\mathcal{Y}}\sum_{x\in\mathcal{X}-\{D(y)\}}u(x,\ y)(-\log q(x\mid y))\leqslant p_e^{\langle D\rangle}\log\left(\frac{|\mathcal{X}|-1}{p_e^{\langle D\rangle}}\right)
\tag{5.65}
$$

综合(1)和(2)的讨论，可知 $H(X|Y)$ 能以 $p_e^{\langle D\rangle}$ 和 $|\mathcal{X}|$ 的表达式给出上界

$$
H(p_e^{\langle D\rangle},\ 1-p_e^{\langle D\rangle})+p_e^{\langle D\rangle}\log(|\mathcal{X}|-1)\geqslant H(X|Y)
\tag{5.66}
$$

一般称之为**Fano 不等式**(Fano Inequality)。为方便起见，有时也将 Fano 不等式写成较弱的形式

$$
H(p_e^{\langle D\rangle},\ 1-p_e^{\langle D\rangle})+p_e^{\langle D\rangle}\log|\mathcal{X}|\geqslant H(X|Y)
\tag{5.67}
$$

利用 Fano 不等式可讨论 $p_e^{\langle D\rangle}$。由于熵 $H(p_e^{\langle D\rangle},\ 1-p_e^{\langle D\rangle})$ 的范围由 $p_e^{\langle D\rangle}$ 确定，再对 Fano 不等式稍加变形，则有

$$
1+p_e^{\langle D\rangle}\log(|\mathcal{X}|-1)\geqslant H(X|Y)
\tag{5.68}
$$

于是 $p_e^{(D)}$ 的下界可估计为

$$p_e^{(D)} \geqslant \frac{H(X|Y)-1}{\log(|\mathcal{X}|-1)} \tag{5.69}$$

此结论说明 $H(X|Y)$ 和 $|\mathcal{X}|$ 决定了 $p_e^{(D)}$ 所能达到的下界。

5.2.3 分组码

从 Fano 不等式的结论可看出，如果 $H(X|Y)$ 和 $\mathcal{X}$ 没有变化，则难以降低错误概率。而在实际问题中，总需要尽可能提高传输的可靠性，如果不能更换信道，直接传输显然是不可行的方案。

问题 11 在已有的物理条件下，应如何降低信息传输的错误概率？

从 Fano 不等式中可看出，如果 $|\mathcal{X}|$ 增大或者 $H(X|Y)$ 减少，则可能会降低错误概率的下界，这意味着扩大取值空间或者改进 $p(y|x)$ 从而使之更接近无噪信道。然而，在物理上无法改进 $p(y|x)$ 的情况下，扩大取值空间(即借鉴信源编码中对符号进行分组的办法)成为可行方案。

若将发送的符号以 t 为长度进行分组，再直接在信道中传输，即可形成扩展离散无记忆信道。而(5.36)式指出，从互信息的角度看，其信息损失无法避免。因此，直接分组后传输不可行。而为避免这部分信息量的损失，可以考虑在每组所要传输的符号中加入一些与此组信息重叠的信息，即**冗余**(Redundancy)。因此，可在这些长度为 t 的组中加入 $n-t$ 个冗余，从而形成以 n 为长度的编码。

此外，分组后还需对 $p(y^n|x^n)$ 进行改进，通过改进来减少 $H(X^n|Y^n)$。这可借鉴输出隔离有噪信道的思想，该信道虽不是无噪信道，但能无错误地恢复信息，可限制 x^n 的取值，使得它只能取 $\mathcal{X}^n$ 某些特定元素。这种改造相当于改进了 $p(y^n|x^n)$，即减少了矩的行数，目的是为了接近输出隔离有噪信道。而在输出隔离有噪信道中，发送端取值空间的大小不大于输出端取值空间的大小，这也符合加入冗余后的分组编码。

事实上，上述过程就是**分组码**(Block Code)的基本思想，而为突出其参数，一般称为 (n,t) 分组码。可将其形式化叙述如下。

设发送端所发出序列已按 t 分组，即

$$\begin{gathered}(X_1, X_2, \cdots, X_t), (X_{t+1}, X_{t+2}, \cdots, X_{2t}), \cdots,\\ (X_{(k-1)t+1}, X_{(k-1)t+2}, \cdots, X_{kt}), \cdots\end{gathered} \tag{5.70}$$

在每组中加入 $n-t$ 个冗余，从而形成

$$\begin{gathered}(X_1, \cdots, X_t, Z_1, \cdots, Z_{n-t}), (X_{t+1}, \cdots, X_{2t}, Z_{n-t+1}, \cdots, Z_{2(n-t)}), \cdots,\\ (X_{(k-1)t+1}, \cdots, X_{kt}, Z_{(k-1)(n-t)+1}, \cdots, Z_{k(n-t)}), \cdots\end{gathered} \tag{5.71}$$

即编码为一一映射

$$C: \mathcal{X}^t \to \mathcal{X}^t\mathcal{X}^{n-t} \tag{5.72}$$

这意味着码簿只是 $\mathcal{X}^t\mathcal{X}^{n-t}=\mathcal{X}^n$ 中的一个子集，如何选取这个子集是纠错编码的关键。

而接收端所接收的序列为

$$\begin{gathered}(Y_1, Y_2, \cdots, Y_n), (Y_{n+1}, Y_{n+2}, \cdots, Y_{2n}), \cdots,\\ (Y_{(k-1)n+1}, Y_{(k-1)n+2}, \cdots, Y_{kn}), \cdots\end{gathered} \tag{5.73}$$

可通过接收到的序列恢复成

$$(\hat{X}_1, \hat{X}_2, \cdots, \hat{X}_t), (\hat{X}_{t+1}, \hat{X}_{t+2}, \cdots, \hat{X}_{2t}), \cdots,$$
$$(\hat{X}_{(k-1)t+1}, \hat{X}_{(k-1)t+2}, \cdots, \hat{X}_{kt}), \cdots \tag{5.74}$$

注意译码映射变为

$$D: \mathcal{Y}^n \to \mathcal{X}^t \tag{5.75}$$

而为计算错误概率时应在 $\mathcal{X}^t$ 上考虑 $p(y^n|C(x^t))$。需要注意 $p(y^n|C(x^t))$ 尽管可以写成 $p(y^n|x^t z^{n-t})$，但它是一个 $|\mathcal{X}|^t \times |\mathcal{Y}|^n$ 的矩阵。

问题 12 能否给出分组码，其编码和译码都简单清晰，且意义明确？

人类传递信息时，经常将同一信息多次重复发送，借助此思想，可给出**重复码**(Repetition Code)。重复码是一种 $(n, 1)$ 分组码，它能将 $(X_{(k-1)+1})$ 变为 $(X_{(k-1)+1}, Z_{(k-1)(n-1)+1}, \cdots, Z_{k(n-1)})$，而其中的冗余 $Z_{(k-1)(n-1)+1}, \cdots, Z_{k(n-1)}$ 的值均与 $X_{(k-1)+1}$ 相等，一般也称此为 $(n, 1)$ 重复码。

【例 5.7】 设 n 为奇数，在最大似然译码准则下，简化扩展 BSC 下 $(n, 1)$ 重复码的译码映射，并计算其译码错误概率。

解 由于经过信源编码后，0 和 1 出现概率基本一致，若编码采用重复码，易知 0^n 和 1^n 出现概率近似相等。因此，扩展 BSC 下 $(n, 1)$ 重复码可采用最大似然译码，它与最大后验概率译码等价。

为分析扩展 BSC 下 $(n, 1)$ 重复码的译码映射，必须考察其信道转移矩阵。注意到 $p(y^n|C(x)) = p(y^n|xz^{n-1})$ 中的 $C(x)$ 只能取 $0^n = 00\cdots0$ 或 $1^n = 11\cdots1$，而当 y^n 取 $(y_1, y_2, \cdots, y_j, \cdots, y_n)$ 时，易知

$$p(y^n|0^n) = \prod_{j=1}^{n} p(y_j|0) \tag{5.76}$$

$$p(y^n|1^n) = \prod_{j=1}^{n} p(y_j|1) \tag{5.77}$$

令 $(y_1, y_2, \cdots, y_j, \cdots, y_n)$ 中取值为 0 的个数为 N_0，而取值为 1 的个数为 N_1，于是

$$p(y^n|0^n) = (1-p)^{N_0} p^{N_1} \tag{5.78}$$
$$p(y^n|1^n) = p^{N_0}(1-p)^{N_1} \tag{5.79}$$

可通过(5.78)式和(5.79)式的大小关系判定应译为 0 还是 1。

于是比较 $(1-p)^{N_0-N_1}$ 与 $p^{N_0-N_1}$ 即可得到最大似然译码，而一般 BSC 中 $p<1/2$，只需比较 N_0 与 N_1 的大小关系即可。由于 n 为奇数，N_0 与 N_1 必然不相等，则映射译码 D_n 为

$$D_n(y^n) = \begin{cases} 0, & N_0 > N_1 \\ 1, & N_0 < N_1 \end{cases} \tag{5.80}$$

为分析译码错误概率，只需对 N_0 与 N_1 进行讨论。

(1) 若 $N_0 \geqslant \lceil n/2 \rceil$，应译为 0，若发送为 1(扩展后为 1^n)即为出错。由于发送 1 的先验概率是 $p(1)$，则此部分错误概率为

$$p(1)\sum_{j=\lceil n/2 \rceil}^{n} \binom{n}{j} p^j (1-p)^{n-j} \tag{5.81}$$

(2) 若 $N_0 < \lceil n/2 \rceil$，应译为 1，若发送为 0(扩展后为 0^n)即为出错。由于发送 0 的先验

概率是 $p(0)$，则此部分错误概率为

$$p(0)\sum_{j=0}^{\lceil n/2\rceil-1}\binom{n}{j}p^{n-j}(1-p)^{j} \tag{5.82}$$

于是其译码错误概率为(5.81)式与(5.82)式值之和

$$p_e^{\langle D_n\rangle}=\sum_{j=\lceil n/2\rceil}^{n}\binom{n}{j}p^{j}(1-p)^{n-j} \tag{5.83}$$

注意 $p(y^n|C(x))$这个矩阵仅有两行，直接计算错误发生的概率即可，而采用(5.57)式则变为

$$p_e^{\langle D_n\rangle}=1-\sum_{j=0}^{\lceil n/2\rceil-1}\binom{n}{j}p^{j}(1-p)^{n-j} \tag{5.84}$$

反而要多算一次减法。

还可对译码错误概率作进一步分析。令 $n=2m+1$ 则可得到

$$\begin{aligned}
p_e^{\langle D_n\rangle} &= \sum_{j=m+1}^{2m+1}\binom{2m+1}{j}p^{j}(1-p)^{2m+1-j}\\
&= p^{m+1}\sum_{j=m+1}^{n}\binom{2m+1}{j}p^{j-m-1}(1-p)^{2m+1-j}\\
&< p^{m+1}\sum_{j=m+1}^{n}\binom{2m+1}{j}(1-p)^{j-m-1}(1-p)^{2m+1-j}\\
&= p^{m+1}(1-p)^{m}\left(\frac{1}{2}\sum_{j=0}^{2m+1}\binom{2m+1}{j}\right)\\
&= p^{m+1}(1-p)^{m}2^{2m}\\
&= p(4p-4p^2)^{m}
\end{aligned} \tag{5.85}$$

其中利用了 $p<1/2$，即 $p<1-p$。此外，在极限情况下

$$0\leqslant\lim_{n\to+\infty}p_e^{\langle D_n\rangle}\leqslant\lim_{n\to+\infty}p(4p-4p^2)^{\lceil n/2\rceil-1}=0 \tag{5.86}$$

则可通过不断增大 n 而让译码错误概率接近于 0。

从重复码的实例中可看出，根据接收到的信息，便可在一定程度上恢复发送的信息，而这种纠错方式比自动重传请求更为简单，一般称为**前向纠错**(Forward Error Correction, FEC)。

不过，重复码虽然尽可能地减少了译码错误概率，但其代价不菲，它让序列长度从 k 变为 nk。从重复码中可给出(n, t)分组码传输效率的衡量方法，即有效信息与组长之比，可称其为该编码的**码率**(Rate)

$$R=\frac{t}{n} \tag{5.87}$$

此处必须假设 t 位中每位出现 0 和 1 的概率基本相等。换言之，若编码 $C^{n\leftarrow t}$ 的码簿大小为 $|C^{n\leftarrow t}|$，其码率为最大熵与符号长度的比值

$$R=\frac{\log|C^{n\leftarrow t}|}{n} \tag{5.88}$$

需要指出，分组码只是提高信息传输可靠性的编码方法之一，它从属于更大的一类编码，即**差错控制编码**(Error Control Coding)。一方面，译码错误概率要尽量低；而另

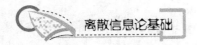

一方面，码率要尽可能高，这正是差错控制编码的主要研究内容。限于篇幅，本书不对差错控制编码作更深入的介绍。

5.3 线性分组码

5.3.1 码字距离

重复码的码率虽然不高，但其译码错误概率较低，可以此为实例深入研究线性分组码。事实上，在字母表为 {0, 1} 时，通过译码映射可从另一角度来分析译码错误，即出错位数。由于字母表为 {0, 1}，出现错误仅意味着 0 和 1 的相互转换。对于$(n, 1)$重复码而言：无论发送为 0^n 还是为 1^n，只要出错的位不超过$\lfloor n/2 \rfloor$，均可纠正错误。显然，从出错位数角度考察编码的纠错能力是相当直观的，而给出译码错误概率则难以对编码迅速评价。

仍对 $C(x^t)=x^t z^{n-t}$ 为 0^n 或 1^n，且 $y^n=(y_1, y_2, \cdots, y_j, \cdots, y_n)$的扩展 BSC 进行分析。不妨设 $C(x^t)=x^t z^{n-t}$ 为 0^n，于是 y^n 中有 N_0 位保持不变，而有 N_1 位发生错误。如果错误不多，从 y^n 中仍可了解发送序列为 0^n。换言之，错误意味着 y^n 相对于 0^n 在 n 维空间中发生了偏移：如果偏移不大，则可恢复；如果偏移到接近 1^n 的位置，则不可恢复。

问题 13 如何度量接收序列与发送序列之间的偏移？

可从距离的角度看待偏移，由于译码涉及到 N_0 和 N_1 的关系，则可定义 y^n 与 0^n 的距离为 N_1。事实上，这种 y^n 与 0^n 之间的距离衡量了它们之间每位之间异同的程度。同样，还可定义 y^n 与 1^n 之间的距离为 N_0。将此概念一般化，则可得到 Hamming 距离的概念。

任意两个长度均为 l 的码字 α 和 β，它们的各位可写成 $\alpha_1, \alpha_2, \cdots, \alpha_l$ 和 $\beta_1, \beta_2, \cdots, \beta_l$，定义其 Hamming 距离为：

$$d_H(\alpha, \beta)=\sum_{i=1}^{l}(\alpha_i \oplus \beta_i) \tag{5.89}$$

其中$\oplus$是异或运算：

$$\alpha_i \oplus \beta_i=\begin{cases}0, & \alpha_i=\beta_i \\ 1, & \alpha_i \neq \beta_i\end{cases} \tag{5.90}$$

而在泛函分析中，对距离 d 的要求是要满足距离空间的 3 个公理。

A_1：非负性。

$$d(\alpha, \beta) \geqslant 0 \tag{5.91}$$

且满足

$$d(\alpha, \beta)=0 \Leftrightarrow \alpha=\beta \tag{5.92}$$

A_2：对称性。

$$d(\alpha, \beta)=d(\beta, \alpha) \tag{5.93}$$

A_3：三角不等式。

$$d(\alpha, \beta)+d(\beta, \gamma) \geqslant d(\alpha, \gamma) \tag{5.94}$$

可证明 Hamming 距离满足距离公理。

证 按照距离公理的要求分别给出证明。

(1) 非负性的证明。由于 $\alpha_i \oplus \beta_i$ 非负，所以

$$d_H(\alpha, \beta) = \sum_{i=1}^{l} (\alpha_i \oplus \beta_i) \geqslant 0 \tag{5.95}$$

若 $\alpha=\beta$ 意味着 $\alpha_i=\beta_i(i=1, 2, \cdots, l)$，于是

$$d_H(\alpha, \beta) = \sum_{i=1}^{l} (\alpha_i \oplus \beta_i) = \sum_{i=1}^{l} (0) = 0 \tag{5.96}$$

若 $d_H(\alpha, \beta)=0$，则

$$0 = d_H(\alpha, \beta) \geqslant \alpha_i \oplus \beta_i \geqslant 0 \quad (i=1, 2, \cdots, l) \tag{5.97}$$

于是 $\alpha_i=\beta_i(i=1, 2, \cdots, l)$，即 $\alpha=\beta$。

(2) 对称性的证明。易知

$$d_H(\alpha, \beta) = \sum_{i=1}^{l} (\alpha_i \oplus \beta_i) = \sum_{i=1}^{l} (\beta_i \oplus \alpha_i) = d_H(\beta, \alpha) \tag{5.98}$$

(3) 三角不等式的证明。设 $\alpha_i \neq \gamma_i$ 在 i 为 $j_1 \leqslant j_2 \leqslant \cdots \leqslant j_s$ 处成立，而 $\alpha_i=\gamma_i$ 在 i 为 $j_{s+1} \leqslant j_{s+2} \leqslant \cdots \leqslant j_{l-s}$ 处成立，即 $d_H(\alpha, \gamma)=s$。而对于 β_i 来说，在 i 为 $j_1, j_2, \cdots, j_s$ 处至少与 α_i 和 γ_i 其中之一不同，因此

$$d(\alpha, \beta) + d(\beta, \gamma) \geqslant s = d(\alpha, \gamma) \tag{5.99}$$

需要指出，在字母表为 {0, 1} 情况下，对三角不等式的解释更为明确：α_i 和 γ_i 在 i 为 $j_1, j_2, \cdots, j_s$ 处肯定分别取值为 0 和 1 其中之一，而 β_i 则在 i 为 $j_1, j_2, \cdots, j_s$ 处必然与 α_i 和 γ_i 其中之一相同，且与另一值不同。如果从数值的角度看，此情况下还可通过 d_H 的另一表达式

$$d_H(\alpha, \beta) = \sum_{i=1}^{l} |\alpha_i - \beta_i| \tag{5.100}$$

得到三角不等式的证明。

于是 Hamming 距离 d_H 满足距离公理。此外，还可通过证明

$$d_H(\alpha_i, \beta_i) = \alpha_i \oplus \beta_i \tag{5.101}$$

满足距离公理进而在求和意义上证明 d_H 满足距离公理，如

$$d(\alpha, \beta) + d(\beta, \gamma) = \sum_{i=1}^{l} ((\alpha_i \oplus \beta_i) + (\beta_i \oplus \gamma_i)) \geqslant \sum_{i=1}^{l} (\alpha_i \oplus \gamma_i) = d(\alpha, \gamma) \tag{5.102}$$

事实上，字母表为 {0, 1} 情况下 $\oplus$ 运算可以认为是“加法”，如果 (n, t) 分组码中的冗余能由原始符号位线性表示($\oplus$ 作为“加法”)，这种分组码则称为**线性分组码**(Linear Block Code)。

问题 14 如何从 Hamming 距离的角度给出译码的解释?

由于 Hamming 距离确实可刻画编码之间的偏移，于是从偏移程度即距离值引入译码的方法可确定为：如果 $d_H(y^n, 0^n)$ 小于 $d_H(y^n, 1^n)$，则应译为 $0=C^{-1}(0^n)$；反之则应译为 $1=C^{-1}(1^n)$。而这种译码即称为**最小距离译码**(Minimum Distance Decoding)。

$$d_H(y^n, C(D(y^n))) = \min_{C(x^t) \in \mathcal{X}^t \mathcal{X}^{n-t}} \{d_H(y^n, C(x^t))\} \tag{5.103}$$

在分组码中，主要讨论最小距离译码。

需要指出，在 $p<1/2$ 的扩展 BSC 中，

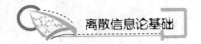

$$p(y^n|C(x^t))=(1-p)^{n-d_H(C(x^t),y^n)}p^{d_H(C(x^t),y^n)} \tag{5.104}$$

易知 $p(y^n|C(x^t))$ 是关于 $d_H(C(x^t),\ y^n)$ 的单调递减函数，因此扩展BSC中的最小距离译码等价于最大似然译码，而且错误概率也可用 Hamming 距离表示。

$$\begin{aligned} p_e^{\langle D\rangle} &= 1-\sum_{y^n\in\mathcal{Y}^n}u(C(D(y^n)),\ y^n) \\ &= 1-\sum_{y^n\in\mathcal{Y}^n}p(C(D(y^n)))p(y^n|C(D(y^n))) \\ &= 1-\sum_{y^n\in\mathcal{Y}^n}p(D(y^n))p(y^n|C(D(y^n))) \\ &= 1-\sum_{y^n\in\mathcal{Y}^n}p(D(y^n))(1-p)^{n-d_H(C(D(y^n)),y^n)}p^{d_H(C(D(y^n)),y^n)} \end{aligned} \tag{5.105}$$

最小距离译码的物理含义非常明确：设发送的是 $C(x^t)=x^tz^{n-t}=\boldsymbol{x}$，如果在传输过程中发生了偏移，即获得 $y^n=\boldsymbol{y}$。如果 $\boldsymbol{y}$ 与 $\boldsymbol{x}$ 的距离小于 $\boldsymbol{y}$ 与其他 $C(\mathcal{X}^t)$ 中码字的距离，则可正确恢复 $C^{-1}(\boldsymbol{x})$；反之，如果 $\boldsymbol{y}$ 与 $\boldsymbol{x}$ 的距离大于 $\boldsymbol{y}$ 与某一 $\boldsymbol{x}'$ 的距离(其极端情况是 $\boldsymbol{y}$ 等于 $\boldsymbol{x}'$)，则无法正确恢复 $C^{-1}(\boldsymbol{x})$。

此外，由于 y^n 的各种可能性均存在，为衡量 $C(\mathcal{X}^t)$ 的纠错能力，必须定义其中码字间的最小距离。码簿 $C(\mathcal{X}^t)$ 的最小距离可定义为

$$d_H(C)_{\min}=\min_{\substack{x',\ x''\in C(\mathcal{X}^t)\\ x'\neq x''}}\{d_H(x',\ x'')\} \tag{5.106}$$

显然最小距离越大，意味着出现错误后恢复的机会也越大。

5.3.2 纠错能力

对于纠错编码而言，译码错误概率应该尽可能地小，而要分析错误概率，最好能给出定量的表达式。在$(n,\ 1)$重复码的例子中，正是因为给出了错误概率的函数，才能证明它的错误概率能趋近于0。由于采用了 Hamming 距离，其直观的观察量是发生错误的位数，例如(5，1)重复码可以纠正1位和2位错误，因此可考虑错误位数观点下的错误概率。

问题15 在BSC下的译码错误概率与出错的位数之间有什么关系？

如果发生 i 位错误，则意味着它在相应的位上有变化，为分析方便，可引入**差错模式**(Error Pattern)的概念。所谓差错模式就是一个各维取自 $\{0,\ 1\}$ 上的向量 $\boldsymbol{e}=(e_1,\ e_2,\ \cdots,\ e_n)$，任意码字 $C(x^t)=x^tz^{n-t}=\boldsymbol{x}$ 经过传输会变成

$$\boldsymbol{y}=\boldsymbol{x}+\boldsymbol{e}=(x_1\oplus e_1,\ x_2\oplus e_2,\ \cdots,\ x_n\oplus e_n) \tag{5.107}$$

显然 $\boldsymbol{e}$ 中1的个数则是出现错误的个数，于是可定义 $\{0,\ 1\}^n$ 上的**重量**(Weight)为

$$\boldsymbol{W}(\boldsymbol{x})=x_1+x_2+\cdots+x_n \tag{5.108}$$

而 $\boldsymbol{e}$ 的重量则反映了 $\boldsymbol{x}$ 和 $\boldsymbol{y}$ 之间的 Hamming 距离。

利用上述概念可分析发生 i 位错误情况下的错误概率。令

$$\delta_i(\boldsymbol{x},\ \boldsymbol{y})=\begin{cases}1, & d_H(\boldsymbol{x},\ \boldsymbol{y})=i\\ 0, & d_H(\boldsymbol{x},\ \boldsymbol{y})\neq i\end{cases} \tag{5.109}$$

则这部分错误概率为

$$
\begin{aligned}
&\sum_{y\in\{0,1\}^n}\left(q(y)\sum_{\substack{v^t\in\{0,1\}^t\\ v^t\neq D(y)}}(\delta_i(C(v^t),y)q(C(v^t)|y))\right)\\
&=\sum_{y\in\{0,1\}^n}\left(\sum_{\substack{v^t\in\{0,1\}^t\\ v^t\neq D(y)}}(\delta_i(C(v^t),y)u(C(v^t),y))\right)\\
&\leqslant\sum_{y\in\{0,1\}^n}\left(\sum_{v^n\in\{0,1\}^n}(\delta_i(v^n,y)u(v^n,y))\right)\\
&=\sum_{v^n\in\{0,1\}^n}\left(p(v^n)\sum_{y\in\{0,1\}^n}(\delta_i(v^n,y)p(y|v^n))\right)\\
&=\sum_{v^n\in\{0,1\}^n}\left(p(v^n)\binom{n}{i}p^i(1-p)^{n-i}\right)\\
&=\binom{n}{i}p^i(1-p)^{n-i}
\end{aligned}
\tag{5.110}
$$

其中 $p(v^n)$ 的定义为：若 v^n 取值为 $C(v^t)$ 则等于 $p(C(v^t))$，否则为 0。于是能纠正 λ 位(及 λ 位以下)错误的译码映射 D 平均译码错误概率的上界为

$$
\begin{aligned}
p_e^{\langle D\rangle}&=\sum_{i=\lambda+1}^{n}\left[\sum_{y\in\{0,1\}^n}\left(q(y)\sum_{\substack{v^t\in\{0,1\}^t\\ v^t\neq D(y)}}(\delta_i(C(v^t),y)q(C(v^t)|y))\right)\right]\\
&\leqslant\sum_{i=\lambda+1}^{n}\left(\binom{n}{i}p^i(1-p)^{n-i}\right)
\end{aligned}
\tag{5.111}
$$

于是，只需知道能纠正错误的位数，即可对平均译码错误概率给出分析，因此很有必要讨论编码与纠错位数的关系。

若要纠正错误，首先需要检测到错误，而要能检测所有 λ 位及 λ 位以下错误，显然要分析 $d_H(C)_{min}$。如果发生 λ 位及 λ 位以下错误，则意味着 $x+e$ 在 x 的 λ 邻域内，要想检测到这种错误，则要求在 $W(e)\leqslant\lambda$ 情况下 $x+e$ 不能成为其他码字，即此情况下 $x+e$ 离任意码字 $x'(x'\neq x)$ 的距离都大于 0。

问题 16　编码满足何种性质，才能检测出所有 λ 位及 λ 位以下错误？

如果有码字 $x'(x'\neq x)$ 满足 $d_H(x,x')\leqslant\lambda$，那么有可能出现 $x+e=x'$，此时 $W(e)\leqslant\lambda$ 误发送的就是 x'，即没有检测到错误。针对此情况，可要求 $d_H(C)_{\min}\geqslant\lambda+1$。

(1) 充分性。如果 $d_H(C)_{\min}\geqslant\lambda+1$，则不可能出现检测不出 λ 位及 λ 位以下错误的情况，因为若出现 $x+e=x'$ 且 $W(e)\leqslant\lambda$，则

$$W(e)=d_H(x+e,x)=d_H(x',x)\geqslant d_H(C)_{\min}\geqslant\lambda+1>\lambda \tag{5.112}$$

不再满足 $W(e)\leqslant\lambda$ 的要求，导致矛盾。可知充分性成立。

也可以直接从 Hamming 距离的性质

$$d_H(x+e,x')+d_H(x,x+e)\geqslant d_H(x,x') \tag{5.113}$$

来证明，利用 $W(e)\leqslant\lambda$ 和 $d_H(C)_{\min}$ 是最小距离可知

$$d_H(x+e,x')\geqslant d_H(x,x')-d_H(x,x+e)\geqslant d_H(C)_{\min}-W(e)\geqslant 1 \tag{5.114}$$

即 $x+e$ 离任意码字 $x'(x'\neq x)$ 的距离都大于 0。

(2) 必要性。从 $y=x+e$ 这种模式可看出，了解 y 和 x 可唯一确定 e，不妨记 $e=y-x$。

若有码字 $\boldsymbol{x}'(\boldsymbol{x}'\neq\boldsymbol{x})$ 满足 $d_H(\boldsymbol{x},\ \boldsymbol{x}')\leqslant\lambda$，取 $\boldsymbol{e}=\boldsymbol{x}'-\boldsymbol{x}$，它满足 $\boldsymbol{x}+\boldsymbol{e}=\boldsymbol{x}'$，而且 $W(\boldsymbol{e})\leqslant\lambda$。因此，任意 $d_H(\boldsymbol{x},\ \boldsymbol{x}')>\lambda$，即 $d_H(C)_{\min}\geqslant\lambda+1$。

从上述讨论可知，检测出所有 λ 位及 λ 位以下错误的充要条件是 $d_H(C)_{\min}\geqslant\lambda+1$。

如果还能纠正所有 λ 位(及 λ 位以下)错误，则要求在 $W(\boldsymbol{e})\leqslant\lambda$ 情况下 $\boldsymbol{x}+\boldsymbol{e}$ 离码字 $\boldsymbol{x}'(\boldsymbol{x}'\neq\boldsymbol{x})$ 的距离比离 $\boldsymbol{x}$ 的距离要大，即

$$d_H(\boldsymbol{x}+\boldsymbol{e},\ \boldsymbol{x}')>d_H(\boldsymbol{x}+\boldsymbol{e},\ \boldsymbol{x})=W(\boldsymbol{e}) \tag{5.115}$$

显然它对 $d_H(C)_{\min}$ 的要求更高。

问题 17 编码满足何种性质，才能纠正所有 λ 位及 λ 位以下错误？

由于能检测错误，因此 $d_H(C)_{\min}\geqslant\lambda+1$，即任意 $d_H(\boldsymbol{x},\ \boldsymbol{x}')>\lambda$。考虑三角不等式的极端情况，取 $\boldsymbol{e}=\boldsymbol{x}'-\boldsymbol{x}$，再将 $\boldsymbol{e}=(e_1,\ e_2,\ \cdots,\ e_n)$ 分成两部分，再拼凑 0 形成 $\boldsymbol{e}_L=(e_1,\ e_2,\ \cdots,\ e_k,\ 0,\ \cdots,\ 0)$ 和 $\boldsymbol{e}_R=(0,\ \cdots,\ 0,\ e_{k+1},\ e_{k+2},\ \cdots,\ e_n)$，且满足 $W(\boldsymbol{e}_L)=\lambda$。而此种情况下要满足 $d_H(\boldsymbol{x}+\boldsymbol{e}_L,\ \boldsymbol{x}')>W(\boldsymbol{e}_L)=\lambda$，易知

$$d_H(\boldsymbol{x},\ \boldsymbol{x}')=d_H(\boldsymbol{x},\ \boldsymbol{x}+\boldsymbol{e}_L)+d_H(\boldsymbol{x}+\boldsymbol{e}_L,\ \boldsymbol{x}')>2\lambda \tag{5.116}$$

针对此情况，可要求 $d_H(C)_{\min}\geqslant 2\lambda+1$。

(1) 充分性。如果 $d_H(C)_{\min}\geqslant 2\lambda+1$，则不可能在 $W(\boldsymbol{e})\leqslant\lambda$ 情况下可以找到 $\boldsymbol{x}'(\boldsymbol{x}'\neq\boldsymbol{x})$ 和 $\boldsymbol{x}+\boldsymbol{e}$ 满足 $d_H(\boldsymbol{x}+\boldsymbol{e},\ \boldsymbol{x}')\leqslant d_H(\boldsymbol{x}+\boldsymbol{e},\ \boldsymbol{x})$。因为若出现这种情况，则导致

$$\begin{aligned} d_H(\boldsymbol{x},\ \boldsymbol{x}') &\leqslant d_H(\boldsymbol{x}+\boldsymbol{e},\ \boldsymbol{x}')+d_H(\boldsymbol{x},\ \boldsymbol{x}+\boldsymbol{e}) \\ &\leqslant 2\lambda \end{aligned} \tag{5.117}$$

不再满足 $d_H(C)_{\min}\geqslant 2\lambda+1$ 的要求，于是充分性成立。

同样也可从 Hamming 距离的性质(5.113)来证明，仍利用 $W(\boldsymbol{e})\leqslant\lambda$ 和 $d_H(C)_{\min}$ 是最小距离可知

$$\begin{aligned} d_H(\boldsymbol{x}+\boldsymbol{e},\ \boldsymbol{x}') &\geqslant d_H(\boldsymbol{x},\ \boldsymbol{x}')-d_H(\boldsymbol{x},\ \boldsymbol{x}+\boldsymbol{e}) \\ &\geqslant 2\lambda+1-\lambda \\ &=\lambda+1 \\ &>d_H(\boldsymbol{x}+\boldsymbol{e},\ \boldsymbol{x}) \end{aligned} \tag{5.118}$$

即 $\boldsymbol{x}+\boldsymbol{e}$ 离任意码字 $\boldsymbol{x}'(\boldsymbol{x}'\neq\boldsymbol{x})$ 的距离比离 $\boldsymbol{x}$ 的距离要大。

(2) 必要性。前文构造 $\boldsymbol{e}_L$ 和 $\boldsymbol{e}_R$ 的过程证明了任意 $d_H(\boldsymbol{x},\ \boldsymbol{x}')>2\lambda$，从而 $d_H(C)_{\min}\geqslant 2\lambda+1$。

从上述讨论可知，纠正所有 λ 位及 λ 位以下错误的充要条件是 $d_H(C)_{\min}\geqslant 2\lambda+1$。

关于上述检测和纠正错误的分析，还有一个显然的推论：设 $\lambda'>\lambda$，在发生 λ 位及 λ 位以下错误时能够完全纠正，且在发生 $\lambda+1$ 位到 $\lambda+\lambda'$ 位之间错误时能检测，上述情况的充要条件是 $d_H(C)_{\min}\geqslant\lambda+\lambda'+1$。

此外，编码的效率也很重要。显然，衡量编码效率的一个重要指标是码率，如果码率越高，说明冗余越小。$(n,\ 1)$ 重复码虽然能达到趋近于 0 的平均译码错误概率，但它的码率也趋近于 0，因此需要寻找能兼顾二者的优良编码。

5.3.3 Hamming 码

在线性分组码的框架下，冗余位可以由原始符号位线性表示，如果从代数的观点考察此问题，可以获得更好的解答。

问题 18 如何给出字母表为 $\{0,\ 1\}$ 情况下线性分组码的一般模型？

从实现角度看，线性分组码中冗余位最好只与原始符号位有关，而与冗余位其他符号位无关，这样实现起来比较容易，而且可以对冗余位并行计算。在这种假设下，利用异或运算的本质是模 2 加法[①]，码字向量$(x_1, \cdots, x_t, z_1, \cdots, z_{n-t})$与原始符号向量$(x_1, \cdots, x_t)$之间的关系可由矩阵 $\boldsymbol{G}$ 描述

$$(x_1, \cdots, x_t, z_1, \cdots, z_{n-t})=(x_1, \cdots, x_t)\boldsymbol{G} \tag{5.119}$$

而 $\boldsymbol{G}$ 的前 t 列形成了一个单位矩阵[②]。

由于向量$(x_1, \cdots, x_t, z_1, \cdots, z_{n-t})$的个数只有 2^t，它来自$(x_1, \cdots, x_t)$的变换，而$(x_1, \cdots, x_t)$最基本的形式只有 t 个，即$(x_1, \cdots, x_t)$所在空间的**基**(Base)个数为 t。若将 $\boldsymbol{G}$ 写为$(\boldsymbol{g}_1, \boldsymbol{g}_2, \cdots, \boldsymbol{g}_t)^{\mathrm{T}}$，那么码字向量$(x_1, \cdots, x_t, z_1, \cdots, z_{n-t})$就是 $\boldsymbol{g}_1$，$\boldsymbol{g}_2$，…，$\boldsymbol{g}_t$的线性组合

$$(x_1, \cdots, x_t, z_1, \cdots, z_{n-t})=x_1\boldsymbol{g}_1+x_2\boldsymbol{g}_2+\cdots+x_t\boldsymbol{g}_t \tag{5.120}$$

尽量要使$(x_1, \cdots, x_t, z_1, \cdots, z_{n-t})$所形成的向量空间维数最大，那么可取 $\boldsymbol{g}_1$，$\boldsymbol{g}_2$，…，$\boldsymbol{g}_t$线性无关，而 $\boldsymbol{G}$ 的前 t 列的特性即可保证此要求。

利用代数中的有关结论，由 $\boldsymbol{G}$ 的特性可知 $\boldsymbol{G}$ 存在一个由 $n-t$ 个线性无关的行向量组成的 $n-t\times n$ 矩阵 $\boldsymbol{H}$，满足 $\boldsymbol{G}\boldsymbol{H}^{\mathrm{T}}=0$。可知任意码字满足

$$(x_1, \cdots, x_t, z_1, \cdots, z_{n-t})\boldsymbol{H}^{\mathrm{T}}=0 \tag{5.121}$$

称 $\boldsymbol{H}$ 为**奇偶校验矩阵**(Parity-Check Matrix)。实际上，在异或运算情况下，利用 $x\oplus x=0$ 特性，只需将 $\boldsymbol{G}$ 的非单位矩阵部分作转置，再适当调整位置，即可找到 $\boldsymbol{H}$。而利用 $\boldsymbol{H}$ 也可很快找到 $\boldsymbol{G}$，于是只需构造满足条件的 $\boldsymbol{H}$ 即可。

需要指出，从秩可以看出 $\boldsymbol{G}$ 和 $\boldsymbol{H}$ 中行向量和列向量均不可能是零向量，如果有一个重量为 1 的差错模式 e，必然导致

$$((x_1, \cdots, x_t, z_1, \cdots, z_{n-t})+\boldsymbol{e})\boldsymbol{H}^{\mathrm{T}}\neq 0 \tag{5.122}$$

这正是 Hamming 码的设计思路。

问题 19 如何利用 $\boldsymbol{H}$ 给出只能纠正 1 位错误的编码？

将 $\boldsymbol{H}$ 改写为$(\boldsymbol{h}_1, \boldsymbol{h}_2, \cdots, \boldsymbol{h}_n)$，如果没有出现错误，则满足(5.121)式，如果重量为 1 的差错模式 $\boldsymbol{e}=(e_1, e_2, \cdots, e_n)$中 $e_i=1$，显然有

$$((x_1, \cdots, x_t, z_1, \cdots, z_{n-t})+e)\boldsymbol{H}^{\mathrm{T}}=\boldsymbol{h}_i^{\mathrm{T}} \tag{5.123}$$

只需取 $\boldsymbol{h}_1$，$\boldsymbol{h}_2$，…，$\boldsymbol{h}_n$各不相同即可检测这种错误。一种简单的思路就是令 $\boldsymbol{h}_i$ 为 i 的二进制形式，而为使 t 指定情况下 n 足够大，可取所有非零向量，于是可知 $n=2^{n-t}-1$。显然这种 $\boldsymbol{H}$ 的秩为 $n-t$，从而它由 $n-t$ 个线性无关的行向量组成。在 $t\geqslant 3$ 情况下，利用上述构造方法可形成$(2^t-1, 2^t-t-1)$Hamming 码。

需要指出，Hamming 码的奇偶校验矩阵 $\boldsymbol{H}$ 还可以缩短以获得更好的纠错能力，但实际中常用的 Hamming 码仍然是$(2^t-1, 2^t-t-1)$Hamming 码。为简化记号，本节中所有的(n, t) Hamming 码均指$(2^t-1, 2^t-t-1)$Hamming 码。

【例 5.8】 取(7, 4)Hamming 码，求出相应的奇偶校验矩阵 $\boldsymbol{H}$，并求出对应的 $\boldsymbol{G}$。

---

① 为简便计，本节中直接用加法符号代替异或运算，而且不加 mod 2 标记。

② 一般的线性分组码没有这种限制，但可通过调整 G 的列使得 G 满足此性质。事实上，一般称满足该性质的编码为**系统码**（Systematic Code)，它比较利于机器实现，也易于寻找原始符号位。

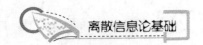

解 易知 $\boldsymbol{H}$ 由所有 7－4＝3 维非零向量组成，即

$$\boldsymbol{H}=\begin{pmatrix}0&0&0&1&1&1&1\\0&1&1&0&0&1&1\\1&0&1&0&1&0&1\end{pmatrix} \tag{5.124}$$

利用列置换(4，2，1，3，5，6，7)将 $\boldsymbol{H}$ 整理成左边 3 列为单位矩阵的形式，为

$$\boldsymbol{H}^*=\begin{pmatrix}1&0&0&0&1&1&1\\0&1&0&1&0&1&1\\0&0&1&1&1&0&1\end{pmatrix} \tag{5.125}$$

构造满足 $\boldsymbol{G}^*(\boldsymbol{H}^*)^{\mathrm{T}}=0$ 的 $\boldsymbol{G}^*$，将 $\boldsymbol{H}^*$ 右边 4 列转置，再配上单位矩阵即可形成

$$\boldsymbol{G}^*=\begin{pmatrix}0&1&1&1&0&0&0\\1&0&1&0&1&0&0\\1&1&0&0&0&1&0\\1&1&1&0&0&0&1\end{pmatrix} \tag{5.126}$$

利用列置换$(4，2，1，3，5，6，7)^{-1}$将 $\boldsymbol{G}^*$ 变为

$$\begin{pmatrix}1&1&1&0&0&0&0\\1&0&0&1&1&0&0\\0&1&0&1&0&1&0\\1&1&0&1&0&0&1\end{pmatrix} \tag{5.127}$$

再作初等行变换，以得到满足要求的 $\boldsymbol{G}$

$$\boldsymbol{G}=\begin{pmatrix}1&0&0&0&0&1&1\\0&1&0&0&1&0&1\\0&0&1&0&1&1&0\\0&0&0&1&1&1&1\end{pmatrix} \tag{5.128}$$

容易验证 $\boldsymbol{G}\boldsymbol{H}^{\mathrm{T}}=0$。

问题 20 如何给出$(n，t)$Hamming 码的码簿？其码簿有何特点？

可以通过对所有$(x_1，\cdots，x_t)$求解$(x_1，\cdots，x_t，z_1，\cdots，z_{n-t})\boldsymbol{H}^{\mathrm{T}}=0$ 来找到码簿，这种方法稍微麻烦。较为快速的方式是通过 $\boldsymbol{H}$ 求出满足前 t 列为单位矩阵的 $\boldsymbol{G}$，再利用$(x_1，\cdots，x_t，z_1，\cdots，z_{n-t})=(x_1，\cdots，x_t)\boldsymbol{G}$ 即可快速得到码簿。

易知$(n，t)$Hamming 码的所有码字在加法上是封闭的，从这个角度看，非零最小码字重量决定了 Hamming 码的 $d_H(C)_{\min}$。再从码字所需要满足的(5.121)式考虑如下所示。

(1) 如果$(x_1，\cdots，x_t，z_1，\cdots，z_{n-t})$重量为 1，则意味着存在 $\boldsymbol{h}_i^{\mathrm{T}}$，使得

$$(x_1，\cdots，x_t，z_1，\cdots，z_{n-t})\boldsymbol{H}^{\mathrm{T}}=\boldsymbol{h}_i^{\mathrm{T}}\neq 0 \tag{5.129}$$

这不满足要求。

(2) 如果$(x_1，\cdots，x_t，z_1，\cdots，z_{n-t})$重量为 2，则意味着存在 $\boldsymbol{h}_i$，$\boldsymbol{h}_j$ $(i\neq j)$使得

$$(x_1，\cdots，x_t，z_1，\cdots，z_{n-t})\boldsymbol{H}^{\mathrm{T}}=\boldsymbol{h}_i^{\mathrm{T}}+\boldsymbol{h}_j^{\mathrm{T}} \tag{5.130}$$

显然 $i\neq j$ 情况下 $\boldsymbol{h}_i^{\mathrm{T}}+\boldsymbol{h}_j^{\mathrm{T}}$同样不为零向量。

因此 Hamming 码满足 $d_H(C)_{\min}\geqslant 3$，即它至少能纠正 1 位错误。

【例 5.9】 求出(7，4)Hamming 码的码簿，并给出实例说明 Hamming 码的纠错过程。

解 易知 $\boldsymbol{G}$ 为(5.128)，因此码簿可求出为

$$\begin{matrix} 0000000 & 0001111 & 0010110 & 0011001 \\ 0100101 & 0101010 & 0110011 & 0111100 \\ 1000011 & 1001100 & 1010101 & 1011010 \\ 1100110 & 1101001 & 1110000 & 1111111 \end{matrix} \tag{5.131}$$

其中前 4 位为原始符号位。

假设收到出现 1 位错误的码字 0110111，乘以 $\boldsymbol{H}^{\mathrm{T}}$ 的结果为(1，0，1)(即 $\boldsymbol{h}_5^{\mathrm{T}}$)，于是将 0110111 的第 5 位改正后得到 0110011，而发送的原始符号为 0110。

事实上，由于(n, t)Hamming 码要求 $n=2^t-1$，这样使得 t 很大时码率能接近于 1。此外，可以证明 Hamming 码的平均译码错误概率在 $p(0)\leqslant 1/2$ 的 BSC 下译码错误概率小于 $1/2^t$，因此 Hamming 码确实是一个相当不错的编码。

关于纠错编码的内容相当丰富，在此不再过多介绍，有兴趣的读者可参阅相关书籍以获得更深入的了解。

本章小结

本章从信道模型入手，讨论了信息传输的具体过程，指出信道中传输的信息量是互信息，还介绍了若干种常见的典型信道。而针对信道的传输速率问题，我们考虑了信道的扩展技术，并分析了互信息的变化。

为给出信息在信道传输后复原的技术，我们讨论了译码函数和译码准则，并给出了几种译码准则，利用平均译码错误概率这个指标给出了最佳的译码准则。为进一步分析译码的错误概率，我们给出了 Fano 不等式，由此出发又提出了分组码的构造方案。

为得到较好的编码，我们讨论了一类特殊的纠错编码——线性分组码。首先以 Hamming 距离为纽带给出了错误概率的上界，其次对编码的纠错能力进行了深入讨论，最后介绍了 Hamming 码的具体构造方法。

尽管本章已经对信道有了一定的分析，但还未能得到类似信源编码那样深刻的结果，为此仍需要在理论上进一步分析信道的特性。

习 题

(一) 填空题

1. 二元无噪信道的信道转移矩阵为____________。
2. 二元对称信道的信道转移矩阵为____________。
3. 二元删除信道的信道转移矩阵为____________。

(二) 选择题

1. 译码错误概率最小的译码为____________。

(A) 最大似然译码　　(B) 最大后验概率译码

(C) 最小距离译码　　(D) 择多译码

2. 下列____________不属于距离空间的公理。

(A) 非负性　　　　(B) 对称性

(C) 三角不等式　　　　(D) 反对称性

(三) 计算题

1. 设 $\mathcal{X}=\{0, 1, 2\}$ 和 $\mathcal{Y}=\{a, b, c\}$，且信道转移矩阵为

$p(y\|x)$	$y=a$	$y=b$	$y=c$
$x=0$	0.5	0.2	0.3
$x=1$	0.4	0.3	0.3
$x=2$	0.2	0.2	0.6

且先验概率 $p(x)$ 满足

$$p(x)=\begin{cases}0.1, & x=0\\ 0.8, & x=1\\ 0.1, & x=2\end{cases}$$

给出最大后验概率译码 D 并计算其译码错误概率。

2. 设 $\mathcal{X}=\{0, 1\}$ 和 $\mathcal{Y}=\{a, b, c\}$，且信道转移矩阵为

$p(y\|x)$	$y=a$	$y=b$	$y=c$
$x=0$	0.7	0.1	0.2
$x=1$	0.1	0.4	0.5

且先验概率 $p(x)$ 满足

$$p(x)=\begin{cases}0.1, & x=0\\ 0.9, & x=1\end{cases}$$

给出最大似然译码 D 并计算其译码错误概率。

3. 若信道转移矩阵为

$$p(y|x)=\begin{pmatrix}1/2 & 1/2\\ 1/2 & 1/2\\ 1/2 & 1/2\end{pmatrix}$$

先验概率为等概率分布，利用 Fano 不等式给出译码错误概率的一个下界。

4. 某纠错编码 C 的码簿为 {11100, 01001, 10010, 00111}，计算它的码率和 $d_H(C)_{\min}$，并讨论其纠错能力。

(四) 证明题

1. 证明 (n, t) Hamming 码能检测 2 位及 2 位以下错误。

2. 举出反例来说明(7, 4)Hamming 码无法纠正 2 位以上的错误。

第6章 离散信道

教学目标

了解互信息的特性，并能准确理解信道容量的意义，掌握特殊信道的容量计算，了解一般信道的容量计算；能够从码率观点看待数据处理，能灵活运用数据处理不等式，并理解信源和信道分离的意义；掌握信道编码定理和信道编码逆定理，并理解它们与联合典型集之间的关系。

教学要求

知识要点	能力要求	相关知识
互信息	(1) 掌握信道容量的定义 (2) 掌握特殊信道的容量计算 (3) 了解信道容量的数值计算	(1) 凹函数与极大值 (2) 信道的容量与物理意义 (3) Khun－Tucker 条件
数据处理	(1) 准确理解码率的意义 (2) 掌握数据处理不等式 (3) 了解信源信道定理	(1) 符号承载的信息率 (2) Markov 链 (3) 信源与信道的分离
信道编码	(1) 理解联合典型集的概念 (2) 了解信道编码定理 (3) 了解信道编码逆定理	(1) 弱大数定律 (2) 随机性与随机编码 (3) 错误概率的界

引言

传输信息的物理介质从电话线、双绞线发展到光导纤维(图 6.1)，其传输速率逐步加快。若从信息传输的物理性能上看，信道所能承载的信息传输速率是有限的，要是再加上译码错误概率的限制，将进一步降低其信息传输速率。如果将信息流视为真实的流体，那么传输它的信道必然具有一定的容量，超过此容量的信息流必然不可传输。为此，需要建立一种合理的模型，并在此基础上定义出信道容量。

不过，仅有信道容量的定义远远不够。仿照数据压缩部分的内容，需要分析出信道容量是否是某种量的界限，这样它的物理意义便能明确，而且可用于实际。此外，需要对各种不同类型的具体信道进行分析研究，计算出它们的信道容量，以便实际使用。

从更宽泛的意义上说，信道的概念还可以推广，只要是具备输入和输出的系统均可视为信道。比如存储设备就是一种信道，写入数据就是发送信息，而读出信息就是接收信息，显然存储设备也采用了冗余信息以保证数据纠错，因此它称为存储信道，图6.2给出了两个实例。

数据压缩从某种意义上说也可视为信道，压缩数据是“编码信道”，解压数据是“译码信道”，如图6.3所示。这种观点的好处是可从统一的角度定义码率，并以此来对信息的压缩和传输给出统一的描述。

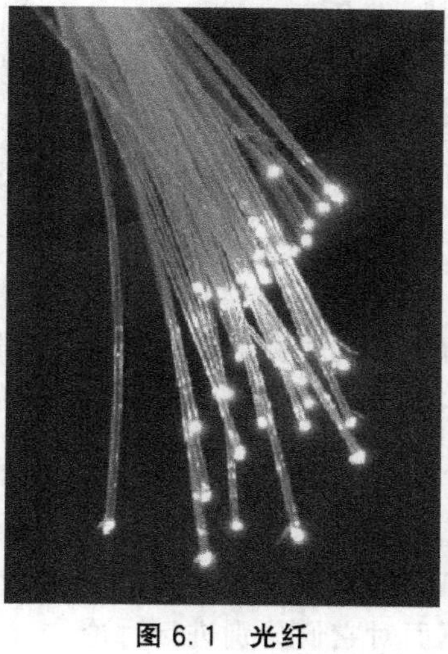

图 6.1 光纤

(a) 固态硬盘

(b) 蓝光光盘

图 6.2 存储信道

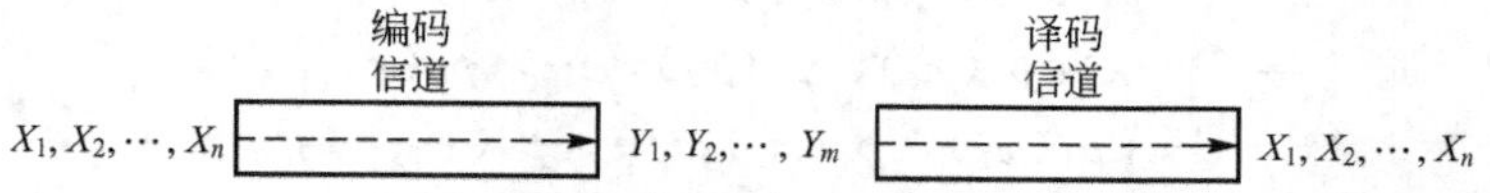

图 6.3 数据压缩的信道解释

6.1 基本概念

6.1.1 互信息

信道中不断传递信息，如果从熵的角度去思考，必须选择一个合适的特征作为信道中传递的信息量，显然互信息是比较合适的。为简便起见，可从发送和接收均为单个符号的情况开始分析。

问题 1 发送端为 X，接收端为 Y，其取值空间均为 $\{0, 1\}$。信道为二元对称信道

$$p(y|x)=\begin{bmatrix}1-p & p\\ p & 1-p\end{bmatrix} \tag{6.1}$$

互信息 $I(X;Y)$有何特性？

若信道给定，则信道转移矩阵 $p(y|x)$是确定的，在此前提下只有输入端的概率分布函数$p(x)$可以变化，于是互信息 $I(X;Y)$随 $p(x)$变化。事实上，只需确定 $p(0)$的值即可获得概率分布函数 $p(x)$的完整情况，于是 $I(X;Y)$即可写成 $p(0)$的函数。

将 $I(X;Y)$按定义展开成熵的表达式

$$I(X;Y)=H(Y)-H(Y|X) \tag{6.2}$$

由于二元对称信道的特性，可知 $H(Y|X)$仅与 p 有关，可视为常数，那么只需讨论 $H(Y)$和 $p(0)$的关系即可。而 $q(y)$为

$$q(y)=\begin{cases}p(0)(1-p)+(1-p(0))p, & y=0\\ p(0)p+(1-p(0))(1-p), & y=1\end{cases} \tag{6.3}$$

根据熵的表达式可知 $H(Y)$是关于 $q(0)$的凹函数，且在 Y 为等概分布时取得最大值。下面对它们分别进行讨论。

(1) 由于 $q(0)$可由 $p(0)$经线性变换而得，于是 $H(Y)$也是关于 $p(0)$的凹函数，进而可知 $I(X;Y)$是关于 $p(0)$的凹函数。

将上述问题一般化，便可讨论 $I(X;Y)$的凹性，为此必须以抽象的概率分布函数形式描述。由于概率分布函数是一个整体性的概念，即它可视为概率值的向量，因此必须从向量空间的角度考虑。取概率分布函数 $p_0(x)$和 $p_1(x)$，对于任意 $0\leqslant\lambda\leqslant1$，可定义概率分布函数 $p_\lambda(x)$为

$$p_\lambda(x)=(1-\lambda)p_0(x)+\lambda p_1(x),\quad (\forall x\in\mathcal{X}) \tag{6.4}$$

显然 $p_\lambda(x)$仍然满足完备性，因此是可行的概率分布函数。此外，$\lambda=0$ 时 $p_\lambda(x)$即$p_0(x)$，而 $\lambda=1$ 时 $p_\lambda(x)$即 $p_1(x)$。事实上，在有限取值空间情况下，(6.4)式可视为向量运算

$$\begin{aligned}&(p_\lambda(x_1),\ p_\lambda(x_2),\ \cdots,\ p_\lambda(x_{|\mathcal{X}|}))^{\mathrm{T}}\\ =&(1-\lambda)(p_0(x_1),\ p_0(x_2),\ \cdots,\ p_0(x_{|\mathcal{X}|}))^{\mathrm{T}}\\ &+\lambda(p_1(x_1),\ p_1(x_2),\ \cdots,\ p_1(x_{|\mathcal{X}|}))^{\mathrm{T}}\end{aligned} \tag{6.5}$$

这样去理解凹性的概念就比较直观了。为简便计，以向量形式描述上述各量，将概率分布函数 $p_\lambda(x)$，$p_0(x)$，$p_1(x)$分别记为向量 $\boldsymbol{p}_\lambda$，$\boldsymbol{p}_0$，$\boldsymbol{p}_1$。

记 $p(y|x)$确定而 $\boldsymbol{p}$ 变化时的 $I(X;Y)$为 $I(\boldsymbol{p})$，如果 $I(\boldsymbol{p})$具备凹性，那么它应满足

$$I(\boldsymbol{p}_\lambda)\geqslant(1-\lambda)I(\boldsymbol{p}_0)+\lambda I(\boldsymbol{p}_1) \tag{6.6}$$

而 $p(y|x)$确定，记 $G(x)$为

$$G(x)=\left(-\sum_{y\in\mathcal{Y}}p(y|x)\log p(y|x)\right) \tag{6.7}$$

条件熵满足

$$\sum_{x\in\mathcal{X}}(p_\lambda(x)G(x))=(1-\lambda)\sum_{x\in\mathcal{X}}(p_0(x)G(x))+\lambda\sum_{x\in\mathcal{X}}(p_1(x)G(x)) \tag{6.8}$$

将所有 $G(x)$以向量形式写出，记作 $\boldsymbol{G}$，它仅与 $p(y|x)$有关。条件熵为概率分布函数 $\boldsymbol{p}$ 和向量 $\boldsymbol{G}$ 之间的点积，于是(6.8)式等价于

$$\boldsymbol{G}^{\mathrm{T}}\boldsymbol{p}_\lambda=(1-\lambda)\boldsymbol{G}^{\mathrm{T}}\boldsymbol{p}_0+\lambda\boldsymbol{G}^{\mathrm{T}}\boldsymbol{p}_1 \tag{6.9}$$

由于 $I(X;Y)$满足(6.2)式，条件熵又满足(6.8)式，因此只需考察 $H(Y)$的凹性即可。记 $\boldsymbol{p}$ 情况下的 $q(y)$为 $\boldsymbol{q}$，$H(Y)$为 $H(\boldsymbol{q})$或 $H_Y(\boldsymbol{p})$。注意到

$$q(y)=\sum_{x\in\mathcal{X}}(p(x)p(y|x)) \tag{6.10}$$

这表明 $\boldsymbol{q}$ 可由 $\boldsymbol{p}$ 经线性变换而得，于是 $H_Y(\boldsymbol{p})$的关于 $\boldsymbol{p}$ 的凹性证明可转换为 $H(\boldsymbol{q})$关于 $\boldsymbol{q}$ 是凹函数的证明。

为证明熵的凹性，不妨取随机变量 U，其取值空间为 $\mathcal{U}=\{0,1\}$，再取随机变量 Z，其取值空间为 $\mathcal{Z}=\mathcal{Y}$。为构造出 Z 的分布与 $q_\lambda(y)$相同，条件概率可取

$$\Pr\{Z=y|U=u\}=\begin{cases}q_0(y), & u=0\\ q_1(y), & u=1\end{cases}\quad(\forall y\in\mathcal{Z}) \tag{6.11}$$

概率分布函数

$$p(u)=\begin{cases}1-\lambda, & u=0\\ \lambda, & u=1\end{cases} \tag{6.12}$$

于是 Z 的概率分布函数 $p_Z(y)$为

$$p_Z(y)=(1-\lambda)q_0(y)+\lambda q_1(y),\quad(\forall y\in\mathcal{Z}) \tag{6.13}$$

根据条件熵的关系

$$H(Z)\geqslant H(Z|U) \tag{6.14}$$

按定义展开可得

$$H(\boldsymbol{q}_\lambda)\geqslant(1-\lambda)H(\boldsymbol{q}_0)+\lambda H(\boldsymbol{q}_1) \tag{6.15}$$

那么 $H(\boldsymbol{q})$关于 $\boldsymbol{q}$ 是凹函数，从而 $I(\boldsymbol{p})$具备凹性，因此 $I(\boldsymbol{p})$有极大值，且该极大值也是最大值。注意到 $\boldsymbol{p}$ 满足完备性和概率值的范围约束，即 $\boldsymbol{p}$ 由超平面上的点组成，在求解时必须满足这些约束。

此外 $I(X;Y)$在 $p(x)$确定但 $p(y|x)$变化时，$I(X;Y)$关于 $p(y|x)$具备凸性，可将 $I(X;Y)$按 $(1-\lambda):\lambda$ 的比例分割，合并具有同样系数的项，利用 Jensen 不等式可证明之。

(2) 由于二元对称信道中只需要考虑 $H(Y)$，不过 $H(Y)$是否能取到最大值，尚须进一步分析 Y 是否能达到等概分布。若 $q(y)$为等概分布，可知

$$2p(0)(1-2p)=(1-2p) \tag{6.16}$$

若 $p=1/2$，则(6.16)式恒成立，从而 $q(y)$恒为等概分布，则 $p(0)$取任意值时 $I(X;Y)$均取最大值。而当 $p\neq1/2$ 时，$p(0)$只有取 1/2 时(6.16)式才成立，其他情况下 $I(X;Y)$均不能达到最大值。这个例子说明，对于一般信道来说，何时能达到 $I(X;Y)$的最大值需要进行具体和细致的分析。

综观上述讨论，互信息在信道转移矩阵 $p(y|x)$确定时必然能取到最大值，显然以此最大值作为信道的容量是合适的，因此信道容量 C 定义为

$$C=\max_{p(x)}\{I(X;Y)\} \tag{6.17}$$

即寻找到某种概率分布函数 $p^*(x)$使得此时的 $I(X;Y)$取得最大值 C。为避免混淆，本章中将编码函数记为 c[①]，对应的译码函数记为 d。

---

① 因为信道容量 C 在信息论中相当重要，所以一般文献中使用 C 的记号大多指信道容量。

问题 2 信道容量的定义是否能适应离散无记忆信道的扩展传输？

根据离散无记忆信道的性质，可知扩展后的互信息 $I(X^n; Y^n)$满足

$$I(X^n; Y^n) \leqslant \sum_{i=1}^{n} I(X_i; Y_i) \tag{6.18}$$

显然扩展后的信道容量 C^n满足

$$C^n \leqslant \sum_{i=1}^{n} C = nC \tag{6.19}$$

设 $p^*(x)$可使 $I(X; Y)$达到 C，不妨取输入为 i.i.d. 序列，其分布均为 $p^*(x)$，此时互信息满足

$$I(X^n; Y^n) = \sum_{i=1}^{n} I(X_i; Y_i) = \sum_{i=1}^{n} C = nC \tag{6.20}$$

即 $I(X^n; Y^n)$确实可达到 nC，而 nC 是 C^n的上界，因此 $C^n = nC$。从这个观点看，信道容量的定义是比较合理的。

此外，上述分析使用了离散无记忆信道的定义，这是本书着重研究的信道。需要指出，对于任意 S_1，S_2，…，S_n，离散无记忆信道的条件概率均满足

$$p(y_{S_n}, \cdots, y_{S_1} | x_{S_n}, \cdots, x_{S_1}) = \prod_{i=1}^{n} p(y_{S_i} | x_{S_i}) \tag{6.21}$$

不妨取 $\boldsymbol{x} = x_1 x_2 \cdots x_m$，$\boldsymbol{y} = y_1 y_2 \cdots y_m$，对于任意 $n \leqslant m$，条件概率满足

$$\begin{aligned} p(y_n | x_n \boldsymbol{x} \boldsymbol{y}) &= \frac{p(y_n \boldsymbol{y} | x_n \boldsymbol{x})}{p(\boldsymbol{y} | x_n \boldsymbol{x})} \\ &= \frac{p(y_n | x_n) p(\boldsymbol{y} | \boldsymbol{x})}{\sum\limits_{y_n \in \mathcal{Y}} p(y_n \boldsymbol{y} | x_n \boldsymbol{x})} \\ &= \frac{p(y_n | x_n) p(\boldsymbol{y} | \boldsymbol{x})}{\sum\limits_{y_n \in \mathcal{Y}} p(y_n | x_n) p(\boldsymbol{y} | \boldsymbol{x})} \\ &= p(y_n | x_n) \end{aligned} \tag{6.22}$$

该结论进一步验证了 y_n仅与 x_n有关，与无论是该时刻前还是该时刻后所有的输入和输出均无关。对于离散有记忆信道，可用类似 Markov 信源的方式定义状态，再以状态决定信道转移情况，而目前的物理器件可以尽量做到无记忆，因此不对离散有记忆信道再作分析。

【例 6.1】 多个独立信道并联，这些信道的容量分别是 C_1，C_2，…，C_n，每次传输 k 个符号，如图 6.4 所示。求并联信道容量 C。

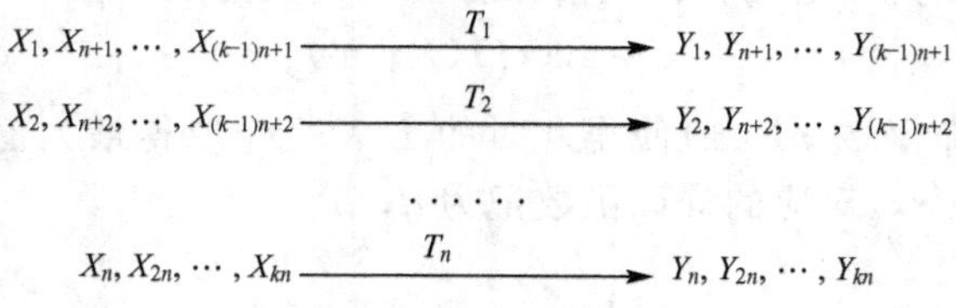

图 6.4 并联信道

解 由于每次传输 k 个符号相当于信道扩展，于是信道容量变为

$$kC_1,\ kC_2,\ \cdots,\ kC_n \tag{6.23}$$

而信道之间相互独立，其信道转移情况类似于离散无记忆信道，因此并联信道容量为

$$C=kC_1+kC_2+\cdots+kC_n=k\sum_{i=1}^{n}C_i \tag{6.24}$$

问题 3 互信息最大是否意味着信息传输的效果最好？

片面追求最大的互信息没有意义，例如在二元对称信道(6.1)式中若 $p=1/2$，任意概率分布均可使 $I(X;Y)$ 取到最大值，但此时是否真正达到"信息"传递的目的，还需分析错误概率。

易知联合概率分布函数 $u(x,y)$ 为

$u(x,y)$	$y=0$	$y=1$
$x=0$	$p(0)/2$	$p(0)/2$
$x=1$	$(1-p(0))/2$	$(1-p(0))/2$

采用最大后验概率译码 d，可知译码错误概率为

$$p_e^{(d)}=1-\max\{p(0),\ 1-p(0)\} \tag{6.25}$$

如果发送端信息分布很均匀，错误概率会达到 1/2，显然这是不可接受的。

事实上，信息传输不但要追求互信息接近信道容量，而且错误概率尽可能小。这些目标是否能够达到，这是需要深入研究的问题。

6.1.2 特殊信道的容量

虽然已经按互信息定义出信道容量，但不同的信道特色各异，容量也有差距。对于各种典型信道，了解它们的信道容量不但有助于理解它们的实质，还可在实际应用中直接使用这些结论。

问题 4 对能准确恢复信息的无噪信道和输出隔离有噪信道而言，其信道各有何特色，信道容量由什么决定？

这两种信道之所以能准确恢复信息，其关键是 $q(x|y)$ 只能取 0 或 1，于是条件熵 $H(X|Y)$ 为 0，而信道容量

$$C=\max_{p(x)}\{I(X;Y)\}=\max_{p(x)}\{H(X)-0\}=\log|\mathcal{X}| \tag{6.26}$$

只要发送端为等概分布，则互信息可达到信道容量，其值由发送端取值空间大小决定。

事实上，只要 $q(x|y)$ 满足取值只为 0 或 1，那么该信道的容量同样由(6.26)式决定。需要指出，在这种情况下，无论信源的概率分布如何，信息的传输都达到了目的，尽管效率可能不高。这种现象的深层次原因是不存在影响正确性的噪声 $H(X|Y)$。

从此类信道容量的计算中可看出，其策略是将互信息按 $H(X|Y)$ 方式考虑。不过，如果 $p(y|x)$ 满足一些特殊特性，一般还是从 $H(Y|X)$ 考虑更为适合，这种策略更为简易可行。

【例 6.2】 若信道不存在无意义的噪声，即 $H(Y|X)$ 为 0，计算其信道容量。

解 利用互信息和条件熵的关系可知

$$C=\max_{p(x)}\{I(X;Y)\}=\max_{p(x)}\{H(Y)-0\} \tag{6.27}$$

不过，这种情况下 $H(Y)$ 是否能取到最大值需要进一步分析。

由于 $H(Y|X)$ 为 0，$p(y|x)$ 只能取 0 或 1，为体现出取 1 的这种概率，记集合 $V(y)$ 为

$$V(y)=\{x\,|\,p(y|x)=1\} \tag{6.28}$$

再定义函数 $\delta(y)$

$$\delta(y)=\begin{cases}0, & V(y)=\varnothing\\ 1, & V(y)\neq\varnothing\end{cases} \tag{6.29}$$

显然Y中那些 $\delta(y)$ 为 0 的元素并无意义①，于是 C 为

$$\max_{p(x)}\{H(Y)\}=\log\Big(\sum_{y\in\mathcal{Y}}\delta(y)\Big) \tag{6.30}$$

其条件是

$$\sum_{\substack{x\in V(y)\\ \delta(y)=1}} p(x)=\frac{1}{\sum\limits_{y\in\mathcal{Y}}\delta(y)} \tag{6.31}$$

即可让接收端那些 $\delta(y)$ 为 1 的元素达到等概分布，显然这种 $p(x)$ 的概率分布容易找到。

在大多数实际情况下，Y中所有 $\delta(y)$ 为 1，此时信道容量可取到

$$C=\max_{p(x)}\{I(X;Y)\}=\max_{p(x)}\{H(Y)-0\}=\log|\mathcal{Y}| \tag{6.32}$$

上述求解过程反映了对具体信道计算容量的一种常用方案，其特点在于 $H(X|Y)$ 或者说 $p(y|x)$ 满足一定的特性，而关键在于对 Y 的概率分布进行一定的猜测，进而反求 X 的概率分布以验证猜测的正确性，从而获得最终解答。

问题 5 对称信道的信道转移矩阵每行均为一组完备的概率值 $(p_1, p_2, \cdots, p_n)$ 的置换，此类信道容量如何确定？

由于该信道为对称信道，易知 $H(Y|X)$ 为

$$H(Y|X)=-\sum_{i=1}^{n} p_i\log p_i \tag{6.33}$$

这是将 $H(Y|X)$ 为 0 的情况推广到 $H(Y|X)$ 为常数的情况，显然需要分析 $H(Y)$ 是否能取到最大值。由于对称信道每列也均为某向量的置换，因此只要 X 为等概分布，则 Y 便可达到等概分布，于是 $H(Y)$ 可以取到最大值，从而信道容量为

$$C=\max_{p(x)}\{I(X;Y)\}=\max_{p(x)}\Big\{H(Y)+\sum_{i=1}^{n}p_i\log p_i\Big\}=\log|\mathcal{Y}|+\sum_{i=1}^{n}p_i\log p_i \tag{6.34}$$

事实上，这类信道的定义可放宽，只需每行一组完备的概率值 $(p_1, p_2, \cdots, p_n)$ 的置换，而每列之和相等，即每列满足

$$\sum_{x\in\mathcal{X}} p(y'|x)=\sum_{x\in\mathcal{X}} p(y''|x),\quad \forall y',\ y''\in\mathcal{Y} \tag{6.35}$$

① 实际上，这是有约束情况下的最大熵问题。

此时信道容量的求解仍与对称信道一样，称此种信道为**弱对称信道**(Weakly Symmetric Channel)①。事实上，如果满足(6.35)式且输入端为等概分布，则

$$q(y')=\sum_{x\in\mathcal{X}}\frac{1}{|\mathcal{X}|}p(y'\mid x)=\sum_{x\in\mathcal{X}}\frac{1}{|\mathcal{X}|}p(y''\mid x)=q(y''),\quad \forall y',\ y''\in\mathcal{Y} \tag{6.36}$$

那么 Y 达到了等概分布，于是弱对称信道中(6.35)式的等价形式是

$$\sum_{x\in\mathcal{X}}p(y|x)=\frac{|\mathcal{X}|}{|\mathcal{Y}|},\quad \forall y\in\mathcal{Y} \tag{6.37}$$

【例 6.3】 信道转移矩阵形式为

$$p(y|x)=\begin{bmatrix}1-(n-1)p & p & \cdots & p & p\\ p & 1-(n-1)p & \cdots & p & p\\ \cdots & \cdots & \cdots & \cdots & \cdots\\ p & p & \cdots & 1-(n-1)p & p\\ p & p & \cdots & p & 1-(n-1)p\end{bmatrix} \tag{6.38}$$

试求该信道的容量。

解 显然该信道是对称信道，每行由 $(1-(n-1)p,\ p,\ \cdots,\ p)$ 的置换组成，因此该信道的容量为

$$C=\max_{p(x)}\{I(X;Y)\}=\log n+(n-1)p\log p+(1-(n-1)p)\log(1-(n-1)p) \tag{6.39}$$

而当 p 趋近于 0 时，信道容量趋近于 $\log n$，接近于无噪信道的性能。

问题 6 二元删除信道具有何种特性，其信道容量又由何决定？

假定出现 NULL 的概率为 p，于是互信息 $I(X;Y)$ 为

$$I(X;Y)=H(Y)+p\log p+(1-p)\log(1-p) \tag{6.40}$$

仍需分析 $H(Y)$，注意到 $q(y)$ 分别对应 $p(0)(1-p)$，$(1-p(0))(1-p)$，p，如果 $p\neq 1/3$，Y 无法达到等概分布，只能按 $H(Y)$ 表达式分析。显然应根据 $q(y)$ 的特点将 $H(Y)$ 分为两组，即

$$\begin{aligned}H(Y)&=(-p(0)(1-p)\log(p(0)(1-p))-(1-p(0))(1-p)\log((1-p(0))(1-p)))-p\log p\\ &=(-(1-p)\log(1-p)+(1-p)(-p(0)\log p(0)-(1-p(0))\log(1-p(0))))-p\log p\end{aligned} \tag{6.41}$$

于是信道容量为

$$C=\max_{p(x)}\{I(X;Y)\}=\max_{p(x)}\{(1-p)(H(p(0),\ 1-p(0)))\}=1-p \tag{6.42}$$

此值在输入为等概分布时取到，即 $p(0)=1/2$ 时互信息可达到信道容量。事实上，该信道容量的物理意义非常明显，就是在传输过程单个比特时有 p 比特信息丢失。

仔细观察二元删除信道的信道转移矩阵，可发现它可按列分为两块，即

$$p(y|x)=\left[\begin{array}{cc|c}1-p & 0 & p\\ 0 & 1-p & p\end{array}\right] \tag{6.43}$$

而这两块均为弱对称矩阵，可将此问题推广。

① 若取消弱对称信道的行之和为 1 的限制，则会形成**弱对称矩阵**(Weakly Symmetric Matrix)。

【例 6.4】 若信道转移矩阵按列可分为若干个弱对称矩阵 Q_1，Q_2，…，Q_s(可进行列的交换)，显然信道转移矩阵的行仍然是某一向量(p_1，p_2，…，p_n)的置换。设 Q_i 的每行之和为 $S_r(Q_i)$，每列之和为 $S_c(Q_i)$。计算此信道的容量。

解 仍然利用互信息和条件熵的关系可得

$$I(X;Y)=H(Y)+\sum_{i=1}^{n}p_i\log p_i \tag{6.44}$$

只需分析 $H(Y)$ 即可，按照 Q_1，Q_2，…，Q_s 将 $\mathcal{Y}$ 分为相应的 $\mathcal{Y}_1$，$\mathcal{Y}_2$，…，$\mathcal{Y}_s$，于是 $H(Y)$ 可写为

$$\begin{aligned}H(Y)&=-\sum_{y\in\mathcal{Y}}q(y)\log q(y)\\&=-\sum_{i=1}^{s}\sum_{y\in\mathcal{Y}_i}(q(y)\log q(y))\end{aligned} \tag{6.45}$$

可定义 $H_i(Y)$ 为

$$H_i(Y)=-\sum_{y\in\mathcal{Y}_i}(q(y)\log q(y)) \tag{6.46}$$

显然

$$\begin{aligned}C&=\max_{p(x)}\{I(X;Y)\}=\max_{p(x)}\left\{H(Y)+\sum_{i=1}^{n}p_i\log p_i\right\}\\&\leqslant\sum_{i=1}^{n}(\max_{p(x)}\{H_i(Y)\})+\sum_{i=1}^{n}p_i\log p_i\end{aligned} \tag{6.47}$$

由定义知

$$\sum_{y\in\mathcal{Y}_i}q(y)=\sum_{y\in\mathcal{Y}_i}\sum_{x\in\mathcal{X}}p(x)p(y|x)=S_c(Q_i) \tag{6.48}$$

而 $S_c(Q_i)$ 为定值，那么由 Jensen 不等式可知，$H_i(Y)$ 的最大值在 $\mathcal{Y}_i$ 中所有 y 对应的 $q(y)$ 相等时达到。由于 Q_i 是弱对称矩阵，因此 X 为等概分布可实现此要求，且所有 $H_i(Y)$ 在 X 为等概分布时都能达到最大值，于是 $H(Y)$ 的最大值为这些最大值之和。

若 X 为等概分布，则 $\mathcal{Y}_i$ 中所有 y 对应的 $q(y)$ 相等，且值为

$$q(y)=\sum_{x\in\mathcal{X}}\frac{1}{|\mathcal{X}|}p(y|x)=\frac{S_c(Q_i)}{|\mathcal{X}|},\quad \forall y\in\mathcal{Y}_i \tag{6.49}$$

此情况下 $H_i(Y)$ 为

$$H_i(Y)=|\mathcal{Y}_i|\frac{S_c(Q_i)}{|\mathcal{X}|}(\log|\mathcal{X}|-\log S_c(Q_i)) \tag{6.50}$$

注意到 Q_i 中所有元素之和为

$$|\mathcal{Y}_i|S_c(Q_i)=|\mathcal{X}|S_r(Q_i) \tag{6.51}$$

从而 $H_i(Y)$ 可改写为

$$H_i(Y)=S_r(Q_i)(\log|\mathcal{X}|-\log S_c(Q_i)) \tag{6.52}$$

由于所有 $S_r(Q_i)$ 的和为 p_1，p_2，…，p_n 之和(也即 1)，于是信道容量为

$$C=\max_{p(x)}\{I(X;Y)\}=\log|\mathcal{X}|-\sum_{i=1}^{s}S_r(Q_i)\log S_c(Q_i)+\sum_{i=1}^{n}p_i\log p_i \tag{6.53}$$

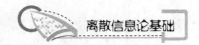

特别地，利用(6.53)式的结论，容易求出二元删除信道的容量，其结果与(6.42)式一致。

6.1.3 一般信道的容量

如果信道转移矩阵没有特殊性质，计算信道容量是比较困难的，而利用互信息的特性则是计算信道容量的一个较好方案。在实际计算中，一般考虑的是有限取值空间，因此概率分布函数是有限维的向量 $\boldsymbol{p}$，由于互信息 $I(\boldsymbol{p})$ 的凹性，它必有极大值，而此值也是最大值。

问题 7 对于互信息 $I(\boldsymbol{p})$，如何在信道模型的约束下求出信道容量？

不妨设 $\boldsymbol{p}=(p_1, p_2, \cdots, p_n)$，求目标函数最大，即

$$C=\max_{\boldsymbol{p}}\{I(\boldsymbol{p})\} \tag{6.54}$$

其约束是

$$\text{s.t.}\begin{cases}\sum_{i=1}^{n} p_i-1=0\\ p_i\geqslant 0, \qquad 1\leqslant i\leqslant n\end{cases} \tag{6.55}$$

注意上述约束已隐含了 $p_i\leqslant 1(1\leqslant i\leqslant n)$ 的概率要求。这是一个约束非线性规划问题，其求解较为烦琐，一种简单的解法是采用 Lagrange 乘子法。

取 Lagrange 乘子 $\boldsymbol{\lambda}=(\lambda_0, \lambda_1, \lambda_2, \cdots, \lambda_n)$，定义 Lagrange 函数 $L(\boldsymbol{p}, \boldsymbol{\lambda})$ 为

$$L(\boldsymbol{p}, \boldsymbol{\lambda})=I(\boldsymbol{p})-\lambda_0\left(\sum_{i=1}^{n} p_i-1\right)-\sum_{i=1}^{n}\lambda_i p_i \tag{6.56}$$

根据 Kuhn-Tucker 点的要求，需要寻找到 $\boldsymbol{\lambda}^*=(\lambda_0^*, \lambda_1^*, \lambda_2^*, \cdots, \lambda_n^*)$ 和 $\boldsymbol{p}^*=(p_1^*, p_2^*, \cdots, p_n^*)$ 使得在满足约束条件的情况下还满足

$$\begin{cases}\left.\dfrac{\partial L(\boldsymbol{p}, \boldsymbol{\lambda})}{\partial p_i}\right|_{\boldsymbol{p}=\boldsymbol{p}^*, \boldsymbol{\lambda}=\boldsymbol{\lambda}^*}=\left.\dfrac{\partial I(\boldsymbol{p})}{\partial p_i}\right|_{\boldsymbol{p}=\boldsymbol{p}^*}-\lambda_0^*-\lambda_i^*=0, \quad (1\leqslant i\leqslant n)\\ \lambda_i^*\leqslant 0, \quad \lambda_i^* p_i^*=0, \qquad (1\leqslant i\leqslant n)\end{cases} \tag{6.57}$$

当然，按上述条件求信道容量比较困难，需要针对问题的特性进行研究。

问题 8 信道容量是否存在一定的性质，能否从 Lagrange 乘子法中得到？

为讨论此问题，需要将 $I(\boldsymbol{p})$ 关于 p_i 的偏导数以显式方式写出表达式，设 $\boldsymbol{p}=(p_1, p_2, \cdots, p_n)$ 所对应 X 取值为 $(x_1, x_2, \cdots, x_n)$，将 $I(\boldsymbol{p})$ 按定义展开

$$I(\boldsymbol{p})=\sum_{j=1}^{n}\sum_{y\in\mathcal{Y}}(p_j p(y|x_j)(\log p(y|x_j)-\log p(y))) \tag{6.58}$$

其中 $q(y)$ 关于 p_i 的偏导数为

$$\frac{\partial q(y)}{\partial p_i}=\frac{\partial\left(\sum_{j=1}^{n} p_j p(y|x_j)\right)}{\partial p_i}=p(y|x_i) \tag{6.59}$$

则 $I(\boldsymbol{p})$ 关于 p_i 的偏导数为

$$\frac{\partial I(\boldsymbol{p})}{\partial p_i}=\sum_{y\in\mathcal{Y}}p(y|x_i)\log p(y|x_i)-\sum_{j=1}^{n}\sum_{y\in\mathcal{Y}}p_jp(y|x_j)\frac{p(y|x_i)}{q(y)}\log e-\sum_{y\in\mathcal{Y}}p(y|x_i)\log q(y)$$

$$=\sum_{y\in\mathcal{Y}}p(y|x_i)\log\frac{p(y|x_i)}{q(y)}-\sum_{y\in\mathcal{Y}}p(y|x_j)\log e \tag{6.60}$$

$$=\sum_{y\in\mathcal{Y}}p(y|x_i)\log\frac{p(y|x_i)}{q(y)}-\log e$$

再将(6.60)式代入(6.57)式便可得到

$$\sum_{y\in\mathcal{Y}}p(y|x_i)\log\frac{p(y|x_i)}{q(y)}-\log e-\lambda_0^*-\lambda_i^*=0,\quad(1\leqslant i\leqslant n) \tag{6.61}$$

不妨记

$$I(X=x_i;\ Y)=\sum_{y\in\mathcal{Y}}p(y|x_i)\log\frac{p(y|x_i)}{q(y)} \tag{6.62}$$

最后根据 Kuhn-Tucker 条件进行讨论。

(1) 如果 $p_i^*=0$，那么根据 $\lambda_i^*\leqslant 0$ 可知

$$I(X=x_i;\ Y)\leqslant\log e+\lambda_0^* \tag{6.63}$$

(2) 如果 $p_i^*>0$，那么必然有 $\lambda_i^*=0$，有

$$I(X=x_i;\ Y)=\log e+\lambda_0^* \tag{6.64}$$

综合两种情况，将 $I(X=x_i;\ Y)$乘以 p_i^* 并求和，即

$$I(X;\ Y)=\sum_{i=1}^{n}p_i^*I(X=x_i;\ Y)=\log e+\lambda_0^* \tag{6.65}$$

此时的条件熵极大值就是 $\log e+\lambda_0^*$，即信道容量。

事实上，离散信道的互信息 $I(X;\ Y)$取得极大值(达到信道容量)的充要条件为 $\boldsymbol{p}^*$ 满足

$$\begin{cases}I(X=x_i;\ Y)\leqslant C, & p_i=0\\ I(X=x_i;\ Y)=C, & p_i>0\end{cases} \tag{6.66}$$

充分性证明：任取其他概率分布 $\boldsymbol{p}^+$，由于 $I(X;\ Y)$的凹性，可知

$$I((1-\lambda)\boldsymbol{p}^*+\lambda\boldsymbol{p}^+)\geqslant(1-\lambda)I(\boldsymbol{p}^*)+\lambda I(\boldsymbol{p}^+) \tag{6.67}$$

将上式稍作变形，并取 $\lambda>0$，可知

$$\frac{I((1-\lambda)\boldsymbol{p}^*+\lambda\boldsymbol{p}^+)-I(\boldsymbol{p}^*)}{\lambda}\geqslant I(\boldsymbol{p}^+)-I(\boldsymbol{p}^*) \tag{6.68}$$

再令 λ 趋近于 0，考察从 $\boldsymbol{p}^*$ 到 $\boldsymbol{p}^+$ 的方向导数可知

$$\left(\frac{\partial I(\boldsymbol{p})}{\partial p_1},\ \frac{\partial I(\boldsymbol{p})}{\partial p_2},\ \cdots,\ \frac{\partial I(\boldsymbol{p})}{\partial p_n}\right)^{\mathrm{T}}\Bigg|_{\boldsymbol{p}=\boldsymbol{p}^*}(\boldsymbol{p}^+-\boldsymbol{p}^*)\geqslant I(\boldsymbol{p}^+)-I(\boldsymbol{p}^*) \tag{6.69}$$

利用 $I(X=x_i;\ Y)$和 $I(\boldsymbol{p})$关于 p_i 的偏导数之间的关系，可知当 $p_i^*>0$ 时，$I(\boldsymbol{p})$ 关于 p_i 的偏导数在 $\boldsymbol{p}^*$ 处的值为 λ_0^*，而当 $p_i^*=0$ 时，$p_i^+-p_i^*=p_i^+>0$，再根据(6.69)式可知

$$\lambda_0^*\sum_{i=1}^{n}(p_i^+-p_i^*)I(X=x_i;\ Y)\geqslant\left(\frac{\partial I(\boldsymbol{p})}{\partial p_1},\ \frac{\partial I(\boldsymbol{p})}{\partial p_2},\ \cdots,\ \frac{\partial I(\boldsymbol{p})}{\partial p_n}\right)^{\mathrm{T}}\Bigg|_{\boldsymbol{p}=\boldsymbol{p}^*}(\boldsymbol{p}^+-\boldsymbol{p}^*)$$

$$\geqslant I(\boldsymbol{p}^+)-I(\boldsymbol{p}^*) \tag{6.70}$$

由于 $\boldsymbol{p}^*$ 和 $\boldsymbol{p}^+$ 均满足完备性，因此 $I(\boldsymbol{p}^+)\leqslant I(\boldsymbol{p}^*)=\lambda_0^*+\log e$，取 C 为 $\lambda_0^*+\log e$ 即可。

必要性证明：任意取 $\boldsymbol{p}^*$ 中某个概率值为正的 p_s^*，以 $I(X=x_s;Y)$ 作为标准对 $\boldsymbol{p}^*$ 中其他 p_i^* 分情况讨论。

(1) 若 $p_i^*=0$，它只能增加。可取 $\Delta p>0$，让 p_s^* 减少 Δp，p_i^* 增加 Δp，并保证 p_s^* 和 p_i^* 变化后仍在 $[0,1]$ 之间，这样可构造出 $\boldsymbol{p}^+$。由于 $\boldsymbol{p}^*$ 是极大值点，因此

$$\frac{I((1-\lambda)\boldsymbol{p}^*+\lambda\boldsymbol{p}^+)-I(\boldsymbol{p}^*)}{\lambda}\leqslant 0 \tag{6.71}$$

考察从 $\boldsymbol{p}^*$ 到 $\boldsymbol{p}^+$ 的方向导数可知

$$\left(\frac{\partial I(\boldsymbol{p})}{\partial p_1},\frac{\partial I(\boldsymbol{p})}{\partial p_2},\cdots,\frac{\partial I(\boldsymbol{p})}{\partial p_n}\right)^{\mathrm{T}}\Bigg|_{\boldsymbol{p}=\boldsymbol{p}^*}(\boldsymbol{p}^+-\boldsymbol{p}^*)\leqslant 0 \tag{6.72}$$

于是可得

$$\frac{\partial I(\boldsymbol{p})}{\partial p_i}\bigg|_{\boldsymbol{p}=\boldsymbol{p}^*}\leqslant\frac{\partial I(\boldsymbol{p})}{\partial p_s}\bigg|_{\boldsymbol{p}^+-\boldsymbol{p}^*} \tag{6.73}$$

略作变形可知

$$I(X=x_i;Y)\leqslant I(X=x_s;Y) \tag{6.74}$$

(2) 若 $p_i^*>0$，它既可以增加，也可以减少。可取 $\Delta p>0$，让 p_s^* 增加/减少 Δp，p_i^* 相应减少/增加 Δp，并保证 p_s^* 和 p_i^* 变化后仍在 $[0,1]$ 之间。利用上述方法构造出两种 $\boldsymbol{p}^+$，再利用类似(6.72)式的方法分别讨论便可得到

$$I(X=x_s;Y)\leqslant I(X=x_i;Y)\leqslant I(X=x_s;Y) \tag{6.75}$$

综合上述讨论可知 $I(\boldsymbol{p}^*)$ 为 $I(X=x_s;Y)$，易知这种 $I(X=x_s;Y)$ 就是 C，因此得证。

问题 9 是否存在特殊情况，使得利用上述特性可进行较为简便的信道容量计算？

一种简单的情况是从最大熵考虑，注意到信道容量存在界限，即 $H(X)$ 和 $H(Y)$ 之间的较小者，可假设能达到此界限，然后构造出概率分布，并验证相应的 $I(X=x_i;Y)$，最后得到结果。当然，很少能遇到这种特殊的情况。

实际中更容易见到的情况是 X 和 Y 取值空间大小相等的情况。不妨假定 $\boldsymbol{p}^*$ 中所有分量均为正，于是(6.66)式可变形为关于 $C+\log q(y)$，$(\forall y\in\mathcal{Y})$ 的线性方程组，若能得到唯一解，再利用 $q(y)$ 的完备性得到 C，最后再求出 $\boldsymbol{p}^*$，验证是否所有分量为正。

不过，上述方法都依赖于具体信道的特殊性质，而且大部分还需要烦琐的手工计算。对于一般的情况，可用计算机给出信道容量的数值解，一般采用等概分布作为初始分布，利用著名的 Arimoto-Blahut 算法进行迭代，它能以给定精度和收敛速度得到信道容量。近年来仍有许多论文针对 Arimoto-Blahut 算法予以改进，可参阅相关文献了解其进展。

【例 6.5】 设 $\mathcal{X}=\{-1,0,1\}$，$\mathcal{Y}=\{0,1\}$，若信道转移矩阵为

$$p(y\mid x)=\begin{bmatrix}1 & 0\\ p & 1-p\\ 0 & 1\end{bmatrix} \tag{6.76}$$

求出该信道容量。

解 可从最大熵的角度考虑。此信道的容量上界依赖于 Y，猜想其值为 $H(Y)$ 的最大值 $\log 2=1$。观察信道转移矩阵，显然取 $\boldsymbol{p}^*$ 为 $(1/2,0,1/2)$ 时可不考虑 $X=0$ 的情况，

其形式接近于无噪信道。

在 $\boldsymbol{p}^*$ 情况下，Y 的概率分布 $\boldsymbol{q}^*$ 为(1/2, 1/2)，分别计算 $I(X=x_i;Y)$，

$$I(X=-1;Y)=1\times\log\frac{1}{1/2}+0\times\log\frac{0}{1/2}=1 \tag{6.77}$$

$$I(X=0;Y)=(1/2)\times\log\frac{p}{1/2}+(1/2)\times\log\frac{1-p}{1/2}\leqslant 1 \tag{6.78}$$

$$I(X=1;Y)=0\times\log\frac{0}{1/2}+1\times\log\frac{1}{1/2}=1 \tag{6.79}$$

上述计算结果表明，$I(X=x_i;Y)$满足(6.66)式，于是该信道的容量为1。

需要指出，基于猜测的计算策略主要依赖于发送端或接收端满足等概分布等特殊性质，因此这种计算信道容量的方案作用范围非常有限。

6.2 数据处理

6.2.1 码率

能否达到信道容量是描述信息传输质量的一个指标，但实际中更为重要的是译码错误概率，为深入分析，可从一般的观点考察信道。

由于信道可视为具有输入和输出的一种**数据处理**(Data Processing)系统，以此观点看待数据压缩和数据传输，可以发现它们具有一定的相似性和对称性。

问题10 数据压缩和数据传输中有什么相似之处？描述这两种编码的什么量是统一的？

等长有损编码和分组码非常相似，因此以它们为例阐述之，设它们采用的码簿大小均为 M。

等长有损编码过程是接收到长为 n 的字符串后编出长为 m 的码字，编码为 $c^{n\to m}$：$\Sigma^n\to\Sigma^m$，码簿大小为 $|c^{n\to m}(\Sigma^n)|=M$，其目的是消除冗余信息以减少存储量，在此编码过程中码率为

$$R=\frac{\log|c^{n\to m}(\Sigma^n)|}{n}=\frac{\log M}{n} \tag{6.80}$$

分组码的编码过程是接收到长为 t 的字符串后编出长为 n 的码字①，编码为 $c^{n\leftarrow t}$：$\Sigma^t\to\Sigma^n$②，码簿大小为 $|c^{n\leftarrow t}(\Sigma^t)|=M$，其目的是增加有用的冗余信息以减少译码错误概率，在此编码过程中码率为

$$R=\frac{\log|c^{n\leftarrow t}(\Sigma^t)|}{n}=\frac{\log M}{n} \tag{6.81}$$

于是这两种过程的码率定义得到了统一，可以认为码率是联结它们的纽带。事实上，这些编码可统一记为(M, n)码，或$(2^{nR}, n)$码。由于码簿大小必须是整数，因此一般所用为$(\lceil 2^{nR}\rceil, n)$码。此外，在实际中编码必须由若干个符号组成，因此码长也应取整为$\lceil\log\lceil 2^{nR}\rceil\rceil$。为简单起见，下文统一采用$(2^{nR}, n)$码的记号。

① 分组码有其特定要求，编码后并不是所有长为 n 的码字均可能出现，$(n, 1)$重复码就是一个很好的例子。

② ，码等待编码的符号未必是所有长为 t 的码字，一般视实际需要而定。

问题 11 以$(2^{nR}, n)$码的观点重新看待信道编码，相关概念该如何重新定义？

将等待编码的符号集合$\mathcal{S}$抽象为整数组成的集合$\mathcal{S}=\{0, 1, \cdots, M-1\}$①，编码是给出从$\mathcal{S}$到$\mathcal{X}^n$上的映射$c: \mathcal{S}\to\mathcal{X}^n$，经过传输得到了$\mathcal{Y}^n$中的元素，而译码则是给出从$\mathcal{Y}^n$到$\mathcal{S}$上的映射$d: \mathcal{Y}^n\to\mathcal{S}$。

设发送的随机向量为$\boldsymbol{X}$，接收的随机向量为$\boldsymbol{Y}$。前文是从译码角度定义错误概率，这里从整体上考虑错误概率$p_e^{\langle(2^{nR},n),d\rangle}$，即从$c(\mathcal{S})\times\mathcal{Y}^n$上定义

$$\begin{aligned}p_e^{\langle(2^{nR},n),d\rangle}&=\sum_{\boldsymbol{y}\in\mathcal{Y}^n}\left(q(\boldsymbol{y})\sum_{\boldsymbol{x}\in c(\mathcal{S})\boldsymbol{x}\neq d(\boldsymbol{y})}q(\boldsymbol{x}\mid\boldsymbol{y})\right)\\&=1-\sum_{\boldsymbol{y}\in\mathcal{Y}^n}u(d(\boldsymbol{y}), \boldsymbol{y})\end{aligned}\tag{6.82}$$

再定义$\delta(\boldsymbol{x}, \boldsymbol{y})$为

$$\delta(\boldsymbol{x}, \boldsymbol{y})=\begin{cases}1, & \boldsymbol{x}\neq d(\boldsymbol{y})\\0, & \boldsymbol{x}=d(\boldsymbol{y})\end{cases}\tag{6.83}$$

平均错误概率可重写成

$$p_e^{\langle(2^{nR},n),d\rangle}=\sum_{\boldsymbol{x}\in c(\mathcal{S})}\sum_{\boldsymbol{y}\in\mathcal{Y}^n}(u(\boldsymbol{x}, \boldsymbol{y})\delta(\boldsymbol{x}, \boldsymbol{y}))\tag{6.84}$$

可以从$\mathcal{S}$角度描述错误概率

$$\begin{aligned}p_e^{\langle(2^{nR},n),d\rangle}&=\sum_{\boldsymbol{x}\in c(\mathcal{S})}p_i\sum_{\boldsymbol{y}\in\mathcal{Y}^n}(p(\boldsymbol{y}|\boldsymbol{x})\delta(\boldsymbol{x}, \boldsymbol{y}))\\&=\sum_{i=0}^{M-1}p_i\sum_{\boldsymbol{y}\in\mathcal{Y}^n}(p(\boldsymbol{y}|c(i))\delta(c(i), \boldsymbol{y}))\end{aligned}\tag{6.85}$$

其中p_i是$\mathcal{S}$中i的先验概率。可定义发送为$c(i)$时的**条件错误概率**(Conditional Probability of Error)为

$$p_e^{\langle(2^{nR},n),d\rangle}(i)=\sum_{\boldsymbol{y}\in\mathcal{Y}^n}(p(\boldsymbol{y}|c(i))\delta(c(i), \boldsymbol{y}))\tag{6.86}$$

于是平均错误概率可改写为

$$p_e^{\langle(2^{nR},n),d\rangle}=\sum_{\boldsymbol{x}\in c(\mathcal{X}^n)}p_ip_e^{\langle(2^{nR},n),d\rangle}(i)\tag{6.87}$$

事实上，(6.86)式的更一般意义是仅与码字有关的错误概率$\sum_{\boldsymbol{y}\in\mathcal{Y}^n}(p(\boldsymbol{y}|\boldsymbol{x})\delta(\boldsymbol{x}, \boldsymbol{y}))$由此可得到一个更重要的概念，即**最大错误概率**(Maximum Probability of Error)为

$$p_{e\max}^{\langle(2^{nR},n),d\rangle}=\max_{i\in\mathcal{S}}\{p_e^{\langle(2^{nR},n),d\rangle}(i)\}=\max_{\boldsymbol{x}\in c(\mathcal{S})}\sum_{\boldsymbol{y}\in\mathcal{Y}^n}(p(\boldsymbol{y}\mid\boldsymbol{x})\delta(\boldsymbol{x},\boldsymbol{y}))\tag{6.88}$$

需要指出，最大错误概率与输入的概率分布无关，仅与码簿的构造有关。信道给定，且不采用与先验概率有关的译码准则（例如，最大后验概率译码）。显然，若$p_{emax}^{\langle(2^{nR},n),d\rangle}$趋近于0，则可让任意输入下的平均错误概率也趋近于0。

在信息传输中，自然希望在给定码率情况下最大错误概率越小越好，于是可以给出**可达性**(Achievability)的定义：若存在$(2^{nR}, n)$码使得

① 可认为它是一种计算模型，其中的符号仅以整数即可表示，不需要实际中常用的若干基本符号(如0，1或$a\sim z$)组合在一起。还可以认为它是一种通信模型，将一次通信中的序列按整体(向量)看待，对不同的向量以整数编号，于是通信过程便简化为只发送一个整数的抽象过程。

$$\lim_{n\to+\infty} p_{e\max}^{((2^{nR},n),d)}=0 \tag{6.89}$$

则称码率 R 是**可达的**(Achievable)。

问题 12 类比信源编码，信道编码是否有相应的定理？

信源编码中的结论是如果 $R>H(\mathcal{X})$，可使错误概率趋近于 0，换言之，该码率是可达的。而信道编码中应该有相应的结论，注意它们可视为“互逆”的过程，那么可以猜测若 $R<C$，该码率是可达的。

如果从典型集的角度考虑，取输入序列能使扩展信道的互信息取到最大值 nC。首先，向量 $\boldsymbol{X}$ 的典型集大小大约为 $2^{H(\boldsymbol{X})}$。其次，条件概率也可以有典型集的概念，每个典型的 $\boldsymbol{X}$ 对应着 $2^{H(\boldsymbol{Y}|\boldsymbol{X})}$ 个典型的 $\boldsymbol{Y}$，由于 $\boldsymbol{X}$ 是典型的，那么它对应的 $\boldsymbol{Y}$ 也应该是典型的，而且这些由 $\boldsymbol{X}$ 所“产生”的 $\boldsymbol{Y}$ 大致囊括了所有 $\boldsymbol{Y}$ 的典型集[①]。不过这样“产生”的典型的 $\boldsymbol{Y}$ 中很可能有重复，因此最好能从 $2^{H(\boldsymbol{X})}$ 个 $\boldsymbol{X}$ 中选取一些 $\boldsymbol{X}$ 使得它们对应的 $\boldsymbol{Y}$ 之间互不相同。从另外一个角度看，向量 $\boldsymbol{Y}$ 的典型值大约为 $2^{H(\boldsymbol{Y})}$ 个，实际上我们希望将这些典型的 $\boldsymbol{Y}$ 全部予以分组且让每组对应一个典型的 $\boldsymbol{X}$。这样便可几乎无错误地传输这些符号，而该种编码的码簿大小约为

$$\frac{2^{H(\boldsymbol{Y})}}{2^{H(\boldsymbol{Y}|\boldsymbol{X})}}=2^{I(\boldsymbol{X};\boldsymbol{Y})}\approx 2^{nC} \tag{6.90}$$

即几乎无错误地达到了码率 $R\approx C$。

利用随机编码，Shannon 证明了如下定理。

(1) 离散无记忆信道下的码率若满足 $R<C$，则 R 是可达的，换言之，必然能找到一个$(2^{nR}, n)$码，使得 n 趋近于无穷大时最大错误概率趋近于 0。

(2) 离散无记忆信道下，任何满足 n 趋近于无穷大时最大错误概率趋近于 0 的码率必然满足 $R\leqslant C$。

它们分别称为**信道编码定理**(Channel Coding Theorem)和**信道编码逆定理**(Converse for the Channel Coding Theorem)。关于信道编码定理和信道编码逆定理留待后文予以证明，这里先不加证明地引用，以期对数据处理过程获得一个全局的认识。

6.2.2 数据处理不等式

在信息传输的过程，由于信息冗余的存在，最好要先进行信源编码，再进行信道编码。显然这两个步骤不能颠倒，否则在传输时就可能不能降低错误概率。而这两个步骤之间具有独立性，或者说具有 Markov 性。

问题 13 信源编码和信道编码这两个步骤能否以抽象的模型形式进行研究？

不妨以随机向量 $\boldsymbol{X}$, $\boldsymbol{Y}$, $\boldsymbol{Z}$ 形式考察，信源编码是按一定的步骤将 $\boldsymbol{X}$ 转换为 $\boldsymbol{Y}$，而信道编码则是按一定的步骤将 $\boldsymbol{Y}$ 转换为 $\boldsymbol{Z}$，显然 $\boldsymbol{X}$, $\boldsymbol{Y}$, $\boldsymbol{Z}$ 之间构成了 Markov 链 $\boldsymbol{X}\to\boldsymbol{Y}\to\boldsymbol{Z}$，即

$$p(\boldsymbol{z}|\boldsymbol{y}\boldsymbol{x})=p(\boldsymbol{z}|\boldsymbol{y}) \tag{6.91}$$

进而满足

$$u(\boldsymbol{x},\ \boldsymbol{y},\ \boldsymbol{z})=u(\boldsymbol{x},\ \boldsymbol{y})p(\boldsymbol{z}|\boldsymbol{y}\boldsymbol{x})=p(\boldsymbol{x})p(\boldsymbol{y}|\boldsymbol{x})p(\boldsymbol{z}|\boldsymbol{y}) \tag{6.92}$$

① 只有 $\boldsymbol{X}$ 的典型集内的元素才能产生 $\boldsymbol{Y}$ 典型集的元素，因为非 $\boldsymbol{X}$ 的典型集出现的概率很小。不过由于单个 $\boldsymbol{X}$ 的典型集内元素出现的概率与整个 $\boldsymbol{X}$ 的典型集出现的概率相比较小，因此也可能产生非 $\boldsymbol{Y}$ 的典型集内的元素。

而且 Z 与 X 之间满足条件独立性

$$p(x, z|y)=\frac{u(x, y, z)}{p(y)}=\frac{p(x)p(y|x)p(z|y)}{p(y)}=p(x|y)p(z|y) \tag{6.93}$$

将(6.91)式按条件概率的定义展开可知

$$\frac{u(x, y, z)}{u(x, y)}=\frac{u(y, z)}{p(y)} \tag{6.94}$$

还可得到 Markov 链 $\boldsymbol{Z}\rightarrow\boldsymbol{Y}\rightarrow\boldsymbol{X}$，即

$$q(x|yz)=\frac{u(x, y, z)}{u(y, z)}=\frac{u(x, y)}{p(y)}=q(x|y) \tag{6.95}$$

问题 14 经过信源编码和信道编码处理后，所得到的关于信源的信息量有何变化？

只有从互信息的角度分析才能明确回答此问题，即需要分别考虑 $\boldsymbol{Y}$ 和 $\boldsymbol{Z}$ 关于 $\boldsymbol{X}$ 的互信息。

将 $\boldsymbol{Y}$ 和 $\boldsymbol{Z}$ 作为整体考虑，再将 $I(\boldsymbol{X}; \boldsymbol{Y}, \boldsymbol{Z})$ 用链式法则展开

$$I(\boldsymbol{X}; \boldsymbol{Y}, \boldsymbol{Z})=I(\boldsymbol{X}; \boldsymbol{Y})+I(\boldsymbol{X}; \boldsymbol{Z}|\boldsymbol{Y}) \tag{6.96}$$

将 $I(\boldsymbol{X}; \boldsymbol{Z}|\boldsymbol{Y})$ 表示成条件熵

$$I(\boldsymbol{X}; \boldsymbol{Z}|\boldsymbol{Y})=H(\boldsymbol{X}|\boldsymbol{Y})-H(\boldsymbol{X}|\boldsymbol{YZ}) \tag{6.97}$$

由于 $\boldsymbol{Z}\rightarrow\boldsymbol{Y}\rightarrow\boldsymbol{X}$ 也是 Markov 链，可知 $-\log q(x|y)=-\log q(x|yz)$，从而

$$H(\boldsymbol{X}|\boldsymbol{Y})=H(\boldsymbol{X}|\boldsymbol{YZ}) \tag{6.98}$$

那么 $I(\boldsymbol{X}; \boldsymbol{Z}|\boldsymbol{Y})=0$，于是(6.96)式变为

$$I(\boldsymbol{X}; \boldsymbol{Y}, \boldsymbol{Z})=I(\boldsymbol{X}; \boldsymbol{Y}) \tag{6.99}$$

而 $I(\boldsymbol{X}; \boldsymbol{Y}, \boldsymbol{Z})$ 还可以有另一种展开形式

$$I(\boldsymbol{X}; \boldsymbol{Y}, \boldsymbol{Z})=I(\boldsymbol{X}; \boldsymbol{Z})+I(\boldsymbol{X}; \boldsymbol{Y}|\boldsymbol{Z}) \tag{6.100}$$

而 $I(\boldsymbol{X}; \boldsymbol{Y}|\boldsymbol{Z})$ 非负，再利用(6.99)式可知

$$I(\boldsymbol{X}; \boldsymbol{Y})\geqslant I(\boldsymbol{X}; \boldsymbol{Z}) \tag{6.101}$$

即在整个数据处理过程中，后面步骤所得到的关于初始数据(即 $\boldsymbol{X}$)的信息不会增加，而(6.101)式这个结论也称为**数据处理不等式**(Data Processing Inequality)。需要指出，这里的观察角度是 $\boldsymbol{X}\rightarrow\boldsymbol{Y}\rightarrow\boldsymbol{Z}$，但实际上利用的是 $\boldsymbol{Z}\rightarrow\boldsymbol{Y}\rightarrow\boldsymbol{X}$ 的 Markov 性。

此外，若从 $\boldsymbol{Z}\rightarrow\boldsymbol{Y}\rightarrow\boldsymbol{X}$ 角度观察，利用数据处理不等式还可得到

$$I(\boldsymbol{Y}; \boldsymbol{Z})\geqslant I(\boldsymbol{X}; \boldsymbol{Z}) \tag{6.102}$$

它意味着在数据的恢复过程中也不会增加关于初始数据(即 $\boldsymbol{Z}$)的信息。

【例 6.6】 设码簿大小为 M，错误概率为 p_e，利用数据处理不等式重新证明 Fano 不等式。

解 $\boldsymbol{X}$ 经过信道传输后变为 $\boldsymbol{Y}$，译码通过 $\boldsymbol{Y}$ 获得 $d(\boldsymbol{Y})$，在其基础上进而猜测 $\boldsymbol{X}$，而这些随机变量构成 Markov 链 $\boldsymbol{X}\rightarrow\boldsymbol{Y}\rightarrow d(\boldsymbol{Y})$，可采用数据处理不等式对其定量分析。

设描述错误的随机变量为 E，其定义为

$$E=\begin{cases}1, & d(\boldsymbol{Y})\neq\boldsymbol{X}\\0, & d(\boldsymbol{Y})=\boldsymbol{X}\end{cases} \tag{6.103}$$

其概率分布为

$$p(E)=\begin{cases}p_e, & d(\boldsymbol{Y})\neq\boldsymbol{X}\\p_e, & d(\boldsymbol{Y})=\boldsymbol{X}\end{cases} \tag{6.104}$$

由于要在已获得 $d(\boldsymbol{Y})$ 后了解它是否正确，进而获得真实的信息，即考察条件熵 $H(E, \boldsymbol{X}|d(\boldsymbol{Y}))$。

(1) 可将其按链式法则展开，即

$$H(E, \boldsymbol{X}|d(\boldsymbol{Y}))=H(E|d(\boldsymbol{Y}))+H(\boldsymbol{X}|E, d(\boldsymbol{Y})) \tag{6.105}$$

容易由条件熵不等式获得 $H(E|d(\boldsymbol{Y}))$ 的范围，为

$$H(E|d(\boldsymbol{Y}))\leqslant H(E)=H(p_e, 1-p_e) \tag{6.106}$$

而 $H(\boldsymbol{X}|E, d(\boldsymbol{Y}))$ 可按定义展开，即

$$\begin{aligned}H(\boldsymbol{X}|E, d(\boldsymbol{Y}))&=p(0)H(\boldsymbol{X}|d(\boldsymbol{Y}), E=0)+p(1)H(\boldsymbol{X}|d(\boldsymbol{Y}), E=1)\\&=(1-p_e)H(\boldsymbol{X}|d(\boldsymbol{Y}), E=0)+p_eH(\boldsymbol{X}|d(\boldsymbol{Y}), E=1)\end{aligned} \tag{6.107}$$

由于 $E=0$ 意味着 $d(\boldsymbol{Y})=\boldsymbol{X}$，所以 $H(\boldsymbol{X}|d(\boldsymbol{Y}), E=0)=0$，于是可知

$$H(\boldsymbol{X}|E, d(\boldsymbol{Y}))=p_eH(\boldsymbol{X}|d(\boldsymbol{Y}), E=1) \tag{6.108}$$

再使用条件熵不等式，则有

$$\begin{aligned}H(\boldsymbol{X}|E, d(\boldsymbol{Y}))&\leqslant p_eH(\boldsymbol{X}|E=1))\\&\leqslant p_e\log(M-1)\end{aligned} \tag{6.109}$$

注意到码簿的限制，$H(\boldsymbol{X}|E=1))$ 达不到 $\log|\mathcal{X}|$，而 $E=1$ 意味着 $H(\boldsymbol{X}|E=1))$ 也达不到 $\log M$，因为 $\boldsymbol{X}$ 只能取错误的那 $M-1$ 个值，因此最大值只能取 $\log(M-1)$。

于是 $H(E, \boldsymbol{X}|d(\boldsymbol{Y}))$ 的范围可确定为

$$H(E, \boldsymbol{X}|d(\boldsymbol{Y}))\leqslant H(p_e, 1-p_e)+p_e\log(M-1) \tag{6.110}$$

(2) 还可将 $H(E, \boldsymbol{X}|d(\boldsymbol{Y}))$ 按另一种链式法则展开，即

$$H(E, \boldsymbol{X}|d(\boldsymbol{Y}))=H(\boldsymbol{X}|d(\boldsymbol{Y}))+H(E|\boldsymbol{X}, d(\boldsymbol{Y})) \tag{6.111}$$

由于已知 $\boldsymbol{X}$，$d(\boldsymbol{Y})$ 时 E 完全确定，则 $H(E|\boldsymbol{X}, d(\boldsymbol{Y}))$ 为 0，于是

$$H(E, \boldsymbol{X}|d(\boldsymbol{Y}))=H(\boldsymbol{X}|d(\boldsymbol{Y})) \tag{6.112}$$

则从(6.110)式和(6.112)式可得

$$H(\boldsymbol{X}|d(\boldsymbol{Y}))\leqslant H(p_e, 1-p_e)+p_e\log(M-1) \tag{6.113}$$

事实上，由于 $\boldsymbol{X}\rightarrow\boldsymbol{Y}\rightarrow d(\boldsymbol{Y})$，则利用数据处理不等式可得

$$I(\boldsymbol{X}; d(\boldsymbol{Y}))\leqslant I(\boldsymbol{X}; \boldsymbol{Y}) \tag{6.114}$$

利用互信息定义进而有

$$H(\boldsymbol{X}|d(\boldsymbol{Y}))\geqslant H(\boldsymbol{X}|\boldsymbol{Y}) \tag{6.115}$$

则从(6.113)式和(6.115)式可得 Fano 不等式

$$H(p_e, 1-p_e)+p_e\log(M-1)\geqslant H(\boldsymbol{X}|\boldsymbol{Y}) \tag{6.116}$$

问题 15 经过信道编码、传输和译码处理后，所得到的消息关于初始数据的信息量有何变化?

将该过程一般化，等待编码的符号集合 $\mathcal{S}$ 上的随机变量为 S，经过信道编码后变为随机向量 $\boldsymbol{X}$，传输后接收到随机向量 $\boldsymbol{Y}$，译码恢复出 $\hat{S}$。显然，在上述过程中存在 Markov 链 $S\rightarrow\boldsymbol{X}\rightarrow\boldsymbol{Y}\rightarrow\hat{S}$，它满足

$$u(s, \boldsymbol{x}, \boldsymbol{y}, \hat{s})=p(s)(\boldsymbol{x}|s)p(\boldsymbol{y}|\boldsymbol{x})p(\hat{s}|\boldsymbol{y}) \tag{6.117}$$

利用数据处理不等式可知

$$I(\boldsymbol{X};\ \boldsymbol{Y}) \geqslant I(S;\ \boldsymbol{Y}) \tag{6.118}$$

而 $S \to \boldsymbol{Y} \to \hat{S}$ 也是 Markov 链，同样由数据处理不等式可得

$$I(S;\ \boldsymbol{Y}) \geqslant I(S;\ \hat{S}) \tag{6.119}$$

最终会得到

$$I(\boldsymbol{X};\ \boldsymbol{Y}) \geqslant I(S;\ \hat{S}) \tag{6.120}$$

显然，若将信源编码部分考虑进来，也有相应的结论。于是，(6.120)式这个结论不仅适用于信道编码，还能适用于信息的压缩、传输全过程，因此称之为**数据处理定理**(Data Processing Theorem)。

若将若干个信道串联，其容量为 C_1，C_2，…，C_n，利用数据处理定理可知，整体的信道容量 C 不会超过其中任一个信道的容量 C_i，但具体值仍需根据实际问题分析。需要指出，n 个信道若能串联，且信道转移矩阵分别为 $p_1(y|x)$，$p_2(y|x)$，…，$p_n(y|x)$，易知串联后的信道转移矩阵为这些矩阵之积。

【例 6.7】 n 个相同的二元对称信道串联，信道转移矩阵均为

$$p(y|x)=\begin{bmatrix} 1-p & p \\ p & 1-p \end{bmatrix} \tag{6.121}$$

随机变量的转换是 $X_0 \to X_1 \to \cdots \to X_n$，求 n 趋近于无穷大时此信道的容量 C。

解 串联后信道转移矩阵为

$$p^n(y|x)=\begin{bmatrix} 1-p & p \\ p & 1-p \end{bmatrix}^n \tag{6.122}$$

以矩阵对角化方法可计算出

$$\begin{aligned} p^n(y \mid x) &= \begin{bmatrix} 1 & 1 \\ 1 & -1 \end{bmatrix}^{-1} \begin{bmatrix} 1 & 0 \\ 0 & (1-2p)^n \end{bmatrix} \begin{bmatrix} 1 & 1 \\ 1 & -1 \end{bmatrix} \\ &= \begin{bmatrix} \dfrac{1+(1-2p)^n}{2} & \dfrac{1-(1-2p)^n}{2} \\ \dfrac{1-(1-2p)^n}{2} & \dfrac{1+(1-2p)^n}{2} \end{bmatrix} \end{aligned} \tag{6.123}$$

它仍是一个二元对称信道。利用 $p^n(y|x)$ 的表达式可算出信道容量 C 为

$$C=\lim_{n \to +\infty}\left(\max_{p(x)}\{I(X_0,\ X_n)\}\right)=0 \tag{6.124}$$

此外，从 $p^n(y|x)$ 的极限形式

$$\lim_{n \to +\infty} p^n(y|x)=\begin{bmatrix} 1/2 & 1/2 \\ 1/2 & 1/2 \end{bmatrix} \tag{6.125}$$

也可看出信道接近于毫无意义。

6.2.3 信源信道定理

从数据处理的角度看，信息经过多次加工，其原始信息量不会增加。但目前大多数数字形式的信道仍然采用先压缩再进行信道编码的形式，显然它是比较有效的。需要深入探讨其中的定量关系，以获得其有效性的保证。需要指出，有的信道不一定适合采用此种形式，例如古代的石刻文字流传至今可视为一种信息传输，显然它不能压缩成极其

简洁和无意义的抽象表达形式，因为一旦丢失部分信息，可能会导致最重要的那部分信息无法恢复，从而使得信息传输失败。这里主要考察不涉及“意义”的信息量，即只从符号的错误概率或者说能恢复出的原始符号个数上探讨信息的传输。

如果考虑到这种整体效应，在编码的时候既能有效传输信息，还能保证错误较低。从数据处理定理的角度看，只进行“一次”编码是非常好的选择，即**信源信道联合编码**(Joint Source-Channel Coding)，如图 6.5 所示。它不区分数据压缩和数据纠错，仅从整体上对信息进行编码再交给信道来传输，接收后再译码恢复原信息。可以将这种编码过程一般化，并假定所要传输的平稳随机序列 Z_1，Z_2，…，Z_n 满足 AEP 要求，且取值空间为 $\mathcal{Z}$，熵率为 $H(\mathcal{Z})$。整体编码是给出从 $\mathcal{Z}^n$ 到 $\mathcal{X}$，上的映射 c：$\mathcal{Z}^n \to \mathcal{X}$，经过传输得到了 $\mathcal{Y}$ 中的元素，而译码则是给出从 $\mathcal{Y}$ 到 $\mathcal{Z}^n$ 上的映射 d：$\mathcal{Y} \to \mathcal{Z}^n$。下面来考察译码结果 $d(\mathbf{Y})=\hat{Z}_1$，$\hat{Z}_2$，…，$\hat{Z}_n$ 与初始数据 Z_1，Z_2，…，Z_n 之间的关系。

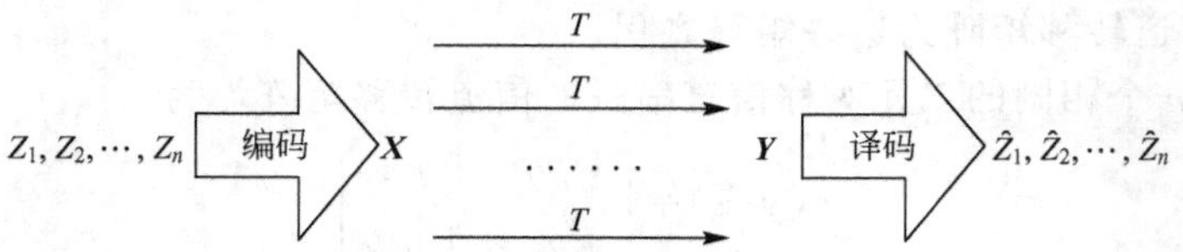

图 6.5 信源信道联合编码

问题 16 使用信源信道联合编码后，熵率 $H(\mathcal{Z})$ 和信道容量 C 之间是否存在某种关系？

类比信源编码，容易猜测到：如果 $H(\mathcal{Z})<C$，则存在某种编码使得最大错误概率趋近于 0。反之，如果 $H(\mathcal{Z})>C$，则不可能使错误概率趋近于 0。这两个结论可以利用信源编码定理和信道编码定理以及数据处理的有关结论给出证明。

(1) 如果 $H(\mathcal{Z})<C$，可进行信源编码和信道编码来完成传输要求，这称为**信源信道分离编码**(Separate Source and Channel Coding)，如图 6.6 所示。

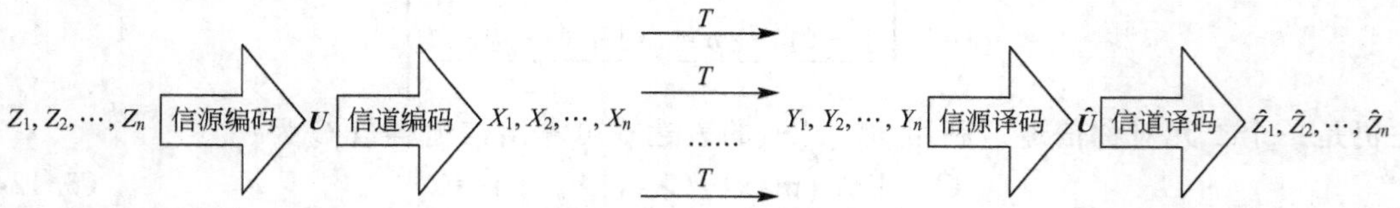

图 6.6 信源信道分离编码

信源编码部分：选定典型集 $\mathbb{T}^n(\varepsilon)$，并取较大的 n 和 $\varepsilon_1>0$ 使得非典型集的概率小于 ε_1。再取 $\delta>0$ 满足 $H(\mathcal{Z})+\delta<C$，则必然能寻找到一种信源编码使得码率 R' 为

$$R'=H(\mathcal{Z})+\delta<C \tag{6.126}$$

这样即可对 $\mathbb{T}^n(\varepsilon)$ 进行编码，而码簿的大小就是 $|\mathbb{T}^n(\varepsilon)|$。

信道编码部分：因信源部分的码率 $R'<C$，故信道编码可采用相同的码率 $R''=R'$[①]。这种对码率的“逆过程”显然要求 $\mathbb{T}^n(\varepsilon)$ 经过信道编码后的随机向量 $\mathbf{X}$ 的长度为 n，也即

① 也可取不同于 R' 但满足要求的 R''，不过信道编码后的随机向量 $\mathbf{X}$ 的长度需通过 $|\mathbb{T}^n(\varepsilon)|$ 和 R'' 算出。

$\boldsymbol{X}=X_1, X_2, \cdots, X_n$，于是经过信道传输后$\boldsymbol{Y}=Y_1, Y_2, \cdots, Y_n$。由于信道编码的码率$R''<C$，因此可找到一种信道编码使得最大错误概率趋近于0，即可以取到$\varepsilon_2>0$，使得最大错误概率小于ε_2。

在上述过程中会出现两类错误：一种是出现非典型集中的元素，显然这样无法译码；另一种是信道部分产生的错误。于是整个过程的错误概率p_e为

$$\begin{aligned} p_e &< \Pr((z_1, z_2, \cdots, z_n)\notin \mathbf{T}^n(\varepsilon))+\Pr((z_1, z_2, \cdots, z_n)\in \mathbf{T}^n(\varepsilon))\varepsilon_2 \\ &< \varepsilon_1+\Pr((z_1, z_2, \cdots, z_n)\in \mathbf{T}^n(\varepsilon))\varepsilon_2 \\ &< \varepsilon_1+\varepsilon_2 \end{aligned} \tag{6.127}$$

显然经过信源编码和信道编码后，错误概率p_e趋近于0。这意味着，将独立的信源编码和信道编码组合，便能达到整体编码的需求。

(2) 可以考虑从证明逆否命题入手：若某种信源信道联合编码当n趋近于无穷大时错误概率p_e趋近于0，则$H(\mathcal{Z})\leqslant C$。

容易想到应从Fano不等式中去找译码错误概率的界限，于是①

$$H(Z_1, Z_2, \cdots, Z_n|\hat{Z}_1, \hat{Z}_2, \cdots, \hat{Z}_n)\leqslant H(p_e, 1-p_e)+p_e\log|\mathcal{Z}^n| \tag{6.128}$$

利用$H(p_e, 1-p_e)$的最大熵性质可得

$$H(Z_1, Z_2, \cdots, Z_n \mid \hat{Z}_1, \hat{Z}_2, \cdots, \hat{Z}_n)\leqslant 1+np_e\log|\mathcal{Z}| \tag{6.129}$$

将条件熵向互信息转化(即向信道容量转化)，即

$$\begin{aligned} H(Z_1, Z_2, \cdots, Z_n|\hat{Z}_1, \hat{Z}_2, \cdots, \hat{Z}_n)&=H(Z_1, Z_2, \cdots, Z_n)- \\ &\quad I(Z_1, Z_2, \cdots, Z_n; \hat{Z}_1, \hat{Z}_2, \cdots, \hat{Z}_n) \end{aligned} \tag{6.130}$$

而在证明熵率时用到了平稳随机序列熵率的性质

$$H(Z_1, Z_2, \cdots, Z_n)\geqslant nH(\mathcal{Z}) \tag{6.131}$$

综上可知

$$nH(\mathcal{Z})\leqslant 1+np_e\log|\mathcal{Z}|+I(Z_1, Z_2, \cdots, Z_n; \hat{Z}_1, \hat{Z}_2, \cdots, \hat{Z}_n) \tag{6.132}$$

再利用数据处理定理和信道容量的定义

$$\begin{aligned} I(Z_1, Z_2, \cdots, Z_n; \hat{Z}_1, \hat{Z}_2, \cdots, \hat{Z}_n)&\leqslant \\ I(X_1, X_2, \cdots, X_n; Y_1, Y_2, \cdots, Y_n)&\leqslant nC \end{aligned} \tag{6.133}$$

于是可得熵率的上界

$$H(\mathcal{Z})\leqslant \frac{1}{n}+p_e\log|\mathcal{Z}|+C \tag{6.134}$$

令n趋近于无穷大，而由假设可知错误概率p_e趋近于0，可得到

$$H(\mathcal{Z})\leqslant C \tag{6.135}$$

上述结论非常简洁，它不但将熵率、码率和信道容量这3个最重要的概念联系到一起，而且非常符合物理直观，揭示了数据处理过程中深层次的规律，因此它被称为**信源信道编码定理**(Source-Channel Coding Theorem)。

---

① 为简便起见，只需取Fano不等式的弱形式，下同。

6.3 信道编码

6.3.1 联合典型集

尽管信道编码定理已经给出，但其严格证明还需要从随机变量的属性着手。类似典型集的概念，X^n与Y^n之间的联合概率分布函数也有典型集，需要对其给出合适的定义。为能给出更强的结论而应用于信道编码定理中，需要假设X^n是 i. i. d. 序列。基于这种假设，可知Y^n也是 i. i. d. 序列，而由于所使用的是离散无记忆信道，还满足

$$u(x^n,\ y^n)=p(x^n)p(y^n|x^n)=\prod_{i=1}^{n}p(x_i)\prod_{i=1}^{n}p(y_i|x_i)=\prod_{i=1}^{n}u(x_i,\ y_i) \tag{6.136}$$

问题 17 满足上述假设的$(X^n,\ Y^n)$中，哪些是“典型”的？

显然，X^n的概率分布要选取“典型”，它对译码错误概率和$(X^n,\ Y^n)$起着决定性的作用。而$(X^n,\ Y^n)$的联合概率分布必须选取“典型”，它与X^n决定了信道转移矩阵的情况。而Y^n的概率分布也要选取“典型”，因为单从某个典型的X^n和相应的$(X^n,\ Y^n)$所能确定下的那些Y^n可能不一定都在Y^n的典型集中。

于是，可针对$(x^n,\ y^n)=(x_1,\ x_2,\ \cdots,\ x_n,\ y_1,\ y_2,\ \cdots,\ y_n)$定义**联合典型集**(Joint Typical Set)$\mathbf{T}^n(\varepsilon)$，其中的元素称为**联合典型序列**(Joint Typical Sequence)，它们必须满足

$$H(X)-\varepsilon\leqslant-\frac{\log p(x^n)}{n}\leqslant H(X)+\varepsilon \tag{6.137}$$

$$H(Y)-\varepsilon\leqslant-\frac{\log q(y^n)}{n}\leqslant H(Y)+\varepsilon \tag{6.138}$$

$$H(X,\ Y)-\varepsilon\leqslant-\frac{\log u(x^n,\ y^n)}{n}\leqslant H(X,\ Y)+\varepsilon \tag{6.139}$$

$$u(x^n,\ y^n)=\prod_{i=1}^{n}u(x_i,\ y_i) \tag{6.140}$$

此处不涉及熵率，只需用单个随机变量即可描述，因为已经假设它们都是 i. i. d. 序列。

利用 i. i. d. 序列的性质并根据弱大数定律可以直接证明，对于较大的n有如下结论。

$$\Pr\left(\left|-\frac{1}{n}(p(X^n))-H(X)\right|\geqslant\varepsilon\right)<\varepsilon_0 \tag{6.141}$$

$$\Pr\left(\left|-\frac{1}{n}(p(Y^n))-H(Y)\right|\geqslant\varepsilon\right)<\varepsilon_0 \tag{6.142}$$

$$\Pr\left(\left|-\frac{1}{n}(p(X^n,\ Y^n))-H(X,\ Y)\right|\geqslant\varepsilon\right)<\varepsilon_0 \tag{6.143}$$

而上述均是不满足$\mathbf{T}^n(\varepsilon)$条件的元素，因此$(X^n,\ Y^n)$属于$\mathbf{T}^n(\varepsilon)$的概率不小于$1-3\varepsilon_0$，即

$$\sum_{(x^n,y^n)\in\mathbf{T}^n(\varepsilon)}u(x^n,\ y^n)\geqslant1-3\varepsilon_0 \tag{6.144}$$

可知$\mathbf{T}^n(\varepsilon)$典型集仍然满足元素出现概率很高的特点。

仿照典型集的结论，可对联合典型集的特点进行分析，例如可以得到其大小的

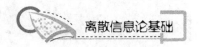

界，为

$$(1-\varepsilon_0)2^{n(H(X,Y)-\varepsilon)} \leqslant |\mathbf{T}^n(\varepsilon)| \leqslant 2^{n(H(X,Y)+\varepsilon)} \tag{6.145}$$

其中下界需要取较大的 n。

当然，还有一系列类似的关系式，都是**联合渐近均分性**(Joint Asymptotic Equipartition Property)的体现，不过需要着重关心对信道编码有用的结论。

问题 18 设联合典型集的概率分布分别为 $u(x^n, y^n)$，$p(x^n)$，$q(y^n)$。若$(\tilde{X}^n, \tilde{Y}^n)$相互独立，且概率分布函数 $\tilde{u}(x^n, y^n)=p(x^n)q(y^n)$，那么$(\tilde{X}^n, \tilde{Y}^n)$以多大的概率属于典型集$\mathbf{T}^n(\varepsilon)$？

如果概率分布为 $u(x^n, y^n)$，$p(x^n)$，$q(y^n)$，那么$\mathbf{T}^n(\varepsilon)$中$(X^n, Y^n)$一般是有关联的。这里取$(\tilde{X}^n, \tilde{Y}^n)$的概率分布，只需将$\mathbf{T}^n(\varepsilon)$中满足$(\tilde{X}^n, \tilde{Y}^n)$相互独立的元素按$\tilde{u}(x^n, y^n)$的概率值求和，便可得到所求概率，为

$$\sum_{(x^n, y^n)\in \mathbf{T}^n(\varepsilon)} \tilde{u}(x^n, y^n) = \sum_{(x^n, y^n)\in \mathbf{T}^n(\varepsilon)} p(x^n)q(y^n) \tag{6.146}$$

直接利用$\mathbf{T}^n(\varepsilon)$的定义，可知

$$\begin{aligned}\sum_{(x^n, y^n)\in \mathbf{T}^n(\varepsilon)} p(x^n)q(y^n) &\leqslant \sum_{(x^n, y^n)\in \mathbf{T}^n(\varepsilon)} p(x^n)q(y^n) \\ &\leqslant 2^{-n(H(X)-\varepsilon)}2^{-n(H(Y)-\varepsilon)} \sum_{(x^n, y^n)\in \mathbf{T}^n(\varepsilon)} (1) \\ &\leqslant 2^{-n(I(X;Y)-3\varepsilon)}\end{aligned} \tag{6.147}$$

可见这种概率还是比较小的。

事实上，$(\tilde{X}^n, \tilde{Y}^n)$相互独立，不仅仅是满足定义 $u(x^n, y^n)=p(x^n)q(y^n)$，由此还能得到$(\tilde{X}^n, \tilde{Y}^n)$的边际概率分布函数分别为

$$\tilde{p}(x^n)=p(x^n) \quad \tilde{q}(y^n)=q(y^n) \tag{6.148}$$

它还意味着$(\tilde{X}^n, \tilde{Y}^n)$的一种选择过程：先以 $\tilde{q}(y^n)=q(y^n)$的概率分布选择出 $\tilde{Y}^n$，再以 $\tilde{p}(x^n)=p(x^n)$的概率分布选择出 $\tilde{X}^n$。不妨以 $\tilde{X}^n$作为 $\tilde{Y}^n$的错误译码，即它们满足联合典型的特性，显然这种译码错误概率应该也不大，因为选择到$(\tilde{X}^n, \tilde{Y}^n)$属于联合典型集的概率较小。

利用上述结论可以对信道编码进行分析，不妨考虑如下信道：设发送的 $X^n \neq x^n$属于 X^n的典型集，接收的 $\tilde{Y}^n=y^n$也属于 Y^n的典型集，若能构造出独立的发送 $\tilde{X}^n=x^n$过程，那么这意味发生这种错误的概率小于 $2^{-n(I(X;Y)-3\varepsilon)}$。如果能利用这种特性，则可实现低错误概率的信道编码。

6.3.2 信道编码定理

信道编码的要求是让码率尽可能接近于信道容量，而错误概率尽可能接近于0，这种要求是否能达到，需要给出严格的证明。尽管数学上的存在性证明并不能代替好的编码算法设计，但它提供了研究者的努力方向，而这也正是提出信道编码定理的目的。

假定可以利用多次编码，而每次编码不尽相同，重复次数达到一定量则可利用概率

的观点来分析信道编码。Shannon 基于这种想法，提出了**随机编码**(Random Coding)技术，并以此给出了信道编码的不甚严格的证明，但其基本思路完整正确。

问题 19 如何将每次采用的编码与随机性联系起来？

不妨采用随机序列产生编码，对于编码 $c=(2^{nR}, n)$而言，可按 $\mathcal{S}$ 中元素按次序排列为

$$c(0),\ c(1),\ \cdots,\ c(2^{nR}-1) \tag{6.149}$$

而其中每个 $c(i)$是一个 n 维向量 $x_1(i)x_2(i)\cdots x_n(i)$，于是编码 c 可展开为一串序列

$$\begin{aligned}&x_1(0),\ x_2(0),\ \cdots,\ x_n(0),\ x_1(1),\ x_2(1),\ \cdots,\ x_n(1),\ \cdots,\\&x_1(2^{nR}-1),\ x_2(2^{nR}-1),\ \cdots,\ x_n(2^{nR}-1)\end{aligned} \tag{6.150}$$

任取一个 $\mathcal{X}$上的概率分布函数 $p(x)$，产生长为 $2^{nR}n$ 且概率分布为 $p(x)$的 i. i. d. 随机序列

$$\begin{aligned}&x_1,\ x_2,\ \cdots,\ x_n,\ x_{n+1},\ x_{n+2},\ \cdots,\ x_{2n},\ \cdots,\\&x_{(2^{nR}-1)n+1},\ x_{(2^{nR}-1)n+2},\ \cdots,\ x_{2^{nR}n}\end{aligned} \tag{6.151}$$

当 n 较大时，该随机序列中的频率接近于概率分布。以(6.151)式作为 c，即(6.150)式的取值。易知 $c(i)$取值为 $\boldsymbol{x}=(x_1, x_2, \cdots, x_n)$的概率为

$$\Pr(c(i)=\boldsymbol{x})=\prod_{u=1}^{n} p(x_u) \tag{6.152}$$

而 $c(i)$和 $c(j)$之间相互独立

$$\begin{aligned}\Pr(c(i)=\boldsymbol{x}',\ c(j)=\boldsymbol{x}'')&=\Pr(c(i)=\boldsymbol{x}')\Pr(c(j)=\boldsymbol{x}'')\\&=\prod_{u=1}^{n} p(x'_u)\prod_{v=1}^{n} p(x''_v)\end{aligned} \tag{6.153}$$

可以按照 S 的概率分布进行多次信息传输的实验，当遇到 S 的第λ 次取值s_λ，则随机生成一次信道编码 c_λ，再根据该次的 c_λ对 $S=s_\lambda$ 编码后进行传输。这种 c_λ 就是随机编码，显然 $c_\lambda(i)$随下标 λ 而变化。为方便起见，将(6.150)式视为向量 c_λ，并记随机码为随机向量 $\boldsymbol{C}$，且概率分布为

$$\Pr(\boldsymbol{C}=c_\lambda)=\prod_{i=0}^{2^{nR}-1}\Pr(c(i)=c_\lambda(i)) \tag{6.154}$$

问题 20 如何利用随机编码分析信道编码的错误概率？

随机编码情况下的信息传输不再依赖于所传输的元素，而是依赖于所生成的随机码，从而使得信道中任意传输的符号 $\boldsymbol{x}=(x_1, x_2, \cdots, x_n)$出现的概率由(6.152)式所给出。如果发送的 $s_\lambda=i$，则经过信道编码后将 $c_\lambda(i)$传输，可采用一种**联合典型译码**(Joint Typical Decoding)的方法，它的错误概率不会小于最大后验概率译码。所谓联合典型译码指的是，如果接收到 $\boldsymbol{Y}_\lambda=\boldsymbol{y}$ 后，只能在 c_λ 中找到唯一一个 $c_\lambda(j)$满足$(c_\lambda(j), \boldsymbol{y})$是联合典型的，那么取 $d(\boldsymbol{y})=j$，否则任取一个 k 作为$d(\boldsymbol{y})$。

如果传输的编码为 $c_\lambda(i)$，则译码存在如下两种错误。

(1) 可能$(c_\lambda(i), \boldsymbol{y})$不是联合典型的，显然这种条件错误概率小于某个 ε_0。

(2) 可能存在多个$(c_\lambda(j), \boldsymbol{y})$是联合典型的，显然其个数从 $2\sim 2^{nR}$ 均有可能，而由于 $c_\lambda(i)$是随机的，那么它取 $\boldsymbol{x}$ 的概率为 $p(\boldsymbol{x})$，而 $\boldsymbol{Y}_\lambda=\boldsymbol{y}$ 的概率为 $q(\boldsymbol{y})$。注意到 $c_\lambda(i)$与 $\boldsymbol{y}$ 存

在条件关系，任取 $j\neq i$，由于 $c_\lambda(j)$ 与 $c_\lambda(i)$ 独立，进而 $c_\lambda(j)$ 与 $\mathbf{y}$ 独立，那么 $c_\lambda(j)$ 和 $\mathbf{y}$ 同时发生且是联合典型序列的概率

$$\sum_{(c_\lambda(j),y^n)\in\mathbf{T}^n(\varepsilon)} p(c_\lambda(j))q(y^n)\leqslant\sum_{(x^n,y^n)\in\mathbf{T}^n(\varepsilon)} p(x^n)q(y^n),\quad (j\neq i) \tag{6.155}$$

根据(6.147)式容易估计出这部分条件错误概率的上界。

综合(1)和(2)可知道传输为 $c_\lambda(i)$ 时错误概率的上界为

$$\varepsilon_0+(2^{nR}-1)2^{-n(I(X;Y)-3\varepsilon)}\leqslant\varepsilon_0+2^{-n(I(X;Y)-R-3\varepsilon)} \tag{6.156}$$

且此上界与 i 无关。

由于 $\boldsymbol{C}$ 取任意 c 对于指定概率分布的 S 平均译码错误概率是定值，于是随机码的多次实验可得到按 $\boldsymbol{C}$ 的概率分布所产生的平均译码错误概率的期望。只要码率小于 $I(X;Y)$，则可让平均译码错误概率的期望趋近于0，那么 $\boldsymbol{C}$ 的取值中必然存在某种编码 $c_{\to 0}$ 满足平均译码错误概率趋近于0。

设能使互信息达到信道容量的概率分布函数为 $p^*(x)$，在证明开始处只需取概率分布函数 $p(x)$ 为 $p^*(x)$，那么便能证明信道编码定理。事实上，$\boldsymbol{C}$ 的取值空间是有限的，必然存在一种满足平均译码错误概率趋近于0的最优信道编码 c_{opt}①，这是一个更为深刻的重要结论。

还可以证明更强的结论，其技术是借助条件错误概率的算术平均②，再抛弃 c_{opt} 中一半最差的码字，可得到一种满足最大错误概率趋近于0的信道编码。

信道编码定理是信息论中标志性的成果，它所采用的新颖的思想和利用随机性证明的技术至今仍可借鉴。

6.3.3 信道编码逆定理

为了考察$(2^{nR}, n)$码的错误概率与码率之间的关系，可以仿照信源信道定理中的方法，但仍采用信道编码中的记号。设 $\mathcal{S}=\{0, 1, \cdots, 2^{nR}-1\}$，编码是从 $\mathcal{S}$ 到 $\mathcal{X}^n$ 上的映射 $c: \mathcal{S}\to\mathcal{X}^n$，经过传输得到了 $\mathcal{Y}^n$ 中的元素，而译码则是从 $\mathcal{Y}^n$ 到 $\mathcal{S}$ 上的映射 $d: \mathcal{Y}^n\to\mathcal{S}$。等待编码的随机变量为 S，译码结果为 $d(\mathbf{Y})$。假设译码错误概率随着 n 趋近于无穷大时趋近于0，可分析码率所必须满足的关系。

问题21 对于$(2^{nR}, n)$码，如何分析码率、信道容量和错误概率之间的关系？

应从错误概率着手，仍从Fano不等式中找出错误概率的界限，即

$$H(S\mid d(\mathbf{Y}))\leqslant H(p_e, 1-p_e)+p_e\log(2^{nR})=H(p_e, 1-p_e)+p_e nR \tag{6.157}$$

仿照信源信道定理的证明思路可进行如下论证。

$$H(S|d(\mathbf{Y}))\leqslant 1+p_e nR \tag{6.158}$$

$$H(S|d(\mathbf{Y}))=H(S)-I(S;d(\mathbf{Y})) \tag{6.159}$$

$$H(S)\leqslant 1+p_e nR+nC \tag{6.160}$$

---

① 一种寻找最优信道编码的方法是给出计算错误概率的表达式后，穷举搜索所有的$(2^{nR}, n)$信道编码，分别计算出最大条件错误概率，从而可得到最优信道编码。

② 为此需假设 S 满足均匀分布，这也是大多数教科书在证明信道编码定理之前一般为什么都会假设 S 满足均匀分布的原因。不过，上述假设仅仅是为了证明的需要，并不代表在实际中对 S 的概率分布有何特殊要求。一旦证明了该编码的最大错误概率趋近于0，则可保证任意输入下依然满足要求。

再利用 $H(S)$ 的最大熵可知

$$\log(2^{nR}) \leqslant H(S) \leqslant 1 + p_e nR + nC \tag{6.161}$$

可得错误概率 p_e 的下界

$$p_e \geqslant 1 - \frac{C}{R} - \frac{1}{nR} \tag{6.162}$$

显然，如果 $R>C$，当 n 趋近于无穷大，可知错误概率 p_e 不可能趋近于 0。换言之，如果 p_e 趋近于 0，那么 $R \leqslant C$。

从上述对信道编码逆定理的证明过程中可以看到，它的核心内容是错误概率的界限问题，记错误概率的下界为 B_{lower}，信道编码逆定理则是需要寻找 B_{lower} 的具体形式并保证

$$1 \geqslant p_e \geqslant B_{\text{lower}} \tag{6.163}$$

容易看出，(6.162)式所揭示的错误概率的下界 B_{lower} 不够精细，即 $R>C$ 时，

$$B_{\text{lower}} \to 1 - \frac{C}{R} \tag{6.164}$$

从直观上看，最好让 B_{lower} 逼近 1 进而使得错误概率也逼近 1，而(6.162)式却无法给出这个结果，因此称其为**信道编码弱逆定理**(Weak Converse for the Channel Coding Theorem)。在有些问题中，需要给出界限紧致性更强的信道编码逆定理。

Wolfowitz 证明了错误概率的下界 B_{lower} 和 n 满足

$$1 \geqslant B_{\text{lower}} = 1 - \frac{4A}{n(R-C)^2} - e^{-n(R-C)/2} \tag{6.165}$$

其中 A 是与 n 和 R 无关的常数。显然当 $R>C$ 时，

$$B_{\text{lower}} \to 1 \tag{6.166}$$

因此称(6.165)式为**信道编码强逆定理**(Strong Converse for the Channel Coding Theorem)，而且它给出的 B_{lower} 以指数速度逼近 1。

不过，无论在理论还是实际中，错误概率的上界 B_{upper} 更为重要，可以对其进行深入研究，例如可证明

$$p_e^{((2^{nR},n),D)}(i) \leqslant \sum_{\mathbf{y} \in \mathcal{Y}^n} \sum_{j \in \mathcal{S}, j \neq i} \sqrt{p(\mathbf{y}|c(i))\, p(\mathbf{y}|c(j))} \tag{6.167}$$

于是可得到一个上界

$$B_{\text{upper}} = \sum_{k \in \mathcal{S}} p_k \sum_{\mathbf{y} \in \mathcal{Y}^n} \sum_{j \in \mathcal{S}, j \neq i} \sqrt{p(\mathbf{y}|c(i))\, p(\mathbf{y}|c(j))} \tag{6.168}$$

此 B_{upper} 称为 **Bhattacharyya 界**(Bhattacharyya bound)。

事实上，从有关信道编码的相关定理来看，关于错误概率的讨论即便分析得再准确，具体的信道编码算法设计还是非常困难。在这些定理提出多年后，编码问题的进展却一直不大，而直到近年来，研究人员才发现早在 1965 年 Gallager 所提出的**低密度奇偶校验码**(Low Density Parity Check Code, LDPC Code)能以很高的概率实现接近于信道容量的码率。而如何得到非常逼近信道容量的信道编码算法，仍是需要研究的重要问题。

本章小结

本章深入讨论了信道的模型，并从互信息的角度着手给出了信道容量的定义。针对常见的信道给出了容量计算的简便方案。为得到信道容量的值，考察了互信息关于概率分布的关系，利用 Lagrange 乘子法讨论了信道容量的数值解，还给出了基于猜测与证明的信道容量计算方案。

为考察信道的错误概率，利用码率作为联系信源和信道的纽带，我们对信道的传输问题进行合理的分析。为进一步分析信息传输，必须从数据处理的观点来看待信道，为此可引入重要的数据处理不等式。利用这些工具，可分析出信源和信道分离后不但便于实际应用，还能达到良好的性能。

类似信源编码定理的证明，信道编码定理也要利用概率理论，即联合渐近均分性。本章基于信道传输的特点给出了联合典型集的概念，并利用随机编码证明了信道编码定理。此外，利用 Fano 不等式可以给出信道编码弱逆定理，而信道编码强逆定理则进一步指出了码率若超越信道容量，则错误概率将达到最大。

至此，经典信息论中的大部分重要概念和结论已经给出，即熵率、码率和信道容量和它们之间的相互关系，而实际应用也在不断验证着经典信息论的正确性。

习　　题

(一) 填空题

1. 信道转移矩阵为

$$p(y|x)=\begin{bmatrix}\frac{1}{2} & \frac{1}{3} & \frac{1}{6}\\ \frac{1}{6} & \frac{1}{2} & \frac{1}{3}\\ \frac{1}{3} & \frac{1}{6} & \frac{1}{2}\end{bmatrix}$$

时，该信道的容量为________。

2. 信道转移矩阵为

$$p(y|x)=\begin{bmatrix}0.6 & 0.2 & 0.2\\ 0.2 & 0.2 & 0.6\end{bmatrix}$$

时，该信道的容量为________。

3. $(2^{nR}, n)$码的码率为________。

4. Markov 链 $\boldsymbol{X}\to\boldsymbol{Y}\to\boldsymbol{Z}$ 满足数据处理不等式________。

(二) 计算题

10 个相同的二元对称信道串联，信道转移矩阵均为

$$p(y|x)=\begin{bmatrix}0.3 & 0.7\\ 0.7 & 0.3\end{bmatrix}$$

设随机变量转换为 $X_0 \to X_1 \to \cdots \to X_{10}$，求此信道的容量 C。

(三) 证明题

1. 证明：$I(X;Y)$在 $p(x)$确定但 $p(y|x)$变化时，$I(X;Y)$关于 $p(y|x)$具备凸性。

2. 任取 Markov 链 $X_0 \to X_1 \to \cdots \to X_n$，令 $a_i = H(X_0|X_i)$，证明 $a_1, a_2, \cdots, a_n$是单调递增序列。

(四) 综述题

1. 系统地阐述关于信息传输的全过程，并利用已有的方法组建一套传输方案。

2. 查阅关于 LDPC 码的资料，从图的观点解释 LDPC 码的特点。

第7章
数据保密

教学目标

掌握密码体制、保密系统、完全保密性、伪密钥、唯一解距离等基本概念，理解经典的密码体制的基本原理，能应用信息理论对经典密码体制的安全性进行理论分析。

教学要求

知识要点	能力要求	相关知识
密码体制	(1) 准确理解密码学的基本概念 (2) 了解密码系统的构成 (3) 掌握常见的古典密码算法	(1) 密码体制 (2) 保密系统基本模型 (3) 经典的密码体制
密码体制的信息论分析	(1) 理解以概率角度分析安全的方法 (2) 理解以信息论分析安全的思路	(1) 完全保密性与伪密钥 (2) 唯一解距离

引言

密码学有着悠久而神秘的历史，人们很难对密码学的起始时间给出准确的定义，一般认为人类对密码学的研究与应用可以追溯到古巴比伦时代。密码学最早应用在军事和外交领域，随着科技的发展而逐渐进入人们的生活中。密码学作为保护信息的手段，大致经历了3个发展时期。

图 7.1 Phaistos 圆盘

在人类发展的手工阶段，人们通常使用实物或字母的简单变化对信息进行表示、加密和传递。Phaistos 圆盘(图 7.1)是一种直径约为 160mm 的黏土圆盘，表面有明显字间空格的字母。该圆盘于 1930 年在克里特岛被人们发现，但人们还是无法破译它身上那些象形文字。近年来，有研究者认为它记录着某种古代天文历法，但真相仍无从知晓，专家们只能大致推断它的时间(约在公元前1700～1600年之间)。为了安全地传递信息，古罗马凯撒大帝给出保护重要军情的加密系统——凯撒密码，通过对字母的有规律改变实现加密。

在人类发展的机器时代，人们开始使用电子密码机进行加密。与手工操作相比，电子密码机使用了更复杂的加密手段，拥有更高的加/解密效率。最具代表性的电子密码机是德国在1919年发明的Enigma密码机(图7.2)，二战期间被德军大量用于军事，它被证明是有史以来最可靠的加密系统之一。不过，在这个时期虽然加密设备有了很大的进步，但密码学的理论基础却没有多大的改变，加密的主要手段仍然采用“替换—置换”。

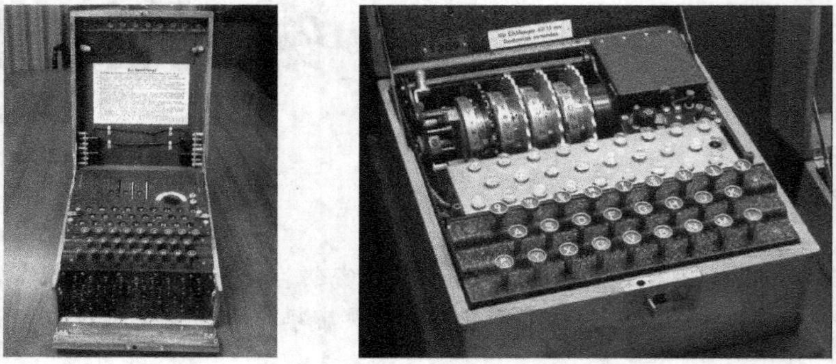

图7.2 Enigma密码机

在人类发展的网络时代，密码学进入现代密码学阶段。为了适应计算机网络通信和商业保密的需要，1976年产生的公钥密码理论，使得密码学有了真正意义上的重大突破。现代密码学改变了古典密码学单一的加密手法，融入了大量的数论、几何、代数等丰富知识，使密码学获得了勃勃生机。

7.1 信息的保密传输

7.1.1 密码学简介

密码学(Cryptology)是构建和分析不同加/解密方法的科学，密码学正式作为一门科学的理论基础始于1949年美国科学家Claude Shannon在*Bell Systems Technical Journal*上发表的一篇文章*Communication Theory of Secrecy Systems*，这篇文章对密码学的研究产生了巨大的影响。在这篇文章中，Shannon提出了密码系统评估概念，他认为一个好的加密算法应该具有**混淆性**(Confusion)和**扩散性**(Diffusion)。混淆性意味着加密算法应该隐藏所有局部模式，也就是说，语言的任何识别字符都应该变得模糊。加密算法应该将可能导致破解密钥的提示性语言特征进行隐藏。扩散性要求加密算法将密文的不同部分进行混合，使任何字符都不在原来的位置。Shannon还在研究保密机的基础上，提出了将密码技术建立在解某个已知数学难题的观点。20世纪70年代，以公钥密码体制的提出和数据加密标准DES的问世为标志，现代密码学开始蓬勃发展。伴随着计算机技术和网络技术的发展，互联网的普及和网上业务的大量开展，普通民众开始关注密码学，并不断使用密码技术。现在，密码学已经成为结合数学、量子力学、电子学、语言学等多个学科的综合科学，出现了“量子密码学”、“混沌密码学”等新的密码理论。

信息论与密码学有着非常紧密的联系，继 Shannon 提出信息论后，他也对密码系统、完全保密性、消息与密钥源、理论保密性与实际保密性等问题进行了论述。尽管现代密码学所涉及的研究范围有了极大的发展，但其中的安全性原理与测量标准仍然以 Shannon 的论述为理论基础。本章将介绍密码学的发展概况、基本的加密技术以及密码学与信息论的关系。

任何关于加密算法的安全性讨论都必须从密码学的通用原理开始，也就是说，必须假设攻击者具有加密算法的基本知识。这就意味着，不要以为加密算法是新的或者对外人是未知的，就能够保证数据永远都是安全的。只有加密算法的密钥是安全的，数据才是安全的，这个假设称为 **Kerckhoffs 假设**。该假设是佛兰德的密码员 Auguste Kerckhoffs 在他的著作 *La Crypthographier Militaire* 中列举的加密算法必须具备的 6 个条件之一，这 6 个条件至今仍然被认为是所有加密算法安全性的基础。

(1) 加密算法在现实中应该是不可破解的，尽管算法可能在理论上并不是不可破解的。

(2) 破解加密系统应该不会打扰通信。

(3) 密钥应该无须做记录即可记住并容易修改。

(4) 密码应该能够用电报来传输。

(5) 设备或者文档应该一个人即可携带或操作。

(6) 系统应该易于操作，无须掌握复杂的规则或者进行专门的培训。

根据密码分析的 Kerckhoffs 原则：攻击者知道所用的加密算法的内部机理，不知道的仅仅是加密算法所采用的加密密钥，常用的密码攻击可分为 4 类。

(1) **惟密文攻击**(Ciphertext Only Attack)：攻击者有一些消息的密文，这些密文都是用相同的加密算法进行加密得到的。攻击者的任务就是恢复出尽可能多的明文，或者能够推算出加密算法采用的密钥，以便可以采用相同的密钥解密出其他被加密的消息。

(2) **已知明文攻击**(Know Plaintext Attack)：攻击者不仅可以得到一些消息的密文，而且也知道对应的明文。攻击者的任务就是用加密信息来推算出加密算法采用的密钥或者导出一个算法，此算法可以对用同一密钥加密的任何新的消息进行解密。

(3) **选择明文攻击**(Chosen Plaintext Attack)：攻击者不仅可以得到一些消息的密文和相应的明文，而且还可以选择被加密的明文，这比已知明文攻击更为有效，因为攻击者能够选择特定的明文消息进行加密，从而得到更多有关密钥的信息。攻击者的任务是推算出加密算法采用的密钥或者导出一个算法，此算法可以对用同一密钥加密的任何新的消息进行解密。

(4) **选择密文攻击**(Chosen Ciphertext Attack)：攻击者能够选择一些不同的被加密的密文并得到与其对应的明文信息，攻击者的任务是推算出加密密钥。

对于以上任何一种攻击，攻击者的主要目标都是为了确定加密算法采用的密钥。显然这 4 种类型的攻击强度依次增大，相应的攻击难度则依次降低。

目前，衡量密码体制安全性的基本准则有以下几种。

(1) **计算安全的**(Computational Security)：如果破译加密算法所需要的计算能力和计算时间是现实条件所不具备的，那么就认为相应的密码体制是满足计算安全性的。

(2) **可证明安全的**(Provable Security)：如果对一个密码体制的破译依赖于对某一个

经过深入研究的数学难题的解决，就认为相应的密码体制是满足可证明安全性的。

(3) **无条件安全的**(Unconditional Security)：如果假设攻击者在用无限计算能力和计算时间的前提下，也无法破译加密算法，就认为相应的密码体制是无条件安全性的。

除了一次一密加密算法以外，从理论上来说，不存在绝对安全的密码体制。所以实际应用中，只要能够证明采用的密码体制是计算安全的，就有理由认为加密算法是安全的，因为计算安全性能够保证所采用的算法在有效时间内的安全性。

7.1.2 保密系统模型

保密是密码学的核心。密码学的基本目的是面对攻击者 Oscar，在被称为 Alice 和 Bob 的通信双方之间使用不安全的信道进行通信时，保证通信安全。密码学研究对通信双方要传输的信息进行何种保密变换以防止未被授权的第三方对信息的窃取。此外，密码技术还可以被用来进行信息鉴别、数据完整性检验、数字签名等。

在通信过程中，Alice 和 Bob 也分别被称为信息的发送方和接收方，Alice 要发送给 Bob 的信息称为明文(Plaintext)，为了保证信息不被未经授权的 Oscar 识别，Alice 需要使用密钥(Key)对明文进行加密，加密得到的结果称为密文(Ciphertext)，密文一般是不可理解的，Alice 将密文通过不安全的信道发送给 Bob，同时通过安全的通信方式将密钥发送给 Bob。Bob 在接收到密文和密钥的基础上，可以对密文进行解密，从而获得明文；对于 Oscar 而言，他可能会窃听到信道中的密文，但由于无法得到加密密钥，也就无法知道相应的明文。

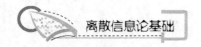

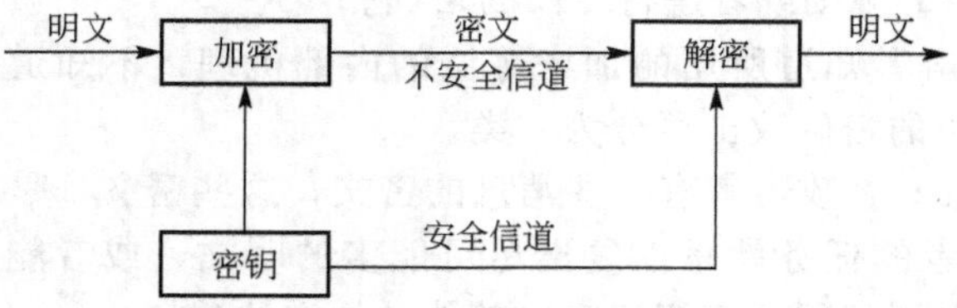

图 7.3　加密机制

图 7.3 给出了保密通信的一般机制。根据加密和解密过程所采用密钥的特点，可以将加密算法分为两类：对称加密算法和公钥加密算法。

对称加密算法也称为传统加密算法，是指解密密钥与加密密钥相同或者能够从加密密钥中直接推算出解密密钥的加密算法。通常在大多数对称加密算法中解密密钥与加密密钥是相同的，所以这类加密算法要求 Alice 和 Bob 在进行保密通信前，通过安全的方式商定一个密钥。对称加密算法的安全性依赖于密钥的选择。

公钥加密算法也称为非对称加密算法，是指用来解密的密钥不同于进行加密的密钥，也不能够通过加密密钥直接推算出解密密钥。一般情况下，加密密钥是可以公开的，任何人都可以应用加密密钥来对信息进行加密，但只有拥有解密密钥的人才可以解密出被加密的信息。在以上过程中，加密密钥称为公钥，解密密钥称为私钥。

在图 7.3 所示的保密通信机制中，为了在接收端能够有效地恢复出明文信息，要求加密过程必须是可逆的。从图 7.3 可见，加密方法、解密方法、密钥和消息(明文、密文)是保密通信中的几个关键要素，它们构成了相应的**密码体制**。

密码体制的构成包括以下要素。

(1) P：明文消息空间，表示所有可能的明文组成的有限集。

(2) C：密文消息空间，表示所有可能的密文组成的有限集。

(3) K：密钥空间，表示所有可能的密钥组成的有限集。

(4) E：加密算法集合。

(5) D：解密算法集合。

该密码体制应该满足的基本条件是：对任意的 $k \in K$，存在一个加密规则 $e_k \in E$ 和相应的解密规则 $d_k \in D$，使得对任意的明文 $x \in P$，$e_k(x) \in C$ 且 $d_k(e_k(x))=x$。

在上述密码体制的定义中，最关键的条件是加密过程 e_k 的可逆性，即密码体制不仅能够对明文消息 x 使用 e_k 进行加密，而且应该可以使用相应的 d_k 对得到的密文进行解密，从而恢复出明文。

显然，密码体制中的加密函数 e_k 必须是一个一一映射。因此，要避免出现在加密时 $x_1 \neq x_2$，而对应的密文 $e_k(x_1)=e_k(x_2)=y$ 的情况，这种情况会导致在解密过程无法准确地确定密文 y 对应的明文 x。

7.1.3 几种典型的密码体制

为了理解密码体制，本节将介绍几种典型的加密方法，包括移位密码、代换密码、置换密码、RSA 算法。

移位密码的加密对象为英文字母，移位密码采用每一字母向前推移 k 位的方式来实现加密。换句话说，移位密码实现了 26 个英文字母的循环移位。由于英文字符有 26 个字母，可以在英文字母表和 $Z_{26}=\{0, 1, \cdots, 25\}$ 之间建立一一对应的映射关系。当取密钥 $k=3$ 时，得到的移位密码称为凯撒密码，因为该密码体制首先被凯撒(Julius Caesar)所使用。

问题 1 如何利用移位来设计一种可行的密码体制？

令 $P=C=K=Z_{26}$。对任意的 $k \in Z_{26}$，$x \in P$，$y \in C$，定义

$$e_k(x)=(x+k) \bmod 26 \tag{7.1}$$

$$d_k(y)=(y-k) \bmod 26 \tag{7.2}$$

在使用移位密码体制对英文字母进行加密之前，首先需要在 26 个英文字母与 Z_{26} 中的元素之间建立一一对应关系，然后应用以上密码体制进行相应的加密计算和解密计算。

【例 7.1】 设移位密码的密钥为 $k=7$，英文字符与 Z_{26} 中的元素之间的对应关系为

A	B	C	D	E	F	G	H	I	J	K	L	M
00	01	02	03	04	05	06	07	08	09	10	11	12
N	O	P	Q	R	S	T	U	V	W	X	Y	Z
13	14	15	16	17	18	19	20	21	22	23	24	25

假设明文为：ENCRYPTION。则加密过程如下。

首先，将明文根据对应关系表映射到 Z_{26}，得到相应的整数序列

04 13 02 17 24 15 19 08 14 13

然后将每个数字与 7 相加，同时对 26 进行取模运算，得到

11 20 09 24 05 22 00 15 21 20

最后再应用对应关系表将以上数字转化成英文字符，即得相应的密文为

LUJYFWAPVU

解密是加密的逆过程。首先应用对应关系表将密文转化成数字，再将每个数字减去 7 后和 26 进行取模运算，对计算结果使用原来的对应关系表即可还原成英文字符，从而解密出相应的明文。

问题 2 如何将移位的思想推广，得到更具一般性的密码体制？

令 $P=C=Z_{26}$，K 是 Z_{26} 上所有可能置换构成的集合。对任意的置换 $\pi\in K$，$x\in P$，$y\in C$，定义

$$e_\pi(x)=\pi(x) \tag{7.3}$$

$$d_\pi(y)=\pi^{-1}(y) \tag{7.4}$$

其中 π 和 π^{-1} 互为逆置换，这就是**代换密码**。

【例 7.2】 设置换 π 如下。

A	B	C	D	E	F	G	H	I	J	K	L	M
q	w	e	r	t	y	u	i	o	p	a	s	d
N	O	P	Q	R	S	T	U	V	W	X	Y	Z
f	g	h	j	k	l	z	x	c	v	b	n	m

其中大写字母为明文字符，小写字母为密文字符。根据以上对应关系，置换 π 对应的逆置换 π^{-1} 为

q	w	e	r	t	y	u	i	o	p	a	s	d
A	B	C	D	E	F	G	H	I	J	K	L	M
f	g	h	j	k	l	z	x	c	v	b	n	m
N	O	P	Q	R	S	T	U	V	W	X	Y	Z

假设明文为：ENCRYPTION。则相应的密文为：tfeknhzogf。

代换密码的任一个密钥 π 都是 26 个英文字母的一种置换。由于所有可能的置换有 26! 种，所以代换密码的密钥空间大小为 26!。因此，对于代换密码如果采用密钥穷举搜索的方法进行攻击，计算量相当大。代换密码有一个弱密钥：26 个英文字母都不进行置换。

问题 3 能否借鉴代换密码的体制，且去除弱密钥的缺陷来设计新密码体制？

令 $m\geqslant 2$ 是一个正整数，$P=C=(Z_{26})^m$，K 是 $Z_m=\{1,2,\cdots,m\}$ 上所有可能置换构成的集合。对任意的 $(x_1,x_2,\cdots,x_m)\in P$，$\pi\in K$，$(y_1,y_2,\cdots,y_m)\in C$，定义

$$e_\pi(x_1,x_2,\cdots,x_m)=(x_{\pi(1)},x_{\pi(2)},\cdots,x_{\pi(m)}) \tag{7.5}$$

$$d_\pi(y_1,y_2,\cdots,y_m)=(y_{\pi^{-1}(1)},y_{\pi^{-1}(2)},\cdots,y_{\pi^{-1}(m)}) \tag{7.6}$$

其中 π 和 π^{-1} 互为 Z_m 上的逆置换，m 为分组长度。对于长度大于分组长度 m 的明文消息，可对明文消息先按照长度 m 进行分组，然后对每一个分组消息重复进行同样的置乱加密过程，一般称之为**置换密码**。

【例 7.3】 令 $m=4$，$\pi=(\pi(1),\pi(2),\pi(3),\pi(4))=(2,4,1,3)$。假设明文为

Information security is important

加密过程首先根据 $m=4$，将明文分为 6 个分组，每个分组 4 个字符，即

Info rmat ions ecur ityi simp orta nt

然后应用置换变换 π 加密成下面的密文

noif mtra osin creu tiiy ipsm raot tn

解密密钥为

$$\pi^{-1}=(\pi(1)^{-1}, \pi(2)^{-1}, \pi(3)^{-1}, \pi(4)^{-1})=(3, 1, 4, 2) \tag{7.7}$$

在以上加密过程中，首先应用给定的分组长度 m 对消息序列进行分组，当消息长度不是分组长度的整数倍时，可以在最后一段分组消息后面添加足够的特殊字符，从而保证能够以 m 为消息分组长度。在【例 7.3】中，在最后的分组消息 tn 后面增加了 2 个空格，以保证分组长度的一致性。

对于固定的分组长度 m，Z_m上共有 m！种不同的排列，所以相应的置换密码共有 m！种不同的密钥。应注意的是，置换密码并未改变密文消息中英文字母的统计特性，所以置换密码不能抵抗频率分析法。另外，可以用密文攻击法和明文攻击法来破解置换密码。

以上两种密码体制含有两个基本操作：**替换**(Substitution)和**置换**(Permutation)，替换实现了英文字母外在形式上的改变，每个英文字母被其他字母替换；置换实现了英文字母所处位置的改变，但没有改变字母本身。随着计算机技术的飞速发展，古典密码体制的安全性已经无法满足实际应用的需要，但是替换和置换这两个基本操作仍是构造现代对称加密算法最重要的核心方式。举例来说，替换和置换操作在数据加密标准(DES)和高级加密标准(AES)中都起到了核心作用。几个简单密码算法的结合可以产生一个安全的密码算法，这就是简单密码仍被广泛使用的原因。除此之外，简单的替换和置换密码在密码协议上也有广泛的应用。

1976 年出现了具有革命性思想的公钥密码系统，它的主要特点是加密和解密使用不同的密钥，因此，这种密码体制又称为非对称密码体制。在公钥密码体制中最著名的一种是 RSA(Rivest - Shamir - Adelman)公钥密码体制，该算法可描述如下。

独立地选取两个大素数 p 和 q①，计算

$$\varphi(n)=\varphi(p)\varphi(q)=(p-1)(q-1), \quad (n=pq) \tag{7.8}$$

其中 $\varphi(n)$表示 n 的欧拉函数，即 $\varphi(n)$为比 n 小且与 n 互素的正整数的个数。

随机选取一个满足 $1<e<\varphi(n)$且 $\gcd(e, \varphi(n))=1$ 的整数 e，那么 e 存在模 $\varphi(n)$下的乘法逆元 $d=e^{-1} \bmod \varphi(n)$。

这样由 p 和 q 获得了 3 个参数：n、e、d。在 RSA 算法里，以 n 和 e 作为公钥，d 作为私钥②。具体的加解密过程如下。

加密变换：先将消息划分成数值小于 n 的一系列数据分组，即以二进制表示的每个数据分组的比特长度应小于$\lceil \log n \rceil$。然后对每个明文分组 m 进行如下的加密变换来得到密文 c。

$$c=m^e \bmod n \tag{7.9}$$

解密变换：

$$m=c^d \bmod n \tag{7.10}$$

① 为了获得最大程度的安全性，选取的 p 和 q 的长度应该差不多，都应为长度在 100 位以上的十进制数字。

② 此时不再需要 p 和 q，但一定不能泄露，一般应予以销毁。

【例 7.4】 选取 $p=5$，$q=11$，则 $n=55$ 且 $\varphi(n)=40$，明文分组应取为 1 到 54 的整数。如果选取加密指数 $e=7$，则 e 满足 $1<e<\varphi(n)$ 且与 $\varphi(n)$ 互素，于是解密指数为 $d=23$。假如有一个消息 $m=53197$，分组可得 $m_1=53$，$m_2=19$，$m_3=7$。分组加密得到

$$c_1=m_1^e \bmod n = 53^7 \bmod 55 = 37 \tag{7.11}$$

$$c_2=m_2^e \bmod n = 19^7 \bmod 55 = 24 \tag{7.12}$$

$$c_3=m_3^e \bmod n = 7^7 \bmod 55 = 28 \tag{7.13}$$

密文的解密为

$$c_1^d \bmod n = 37^{23} \bmod 55 = 53 = m_1 \tag{7.14}$$

$$c_2^d \bmod n = 24^{23} \bmod 55 = 19 = m_2 \tag{7.15}$$

$$c_3^d \bmod n = 28^{23} \bmod 55 = 7 = m_3 \tag{7.16}$$

最后恢复出明文 $m=53197$。

RSA 算法的安全性完全依赖于对大数分解问题困难性的推测，但面临的问题是迄今为止还没有证明大数分解问题是一类 NP 难问题。为了抵抗穷举攻击，RSA 算法采用了大密钥空间，通常模数 n 取得很大，e 和 d 也取为非常大的自然数，但这样做的一个明显缺点是密钥产生和加解密过程都非常复杂，系统运行速度比较慢。

7.2 密码体制的信息论分析

7.2.1 完全保密性

假设(P, C, K, E, D)是一个密码体制，密钥 $k\in K$ 只用于一次加密。假设明文空间 P 存在一个概率分布，因此明文元素定义了一个随机变量 X，$\Pr(X=x)$表示明文 x 发生的先验概率。同时假设通信双方以固定的概率分布选取密钥，所以密钥也定义了一个随机变量 K，$\Pr(K=k)$表示密钥 k 发生的概率。不失一般性，假设密钥和明文是相互独立的随机变量。由于 C 是 P 和 K 的函数，P 和 K 的分布可以导出 C 的分布，因此，同样将明文元素看成随机变量 Y，我们可以计算出密文 y 的概率 $\Pr(Y=y)$。对于密钥 $k\in K$，定义

$$C(k)=\{e_k(x): x\in P\} \tag{7.17}$$

则 $C(k)$就表示密钥是 k 时所有可能的密文集合。对于任意的 $y\in C$，可知

$$\Pr(Y=y)=\sum_{\{k: y\in C(k)\}} \Pr(K=k)\Pr(X=d_k(y)) \tag{7.18}$$

对于任意的 $y\in C$ 和 $x\in P$，条件概率

$$\Pr(Y=y\,|\,X=x)=\sum_{\{k: x=d_k(y)\}} \Pr(K=k) \tag{7.19}$$

根据 Bayes 定理，条件概率 $\Pr(X=x\,|\,Y=y)$计算如下。

$$\Pr(X=x\,|\,Y=y)=\frac{\Pr(X=x)\times \sum\limits_{\{k: x=d_k(y)\}} \Pr(K=k)}{\sum\limits_{\{k: x=d_k(y)\}} \Pr(K=k)\Pr(x=d_k(y))} \tag{7.20}$$

根据以上分析可知，只要知道了密钥和明文的概率分布，就可以根据以上结果对密码体制进行分析。

问题 4 什么情况下的密码体制是“完全可靠”的？

如果一个密码体制对于任意的 $x \in P$ 和 $y \in C$，都有 $q(x|y)=p(x)$，也就是说，给定密文 y，明文为 x 的后验概率等于明文 x 的先验概率，则称该密码体制具有**完全保密性**。

通俗地讲，完全保密性就是指攻击者 Oscar 不能通过观察密文得到明文的任何信息。根据 Bayes 定理可知，以下两个条件等价。

条件 1 对于任意的 $x \in P$ 和 $y \in C$，$q(x|y)=p(x)$。

条件 2 对于任意的 $x \in P$ 和 $y \in C$，$p(y|x)=q(y)$。

在此基础上，首先假设对于任意的 $y \in C$，$q(y)>0$(如果 $q(y)=0$，说明密文 y 从不会使用到，可以从密文集合 C 中删除，因此该假设是合理的)。现在固定任意的 $x \in P$，对任意的 $y \in C$，有 $p(y|x)=q(y)>0$，说明对于任意的 $y \in C$，一定至少存在一个密钥 $k \in K$，满足 $e_k(x)=y$，因此 $|K| \geqslant |C|$。

由于任何密码体制中的加密函数 $e_k(x)$ 均是单射函数，一定有 $|C| \geqslant |P|$。因此，对于具有完全保密性的密码体制(P，C，K，E，D)，一定有 $|K| \geqslant |C| \geqslant |P|$。

下面给出判断密码体制具有完全保密性的一个充要条件，该性质由 Shannon 提出。

定理 7.1 假设密码体制(P，C，K，E，D)满足 $|K|=|P|=|C|$，则这个密码体制是完全保密的当且仅当每个密钥被使用的概率都是 $1/|K|$，并且对于任意的 $x \in P$ 和 $y \in C$，存在唯一的密钥 $k \in K$，使得 $e_k(x)=y$。

证明： 只对必要性进行证明，充分性的证明读者可以自己完成。

设已知密码体制(P，C，K，E，D)具有完全保密性，则对于任意的 $x \in P$ 和 $y \in C$，一定至少存在一个密钥 k 满足 $e_k(x)=y$。因此有不等式

$$|C| = |\{e_k(x): k \in K\}| \leqslant |K| \tag{7.21}$$

现在假设 $|C|=|K|$，则有

$$|\{e_k(x): k \in K\}| = |K| \tag{7.22}$$

这意味着不存在两个不同的密钥 k_1 和 k_2 使得 $e_{k_1}(x)=e_{k_2}(x)=y$。因此对于 $x \in P$ 和 $y \in C$，刚好有一个密钥 k 满足 $e_k(x)=y$。

记 $n=|K|$，设 $P=\{x_i: 1 \leqslant i \leqslant n\}$ 并且固定一个密文 $y \in C$。假设密钥为 k_1，k_2，…，k_n，并且 $e_{k_1}(x_i)=y$，$1 \leqslant i \leqslant n$。根据 Bayes 定理可知

$$q(x_i|y)=\frac{p(y|x_i)p(x_i)}{q(y)}=\frac{\Pr\{k=k_i\}p(x_i)}{q(y)} \tag{7.23}$$

根据已知条件，密码体制是完全保密的，因此 $q(x_i|y)=p(x_i)$。所以有 $\Pr\{k=k_i\}=q(y)$，$1 \leqslant i \leqslant n$。也就是说，所有的密钥都是等概率使用的，由于密钥的数目为 $|K|$，于是对任意的 $k \in K$，$\Pr\{k=k_i\}=1/|K|$。

一个著名的具有完全保密性的密码体制是“一次一密”(One - time Pad)密码体制，该密码体制描述如下。

假设 $n \geqslant 1$ 是一个正整数，$P=C=K=(Z_2)^n$。对于 $k \in (Z_2)^n$，定义 $e_k(x)$ 为 k 和 x 的模 2 向量和(即明文消息和密钥两个相关比特串进行异或运算)。如果 $x=(x_1, x_2, \cdots, x_n)$ 并且 $k=(k_1, k_2, \cdots, k_n)$，则

$$e_k(x)=y=(y_1, y_2, \cdots, y_n)=(x_1+k_1, x_2+k_2, \cdots, x_n+k_n) \bmod 2 \tag{7.24}$$

相应的解密过程为

$$d_k(y)=(y_1+k_1,\ y_2+k_2,\ \cdots,\ y_n+k_n) \bmod 2 \tag{7.25}$$

根据定理 7.1 可知，一次一密的密码体制具有完全保密性，这个密码体制最早被 Gilbert Vernam 于 1917 年用于报文消息的自动加密和解密。虽然一次一密的密码体制具有完全保密性，但是在加密过程中，要求用 n 比特的密钥加密 n 比特的明文，降低了密码体制的实用性。

【例 7.5】 假设移位密码的 26 个密钥以相同的概率被使用，即 $\Pr(k=i)=\frac{1}{26}$，$i=0$，1，2，…，25，则对于任意概率分布的明文，移位密码具有完全保密性。

证明： 已知 $P=C=K=Z_{26}$，对于明文 $x\in P$ 和密钥 $k\in K$，加密过程定义为

$$e_k(x)=(x+k) \bmod 26 \tag{7.26}$$

先来计算 C 上的概率分布。假设 $y\in C$，则有

$$\begin{aligned}\Pr(Y=y)&=\sum_{k\in K}\Pr(K=k)\Pr(X=d_k(y))\\&=\sum_{k\in K}\frac{1}{26}\Pr(X=(y-k) \bmod 26)\\&=\frac{1}{26}\sum_{k\in K}\Pr(X=(y-k) \bmod 26)\end{aligned} \tag{7.27}$$

现在固定 y，值 $(y-k) \bmod 26$ 构成 Z_{26} 上的一个置换。因此有

$$\sum_{k\in K}\Pr(X=(y-k) \bmod 26)=\sum_{k\in K}\Pr(X=x)=1 \tag{7.28}$$

于是

$$\Pr(Y=y)=\frac{1}{26}\quad(\forall y\in C) \tag{7.29}$$

由于对任意的 x、y，满足 $e_k(x)=y$ 的唯一密钥 $k=(y-x) \bmod 26$，因此

$$\Pr(Y=y\,|\,X=x)=\Pr(k=(y-x) \bmod 26)=\frac{1}{26} \tag{7.30}$$

根据 Bayes 定理，可知

$$\begin{aligned}\Pr(X=x\,|\,Y=y)&=\frac{\Pr(X=x)\Pr(Y=y\,|\,X=x)}{\Pr(Y=y)}\\&=\frac{\frac{1}{26}\Pr(X=x)}{\frac{1}{26}}\\&=\Pr(X=x)\end{aligned} \tag{7.31}$$

所以，移位密码体制具有完全保密性。

7.2.2 唯一解距离

本节对密码体制 $(P,\ C,\ K,\ E,\ D)$ 的唯一解距离进行叙述，为此需要定义**密钥含糊度**，称条件熵

$$H(K\,|\,C)=-\sum_{y\in C}\sum_{k\in K}q(y)p(k\,|\,y)\log p(k\,|\,y) \tag{7.32}$$

为密码体制 $(P,\ C,\ K,\ E,\ D)$ 的密钥含糊度。

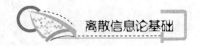

对于给定的密码体制，密钥含糊度度量了给定密文下密钥的不确定性。密钥含糊度有以下性质。

性质1 $H(K, C)=H(K|C)+H(C)$。

性质2 $H(K, C)\leqslant H(K)$，当且仅当K和C相互独立时，等号成立。

定理7.2 设(P, C, K, E, D)是一个密码体制，那么

$$H(K|C)=H(K)+H(P)-H(C) \tag{7.33}$$

证明：根据联合熵的性质，有

$$H(K, P, C)=H(C|K, P)+H(K, P) \tag{7.34}$$

由于$y=e_k(x)$，所以密钥和明文唯一决定了密文。这说明$H(C|K, P)=0$，因此

$$H(K, P, C)=H(K, P) \tag{7.35}$$

由于K和P是相互独立的，所以$H(K, P)=H(K)+H(P)$。因此

$$H(K, P, C)=H(K, P)=H(K)+H(P) \tag{7.36}$$

同理，因为$x=d_k(y)$，所以密钥和密文唯一决定明文，有$H(P|K, C)=0$，因此

$$H(K, P, C)=H(K, C) \tag{7.37}$$

于是

$$\begin{aligned}H(K|C)&=H(K, C)-H(C)\\&=H(K, P, C)-H(C)\\&=H(K)+H(P)-H(C)\end{aligned} \tag{7.38}$$

密码分析的目的是确定加密所使用的密钥k。设(P, C, K, E, D)是当前使用的密码体制，明文消息$x_1x_2\cdots x_n$被加密成密文消息$y_1y_2\cdots y_n$。考虑惟密文攻击，并假设攻击者Oscar的计算能力是无限的，同时攻击者已知明文消息属于某一种语言，如英语。

一般情况下，在密码分析的过程中，Oscar能够直接排除某些密钥，但仍然存在许多可能的密钥，这些密钥中只有一个是正确的密钥，那些可能但不正确的密钥被称为**伪密钥**。

现在来计算伪密钥期望值的下界。定义P^n为构成所有n个字母的明文消息的随机变量，定义C^n为构成所有n个字母的密文消息的随机变量，在此基础上定义自然语言L的熵H_L和冗余度R_L。

假设L是某种自然语言，则该语言的熵H_L定义为

$$H_L=\lim_{n\to\infty}\frac{H(P^n)}{n} \tag{7.39}$$

假设L是某种自然语言，则该语言的冗余度R_L定义为

$$R_L=1-\frac{H_L}{\log|P|} \tag{7.40}$$

给定K和P^n的概率分布，则可以导出C^n上的概率分布。对于$y\in C^n$，定义

$$k(y)=\{k\in K: \exists x\in P^n, s.t.\ p(x)>0, e_k(x)=y\} \tag{7.41}$$

那么$k(y)$是一个密钥集合，在这些密钥下，密文消息y对应有意义的明文消息，所以，$k(y)$是密文消息y对应的可能密钥的集合，该集合中只可能有一个正确密钥，其余密钥皆为伪密钥。因此，对应密文消息y的伪密钥个数为$|k(y)|-1$。伪密钥的平均数目$\bar{s}_n$计算如下。

$$\begin{aligned}\bar{s}_n &= \sum_{y\in C^n} q(y)(|k(y)|-1) \\ &= \sum_{y\in C^n} q(y)|k(y)| - \sum_{y\in C^n} q(y) \\ &= \sum_{y\in C^n} q(y)|k(y)| - 1\end{aligned} \tag{7.42}$$

由定理 7.2 可知

$$H(k|C^n)=H(k)+H(P^n)-H(C^n) \tag{7.43}$$

根据定义 9 和定义 10，当 n 充分大时，

$$H(P^n)\approx nH_L=n(1-R_L)\log|P| \tag{7.44}$$

因此，当 n 充分大时，

$$H(C^n)\leqslant n\log|C| \tag{7.45}$$

于是当 $|C|=|P|$ 时，可得到

$$H(k|C^n)\geqslant H(k)-nR_L\log|P| \tag{7.46}$$

同时，

$$\begin{aligned}H(k|C^n) &= \sum_{y\in C^n} q(y)H(k|y) \\ &\leqslant \sum_{y\in C^n} q(y)\log|k(y)| \\ &= \sum_{y\in C^n} \log|k(y)|^{q(y)} \\ &= \log\sum_{y\in C^n} q(y)|k(y)| \\ &= \log(\bar{s}_n+1)\end{aligned} \tag{7.47}$$

因此

$$\log(\bar{s}_n+1)\geqslant H(k)-nR_L\log|P| \tag{7.48}$$

当密钥选取满足等概率的条件时，可以得到以下定理。

定理 7.3 设(P，C，K，E，D)是一个密码体制，$|C|=|P|$而且密钥是等概率选取的。那么对于一个长度为 n 的密文消息串，相应的伪密钥的期望值满足

$$\bar{s}_n\geqslant\frac{|K|}{|P|^{nR_L}}-1 \tag{7.49}$$

可以看出，当 n 的值增加时，$\frac{|K|}{|P|^{nR_L}}-1$ 以指数速度趋近于 0。

一个密码体制(P，C，K，E，D)的**唯一解距离**定义为使得密钥含糊度 $H(K|C)$等于 0 的密文的最小量，记为 n_0，唯一解距离表示在给定足够的计算时间下，分析者能唯一计算出密钥所需密文的平均量。n_0 表示为

$$n_0=\frac{H(K)}{D} \tag{7.50}$$

其中 $H(K)$为密钥熵，$D=r'-r$ 称为语言代码的冗余度。这里 $r=\frac{H(X)}{N}$，$H(X)$是消息 X 的熵，N 为消息 X 的长度，r 被称为代码的实际码率或者语言的实际熵，它表示长度

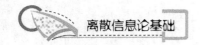

为 N 的消息中每个字符包含的平均信息比特数；$r'=\log L$，L 表示语言中包含的字符数，r'被称为代码的绝对码率或者语言的最大熵，它表示每个字符包含的最大信息比特数。对于中文而言，绝对码率或最大熵约为 13.9 比特/汉字；对于英文字母，$r'=\log 26\approx 4.7$ 比特/字符。

$H(K|C)=H(K)+H(P)-H(C)=0$ 说明了当给定密文时，密钥 k 不存在不确定性。也就是说，给定了密文 y 以后，密钥 k 便确定了。

本章小结

本章首先介绍了密码学中的一些基本概念和基本的保密通信模型，在此基础上，简单介绍了几种典型的密码体制——移位密码、代换密码、置换密码、RSA 算法，对于密码学相关知识的详细内容，读者可以参阅密码学的相关书籍。

信息论在密码学中有着广泛的应用，本章进一步介绍和讨论了密码学中与信息论相关的几个基本概念和结论，包括完全保密性的定义及其性质、伪密钥的概念及其期望值的估计方法、唯一解距离的定义及其相关结论。证明了在某种特殊的密码体制下，当且仅当每个密钥被使用的概率都是相等的时，该密码体制具有完全保密性。

习　题

（一）填空题

1. 常见的密码攻击分为__________、__________、__________和__________。

2. 衡量密码体制安全性的基本准则包括__________、__________和__________。

3. 置换密码体制中，$\pi=(2,1,4,3)$，则 π^{-1} 为____________。

4. RSA 公钥密码算法中，假设 $n=p\times q$，则加密指数 e 的取值范围为__________。

（二）计算题

1. RSA 公钥密码算法中，选取 $p=5$，$q=11$，加密指数 $e=7$，计算相应的解密指数。假设明文消息为 19537，给出加密后的密文消息。

2. 移位密码中，密钥 $k=14$，计算明文消息 information security 对应的密文消息。

3. 下面给出一种特殊的置换密码体制。设 m，n 为正整数，将明文消息写成一个 $m\times n$ 的矩阵形式，然后依次取矩阵的各列构成相应的密文消息。

例如，设 $m=4$，$n=3$，明文消息为 Cryptography，写成 4×3 矩阵后各列分别为 Cta、rop、ygh 和 pry，因此相应的密文消息为 Ctaropyghpry。

（1）当已经知道 m，n 时，试给出 Bob 的解密过程。

（2）试通过解密给出以下密文相应的密文消息。

Myamraruyiotenctorahroywdsoyeouarrgdernogw

（三）证明题

1. 证明：RSA 公钥密码算法中，解密过程能够正确恢复出明文消息。

2. 证明：假设在移位密码中，26 个密钥以相同的概率被使用，即 $\Pr(k=i)=1/26$，$i=0,1,2,\cdots,25$，则对于任意概率分布的明文，移位密码具有完全保密性。

第8章

算法信息论与通用信源编码

教学目标

理解数据模型的重要性；掌握半自适应编码，了解 Huffman 树的自适应调整；能够从“描述”观点考察信息，理解 DTM 和 Kolmogorov 复杂度，且能以算法角度考察通用概率；能够掌握 LZ77 编码和 LZ78 编码的原理，并了解其实用性；了解 LZW 编码与其细节问题。

教学要求

知识要点	能力要求	相关知识
数据模型	(1) 了解统计编码的优劣 (2) 掌握半自适应编码 (3) 了解动态 Huffman 编码	(1) 概率分布预测 (2) 在线算法与离线算法 (3) FGK 算法与 Vitter 算法
描述复杂性	(1) 理解 DTM (2) 了解 Kolmogorov 复杂度 (3) 了解通用概率	(1) 计算模型 (2) 不可压缩性 (3) 概率预测
通用信源编码	(1) 掌握算术编码 (2) 掌握 LZ77 编码和 LZ78 编码 (3) 了解 LZW 编码	(1) 区间编码 (2) trie 与后缀树 (3) 图像压缩

引言

在 Shannon 的信息论中，熵是描述信息量的工具，但它依赖于概率分布，Shannon 自己也意识到了这一点，因此他特意强调了这种基于概率模型的信息论。概率模型是一种描述具体事物的优秀模型，但它不具备普适性。以人类语言为例，尽管语言可以视为具备随机性的 Markov 信源，而某本特定的小说却是经过作者精心的构思和锤炼，最终步步“确定”而成的，例如《尤利西斯》（图 8.1）是一部满载作者想传递给读者“信息”但绝不能简单以“随机”处理的巨著。若从编码算法设计角度看，前文所提及的许多信源编码是基于概率且对概率敏感的算法。此外，这些编码大多必须以树形式进行，而树这种非线性结构的操作速度显然没有线性结构的速度快。因此，从更一般的角度研究信息成为需要解决的重要问题。既然这种研究的部分目的是设计编码算法，从算法角度研究信息变得很自然。

图 8.1 小说《尤利西斯》

在 20 世纪 60 年代，Solomonoff、Kolmogorov 和 Chaitin 分别独立地提出了一种刻画信息的方法，即**描述复杂性**(Descriptive Complexity)，也称 **Kolmogorov 复杂性** (Kolmogorov Complexity)。他们建立了一个较为精确且合理的基本模型，并以此为基础给出基本概念和结论。随后，经过众多研究者的不懈努力，这个领域逐渐发展为**算法信息论**(Algorithmic Information Theory)。从算法角度研究信息，关键在于从算法上给出对某个实体的一种“描述”，进而以描述长度作为信息量的度量。事实上，熵也可看成是一种描述长度，这样它们便有机地结合起来。

一个好理论的特征是它能给出非常好的应用，Shannon 的信息论如此，描述复杂性也是如此。利用描述进行信源编码，其典型思路是**基于字典的方法**(Dictionary-based Method)，而百科全书是一个很好的实例。大部分百科全书(图 8.2)可认为是“信息”的海洋，从中可借鉴词条的表达和计量来启发对信息的相关研究。

(a) 不列颠百科全书

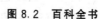

(b) 辞海

图 8.2 百科全书

8.1 基本概念

8.1.1 统计编码

对于许多信源编码，一般假设概率分布在算法执行前已给定，此后的编码步骤依照此概率分布进行。从这个意义上看，第 3 章中所提及的大多数编码都是**统计编码**(Statistical Coding)，而概率分布扮演了模型的作用，因此也称为**数据模型**(Data Model)。依照所采用的模型不同，统计编码也有不同的形式。

如果多次使用同一种信源，其概率分布会大致稳定，经过统计后可得到固定的概率分布，此后的信源编码则采用这种固定的概率分布，即编码是确定的。不过，假设信源的概率分布稳定不一定正确，如果它不断变化，那么采用不正确估计后编码需要增加的长度就是相对熵。实际中常常还会出现另一种情况，即不会给出概率分布而只给出特定的序列，而且下次出现的序列与此次大相迥异，因此需要给出随不同数据的模型而改变的编码，即**自适应编码**(Adaptive Coding)。

问题 1 如何对概率分布未知的有限序列进行信源编码?

常规的做法是先得到该序列的概率分布估计，再依据此概率分布(数据模型)进行编码。若想获得给定序列的数据模型，最简单的办法是对它进行频率统计，再令此频率近似为概率分布，最后对序列进行编码。这种方法需要两趟操作，详细过程如下。

由于一般所考虑的都是扩展编码，因此以扩展形式描述。为简便计，假定分组不存在截断问题，设信源发出的信息以 n 分组，写为随机序列

$$(X_1, X_2, \cdots, X_n), (X_{n+1}, X_{n+2}, \cdots, X_{2n}), \cdots, (X_{(k-1)n+1}, X_{(k-1)n+2}, \cdots, X_{kn}) \tag{8.1}$$

而特定的有限序列相当于将随机序列的值定为

$$(x_1, x_2, \cdots, x_n), (x_{n+1}, x_{n+2}, \cdots, x_{2n}), \cdots, (x_{(k-1)n+1}, x_{(k-1)n+2}, \cdots, x_{kn}) \tag{8.2}$$

在读入全部信息后，对所有分组统计得到出现次数，记向量值$(a_1, a_2, \cdots, a_n)$出现的次数为 $N(a_1, a_2, \cdots, a_n)$，计算出的频率分布为 $f(a_1, a_2, \cdots, a_n)$，即

$$f(a_1, a_2, \cdots, a_n) = \frac{N(a_1, a_2, \cdots, a_n)}{k} \tag{8.3}$$

从有限序列的角度看，可认为是对随机向量$(Y_1, Y_2, \cdots, Y_n)$进行 k 次实验，而$(Y_1, Y_2, \cdots, Y_n)$与式(8.1)之间有一定的联系，但又不尽相同。对于编码而言，采用$(Y_1, Y_2, \cdots, Y_n)$进行估计已经足够，事实上 $f(a_1, a_2, \cdots, a_n)$就是对$(Y_1, Y_2, \cdots, Y_n)$概率分布的一种估计，即

$$\hat{u}(a_1, a_2, \cdots, a_n) = f(a_1, a_2, \cdots, a_n) \tag{8.4}$$

编码则以 $\hat{u}(a_1, a_2, \cdots, a_n)$为依据。对于有限序列来说，以 $N(a_1, a_2, \cdots, a_n)$形式考虑编码的最佳性，可得到同样的结果，因此对 $\hat{u}(a_1, a_2, \cdots, a_n)$的这种估计可以得到最佳码。显然该算法具有一定的自适应性，但它有一些不足。例如上述算法需要读入所有的序列才能展开编码工作，因此可归为**离线算法**(Offline Algorithm)，它需要较大的存储量，速度也不快。此外，既然是离线算法，该编码算法不能适应序列读入完毕后再增加序列的情况，即仅适应于静态的情况。因此，这种方法虽然简单，但与更好的自适应编码有较大差距。不过可借鉴的思路是 $N(a_1, a_2, \cdots, a_n)$同样可得到最佳码，因此该编码方法称为**半自适应编码**(Semiadaptive Coding)。

考虑到问题的离散性，一般以 $N(a_1, a_2, \cdots, a_n)$方式考察序列，这样不需要做除法，还能获得同样的效果。

【例 8.1】 字母表为 $\Sigma = \{0, 1\}$，设序列为 *cabaccbaaaaa*，以 2 为分组长度进行扩展，给出一个最佳码。

解 根据序列情况可知

$$N(c, a) = 1, \quad N(b, a) = 2, \quad N(c, c) = 1, \quad N(a, a) = 2 \tag{8.5}$$

顺便提及，对于一般情况，可采用 trie 这种结构进行高效的统计。

根据所统计的次数情况可给出一个最佳码，如图 8.3所示。

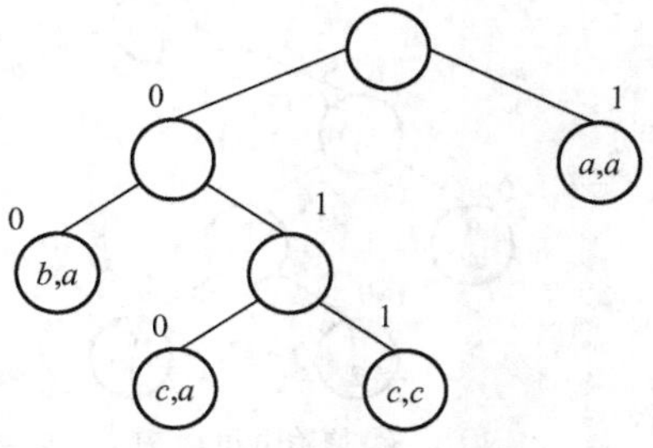

图 8.3 基于出现次数的最佳码

问题 2 对于海量数据且实时性要求较高时如何对序列进行信源编码？

如果数据量不大，将所有数据读入完毕后再进行信源编码是可行的。而数据量急剧提升后无法满足实时性的要求，尤其是对于传输速度较快的**数据流**(Data Stream)。关于这一点，将问题极端化后更容易理解，即考虑无限序列，那么计数算法自身都无法停止。

对于海量数据编码的一种简单的方案是采样，即取出其中部分分组再以统计出的频率作为真实概率分布 $u(x_{(k-1)n+1}, x_{(k-1)n+2}, \cdots, x_{kn})$的估计 $\hat{u}_S(x_{(k-1)n+1}, x_{(k-1)n+2}, \cdots, x_{kn})$。很显然，这种基于采样的方法所得编码 $\hat{C}^n$会与熵之间有一定的差距，特别地，对于离散平稳信源有

$$\frac{H(X_1, X_2, \cdots, X_n)+D(u\|\hat{u}_S)}{\log r}\leqslant l(\hat{C}^n)<\frac{H(X_1, X_2, \cdots, X_n)+D(u\|\hat{u}_S)}{\log r}+1 \tag{8.6}$$

人们已从投掷硬币问题中了解到概率分布估计的重要性，错误的估计将招致巨大的惩罚。要解决此问题，减少采样间隔是个不错的方案，但会增加整个采样的时间。

如果不从静态的角度考虑问题，而从动态的角度观察序列，可建立缓冲区并对缓冲区内数据进行采样，得到缓冲区内的数据模型估计后进行编码并发送，还可以根据已有的数据情况修正采样间隔。这种方式能根据已有的部分采样结果进行编码，不需要等待全部采样完成。从无限序列的极端情况下考虑，该算法的编码速度稍快，因为它毕竟可以输出部分编码。此外，该算法还可以将采样间隔降至最低，尽管实时性受到影响，但仍比半自适应编码快。

8.1.2 自适应编码

尽管基于采样的编码算法有一定优势，但它的实时性还是不高。这源于它需要接收一定的缓冲才能输出，也在于它需要不断发送采样得到的数据模型，这些问题都制约着这种算法的应用。不过，它还是有许多值得借鉴之处，比如可以边统计边编码，又比如可以采用当前的“真实”数据模型来指导编码。从这些方面可以对传统的信源编码予以改进。

由于 Huffman 编码本身具备一定的特殊性，例如它是最佳码，而且构造方式中用到的树也是逐步建立起来的，因此可以考虑其自适应版本。

问题 3 如何将 Huffman 编码改造成自适应编码以适应实际需求？

需要解决的关键问题是如何更新 Huffman 编码所形成的 Huffman 树的结构。这可从考察 Huffman 树的性质获得一些启发，从任何一个结点向上或向下满足权值的有序性，但同层的向左或向右不一定满足权值的有序性。为方便起见，不妨将编码过程中取两个根形成新根的过程略作改进，即让权值小的作为左子树。经过改进的 Huffman 树在同层之间也满足有序性。图 8.4 给出了这种改进的示意，结点中标记了它的权值，其中 * 表示该结点不是码字，而非 * 的结点中指明了它对应的码字(它的权值即出现次数)。

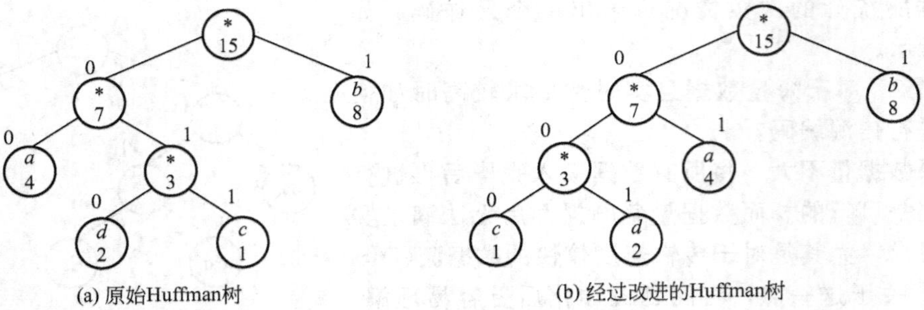

图 8.4　Huffman 树的有序化

通过上述改进，Huffman 树的序关系可施加于所有结点上，其排列是从最底层开始进行从左向右的扫描，再上升到上一层进行从左向右的扫描，直到根结点为止。这样形成的序列权值必须保证单调增关系。利用这种“有序”的 Huffman 树，可以进行 Huffman 树的自适应改进。

(1) 如果加入一个新结点，则其权值为 1。从 Huffman 树的构造看，这个新结点在静态 Huffman 树的构造情况应该是最小的，这种情况下可将加入新结点前 Huffman 树所对应最小权值的结点分割，再将新结点作为分割结点的左孩子，分割前的结点作为分割结点的右孩子。分割结点的权值以及其祖先结点的权值都应更新，注意到这种更新可能会破坏有序性，需要对这些结点进行调整。此外，加入第 2 个新结点需要特殊处理，要保证加入后的树为满二叉树。

(2) 如果某结点的权值增加，该结点及其祖先结点的权值也需要更新，而这也可能会破坏有序性，同样需要对这些结点进行调整。

无论上述哪种情况出现，其调整方法都是一致的。只需按照原先树中结点的递增次序(即在当前结点从左到右再从下到上)进行不断交换，直到更新所有结点满足要求为止，最后可保证调整后的 Huffman 树仍然“有序”。在调整中要注意以下几点。

(1) 若某棵子树调整完，下次则将它视为整体来调整，即不再改动该子树的所有结点在子树中的相对位置。

(2) 对某结点施加交换操作时要避免与它的祖先结点进行交换。

事实上，只要利用上述思路在发送端和接收端均进行 Huffman 树的自适应调整，即可在不影响编码的前提下完成了 Huffman 编码的更新。

下面以一个简单的例子来说明 Huffman 树的调整。假定图 8.4(b)中所给 Huffman 树为初始情况，如果加入新结点 e，应将 c 所在结点进行分割，再将 e 和 c 分别作为分割结点的左右孩子，并更新相应的结点。在此过程中，没有破坏有序性，因此不需要调整，于是形成图 8.5(a)中的 Huffman 树。在此基础上，如果再将 d 的权值增加 3，则将 d 交换到合适的位置，更新相应结点后再调整 d 的祖先结点。

不过，从上述例子可以看出，仅仅利用调整的这种方案没有考虑到 Huffman 树的更多特性，手工操作的倾向较重，难以给出合适且高效率的算法，而相应的证明也较难给出。为此，需要对 Huffman 树的更新略作限制。考虑到对于权值增加的调整比较麻烦，可限制每次权值只能增加 1，这样也符合每次接收 1 个元素的具体情况，而且加入新结点权值也是 1，可以在此约束下寻找合适的算法。

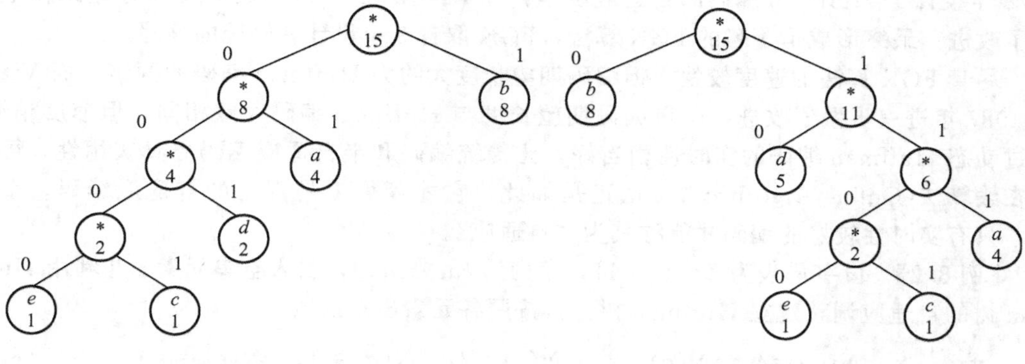

图 8.5 Huffman 树的自适应调整

在给出完整的算法之前，还需要解决一个问题，即如何处理新元素的问题。如果发送的不是新元素，则可用该元素压缩后的编码形式发出；如果发送的是新元素，则需要以未压缩形式发出(一般采用长度为 W 的等长编码，且需要限制长度 W 值的范围，在实际中常常采用等长的 ASCII 码)，这样即可实现编码和译码。为了区分出未压缩的码字，可在新元素对应的未压缩码字之前增加一个特殊的空串元素 ε 作为前缀，以提示其后 W 个符号是未压缩元素的码字，一旦译出 ε 在当前 Huffman 树中的码字则按未压缩处理。于是，在编码和译码的初始需将 ε 作为新结点添加，其出现次数为 0。为保证满二叉树的特性，初始将 ε 作为根，不对应任何码字，此后则不需要进行任何特殊处理。

这样 Huffman 树的调整可简化。注意到加入新结点需对 ε 进行分割，将 ε 和新结点分别作为分割结点的左右孩子，而分割结点的权值是 1，这意味着此后的操作等价于分割结点的权值增加 1，那么只需要讨论结点 t 的权值增加 1 的处理方案，在处理前先不增加 t 的权值。

(1) 如果 t 的兄弟不是 ε，那么 t 的双亲的权值必然比 t 的权值大。由于 t 需要增加 1，这意味着 t 只能交换到与当前 t 的权值相等的那些结点的最后一个，注意交换完并未改变原始 t 结点位置的权值。一旦 t 交换到合适的位置 t'，将 t' 处的权值增加 1，再将 t' 置为下一个要处理的结点(处理前同样不增加该结点的权值)，再按照上述处理方案操作。

(2) 如果 t 的兄弟是 ε，则 t 的双亲的权值等于 t 的权值，为避免它们发生交换，可仔细考察具体情况。注意到 ε 必然在最底层，因此 t 和 ε 所处的层只有叶结点，而 t 和 ε 的上一层中位置在 t 的双亲之前的结点也不可能有孩子，因此 t 只需交换到与当前 t 的权值相等那些叶结点的最后一个，即 t 的双亲之前。经过这次交换后，t' 的兄弟肯定不是 ε，剩下来的操作仿照(1)即可。

上述步骤不但能保证调整后仍为满二叉树，而且不会破坏 Huffman 树的有序性，这就是**动态 Huffman 编码**(Dynamic Huffman Coding)①的主要思路，其具体算法设计略为复杂，主要是需要考虑数据结构的优化。该算法最初由 Faller 在 1973 年和 Gallager 在

① 尽管它也称为自适应 Huffman 编码，但它最初是以动态 Huffman 编码这个名字出现的。两种命名反映了不同的思想，前者是从现代的编码归类出发，而后者则是从算法的动态性出发。

1978 年设计了 Huffman 编码的自适应版本，而 Knuth 在 1985 年在算法和数据结构上进行了改进，最终形成了著名的 FGK 算法，FGK 取自 3 位设计者姓氏的缩写。

尽管 FGK 算法的速度较快，但编码期望长度大约为 Huffman 编码的两倍。而 Vitter 在 1987 年进一步做了改进，所得编码期望长度与 Huffman 编码大致相同，但速度稍慢。不过动态 Huffman 编码的实时性相当好，比传统编码和半自适应编码更具实用性，可归为**在线算法**(Online Algorithm)，也正是如此，它才算得上是真正的自适应编码。事实上，只有实时性较好的编码才能称其为“自适应”。

【例 8.2】 设字母表为 $\Sigma=\{0, 1\}$，序列为 *bacabcdaa*，引入空串元素 ε 并利用 Huffman 树的自适应调整建立 Huffman 树；再按照各元素出现次数

$$N(a)=4,\quad N(b)=2,\quad N(c)=2,\quad N(d)=1,\quad N(\varepsilon)=0 \tag{8.7}$$

给出 Huffman 树，试比较两者的区别。

解 首先出现 *bac*，按加入新结点处理，调整后结果如图 8.6(a)所示。随后出现 *abc*，按增加权值处理，调整后结果如图 8.6(b)所示。

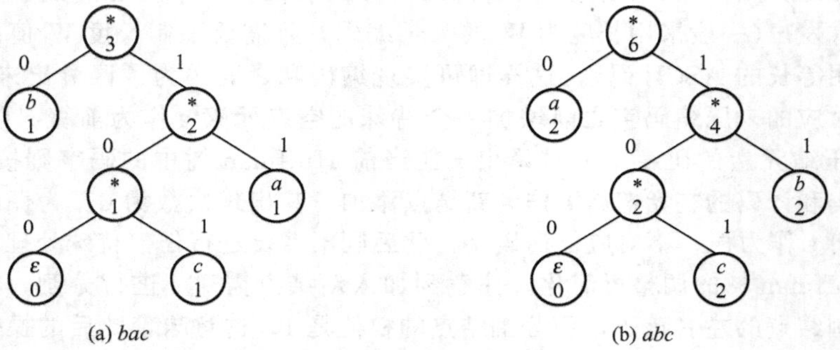

图 8.6 在 *bacabc* 序列期间 Huffman 树的变化

当 *d* 出现时，按加入新结点处理，调整后结果如图 8.7(a)所示。最后出现 *aa*，按增加权值处理，全部序列处理完毕，调整后结果如图 8.7(b)所示。

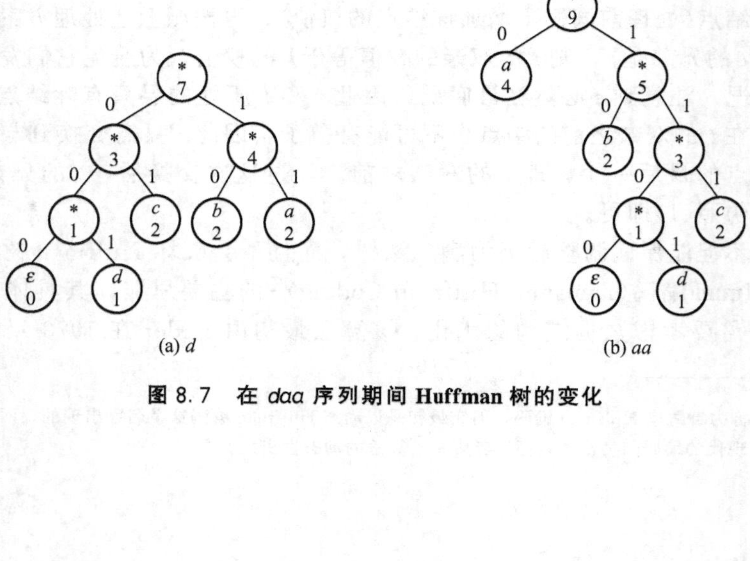

图 8.7 在 *daa* 序列期间 Huffman 树的变化

容易验证按自适应调整得到的 Huffman 树［如图 8.7(b)所示］和直接按出现次数式(8.7)进行 Huffman 编码[①]所得的 Huffman 树是完全一样的。

8.2 描述复杂性

8.2.1 Kolmogorov 复杂度

尽管可以用“描述”对信息进行刻画，但应该对“描述”给出什么条件值得思考。牛津大学饱蠹楼(Bodleian)[②]图书馆的馆员 Berry 给出过一个悖论。**Berry 悖论**(Berry Paradox)定义了一个自然数，不妨以不同语言写出：例如中文版本中可定义它是“至少要用二十个字描述的自然数中的最小元”，但它仅用了 19 个字；又如英语版本中可定义为 *The least natural number which cannot be specified in fewer than twenty English words*，而这只需 14 个字。这种悖论与逻辑中的许多悖论一样，都是公理不明确的产物[③]，因此需要给出“描述”的确切定义。

问题 4 从客观的角度如何建立能定义序列“描述”的数学模型？

如果从人的角度定义“描述”，显然具有很大的主观性；而如果纯从数学系统的角度定义“描述”，其可操作性又不太强。而算法结合了这二者之间的优势，可定义产生某序列的算法为其“描述”。不过，不同的计算机各有不同，需要引入一般意义下的计算机，或者说**通用计算机**(Universal Computing Machine)。在计算理论中，已对通用计算机研究得较为充分，利用抽象的计算模型，即可找到通用计算机。常用的计算模型有**图灵机**(Turing Machine，TM)、**λ 演算**(Lambda Calculus)和**递归函数**(Recursive Function)等，它们在计算能力上相互等价，但图灵机不但接近实际计算机且便于进行理论分析，因此一般均采用图灵机作为通用计算机[④]。

需要指出，计算模型对一般意义下的**“计算”**(Computation)作出了回答。在 Alan Mathison Turing 的观点中，人类的计算可抽象成由控制器、读写器、存储器 3 部分组成的系统。控制器不断进行两类操作：在存储器当前位置中写入符号；在存储器中移动。控制器采用的符号类型是有限的，而且每次书写的符号可由纸上的现有符号和控制器自身的状态决定。这种图灵机是确定性的，一般称为**确定型图灵机**(Deterministic Turing Machine，DTM)。一旦 DTM 给定输入数据后，其后它每一步的动作即可完全确定。每一时刻的 DTM 可用**格局**(Configuration)来描述，它包括存储器的内容、读写器的位置和控制器的状态。

Hopcroft 和 Ullman 在 *Introduction to Automata Theory*，*Languages and Computation* 这本名著中给出了一种简单的 DTM，如图 8.8 所示。在此略作改造，叙述如下。

(1) 符号表 $\mathcal{T}=\{0, 1, \square\}$，其中□是特殊字符，称为**空白**(Blank)，它代表无数据

---

① 严格地说，应该是满足 Huffman 编码要求的某种可行编码，因为 Huffman 编码存在多种可能性。

② 此名为钱钟书先生在牛津留学时所给的诙谐趣译。

③ 即便公理严格、合理、完整，也不能保证该系统中不存在悖论，这是数理逻辑中核心但极其困难的问题。

④ 此处所讨论的为**通用图灵机**(Universal Turing Machine)，即可以模拟其他图灵机行为的图灵机，只有这样的图灵机才可以作为通用计算机。

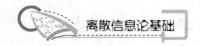

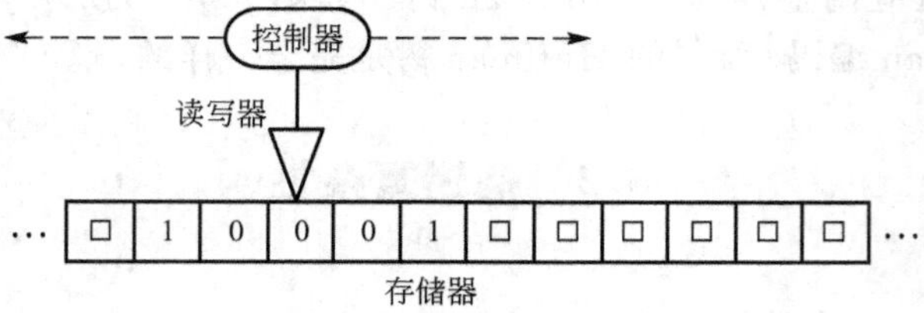

图 8.8 DTM

或者该数据已无作用。这意味着它是 3 符号的 DTM。

(2) 存储器：一般取一条无限长并可左右移动的**带**(Tape)(通常称为**磁带**)，它由无限个单元组成，每个单元所存符号均取自符号表 $\mathcal{T}$，除了有限个单元外，其他单元上所存符号均为□。

(3) 读写器：它在每一时刻可以对当前所处的单元进行符号的读写。在完成了对该单元的读写任务后，下一步可以向左移动、向右移动或不移动，分别记为 tL、tR 和 tC。当然，也可以不定义 tC，只需对 DTM 的动作进行合并。

(4) 控制器：它携带状态集 $\mathcal{S}$，其中必须包括特殊的**停机**(Halting)状态集 h，出现此状态后计算终止。一般将初始状态记为 s_0，此后每步计算状态为 s_i。

在每个计算步中，DTM 的运作取决于**转移函数**(Transition Function)

$$\omega: \mathcal{T}\times\mathcal{S}\rightarrow\mathcal{T}\times\mathcal{S}\times\{tL, tR, tC\} \tag{8.8}$$

为方便起见，可假设读写器只写不读，因为读操作只需写入上一时刻单元的符号即可。若读写器所在单元的符号为 t_n，且控制器当前状态为 s_n，则每次计算完成如下工作。

(1) 若 $s_n\in$ h，则停机，否则由 $\omega(t_n, s_n)$确定控制器的下一步状态 s_{n+1}。

(2) 每次需要修改当前单元的内容，$\omega(t_n, s_n)$根据当前状态 s_n 情况取 $\mathcal{T}$ 中符号作为 s_{n+1} 当前单元的内容。

(3) 若 $\omega(t_n, s_n)$确定出读写器需要移动，根据方向(tL 或 tR)向左或向右移动一个单元；若 $\omega(t_n, s_n)$确定出读写器的方向是 tC，则不移动。

从上述步骤中可看出，状态数与符号表 $\mathcal{T}$ 的大小有关，而通用计算机有模拟其他图灵机的要求，因此它们的选取需要精心设计。Minsky 给出了一种 4 符号-7 状态图灵机，它可作为通用计算机。

一般而言，DTM 的输出可定义为停机后存储器中的内容。如果 DTM 不停机，则存储器的内容是无限长的字符串，可以此作为输出。可以定义输入为只有有限个单元存在非空白符号的存储器上的字符串，那么输入和输出便形成了一个**部分递归函数**(Partial Recursive Function)。至于 DTM 是否能停机，则属于**可计算性**(Computability)领域所研究的问题，这里仅研究可停机的 DTM，即**全递归函数**(Total Recursive Function)。实际上，**Church-Turing 论题**(The Church-Turing Thesis)已指出：直观上可计算的函数类就是部分递归函数。因此，采用 DTM 作为“描述”的基础是非常合适的。

顺便提及，DTM 如果停机，还可以将运行结果分为两种情况：接受或不接受，停机状态集 h 即可划分为接受状态集与不接受状态集。**接受格局**(Accepting Configuration)意味着 DTM 停机时，控制器状态属于接受状态集。若 DTM 停机时控制器状态属于不接受状态集，则称 DTM 不接受该输入。于是 DTM 可等价于一台能回答问题的机器，接受输入数据计算后仅可回答“是”或“否”。这种 DTM 在计算理论中用处较大，此处不作讨论。

问题 5 从 DTM 模型如何去定义序列的“描述”?

不妨设通用计算机为UT，若有包含了初始数据的程序P，则其输出序列为UT(P)。显然P是 DTM 上的 01 字符串，它就是序列UT(P)的“描述”。显然，P的长度 $l(\mathrm{P})$可作为UT(P)的一种信息度量。不过，可能有其他程序也可以输出UT(P)，这样UT(P)的“信息量”就难以确定。可以借鉴熵的思想，于是定义“描述”UT(P)的最小程序长度为UT(P)的“信息量”。

定义 {0，1} 上的字符串 s 的最小描述长度为 s 的“信息量”，即在UT上能输出 s 的最小程序长度

$$K_{\mathrm{UT}}(s)=\min_{\mathrm{UT(P)}=s} l(\mathrm{P}) \tag{8.9}$$

一般称其为 **Kolmogorov 复杂度**(Kolmogorov Complexity)①。

实际上，通用计算机和现实中的大多数计算机在计算能力上是等价的，不妨将通用计算机看成一种编程语言，而其他计算机视为其他编程语言，显然它们之间的程序长度顶多差了编译转换的程序长度，因此可将$K_{\mathrm{UT}}(s)$记为与UT无关的符号$K(s)$。这种程序语言的视角虽然不严格，但它是正确的，更有助于对通用计算机的理解，因此这里采用算法的伪代码作为“描述”。

【例 8.3】 对序列 $s_1=0000000$、$s_2=00110010010001011$ 和 $s_3=00\cdots0\cdots$分别给出相应的 Kolmogorov 复杂度上界。

解 序列 $s_1=0000000$ 输出方案很简单，在磁带上存放的数据部分是 7 个 0(以□作为终结)，还需在磁带上写一段程序让转移函数变为如下功能。

遇到数据部分的任意一个符号 s 后的输出为$(0, tR)$，即改写当前单元为 0 再向右移动，直到碰到□符号而停机。

序列 $s_2=00110010010001011$ 也可以同样操作，只不过需要重新设计控制器的状态转换情况，使得转移函数遇到任意一个符号 s 后的输出为(s, tR)。

将上述计算一般化，对于序列 s，均存在正常数 k，使得 s 的 Kolmogorov 复杂度满足

$$K(s)\leqslant|s|+k \tag{8.10}$$

不过这种上界不是紧致的，例如对于 $s_3=00\cdots0\cdots$可以在磁带的数据部分存放 1 个 0，指定一种特殊的控制器状态，让转移函数不停地输出$(0, tR)$，即改写当前单元为上一单元的符号 0 再向右移动即可，显然$K(s_3)$是个较小的常数。

从随机性的角度看，如果满足随机性的各种检验(如等概分布等)，则序列的随机性较好，而 Kolmogorov 复杂度也较高，它能压缩的可能性也越小，这与前文中所分析的序列压缩后的特性也是一致的。事实上，随机的序列是**不可压缩的**(Incompressible)。

8.2.2 通用概率

从上述讨论可以看出，所采用的 DTM 条件较弱，使得对“描述”长度难以具体分

① 从定量的角度考虑时，complexity 称之为复杂度。从理论的角度考虑时，complexity 称之为复杂性。

析，而且不能对问题给出进一步的讨论，尤其是与编码相关的理论分析。

问题 6 对 DTM 模型可采用何种改进，使得它能与编码联系起来？

由于图灵机不断在读入数据，也不断在写出数据，可将这些过程剥离出来。而读入的数据可视为程序P，不妨假设只能单向读入数据，这样那些能导致停机的程序之间必然相互不为前缀。由于前缀码的长度已经足以包含唯一可译码的长度，因此只需要考虑这样的图灵机即可，称之为**前缀图灵机**(Prefix Turing Machine)。一般需考虑前缀通用图灵机pUT，其上的 Kolmogorov 复杂度称为**前缀 Kolmogorov 复杂度**(Prefix Kolmogorov Complexity)，显然它也与所采用通用计算机基本无关，因此可记为 $K(s)$。

前缀图灵机(如图 8.9 所示)的输入带上不允许有□符号，这是为了让它和 {0，1} 上的字符串一致，即 {0，1} 上字符串的“描述”也是一个 {0，1} 上的字符串。于是输入带上的字符串就是P，而前缀图灵机中其他部分就相当于一台除去输入的真实计算机，这种思考方式可以更好地理解它。需要注意的是输入带上数据或程序段的分隔问题，即要对它们采用一定的编码以区分其他的数据。事实上，可将数据或程序段都视为抽象的“数据”。

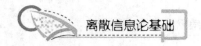

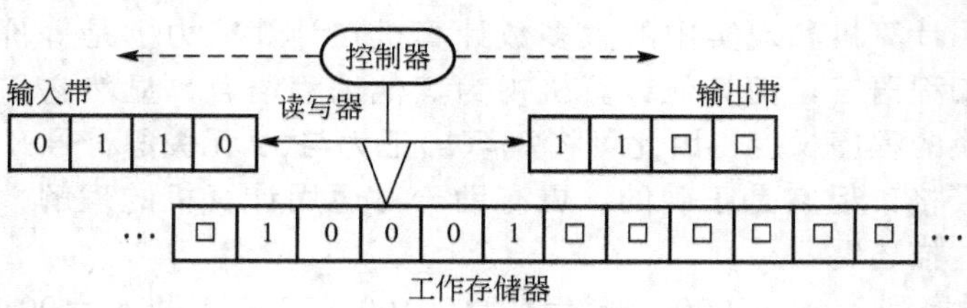

图 8.9 前缀 DTM

【例 8.4】 对长度为 l 的字符串 s 给出编码形式，使得它可与其他数据或程序段分隔。

解 一种方式是使用 1^l0s 或 0^l1s，这样每个数据之间的读入即可采用：先从 1^l0 或 0^l1中确定出长度 l 并将其保存于工作存储器中，再读入真实数据，最后再进行下一个数据的读入。

另一种方式使用 $s=s_1s_2\cdots s_l$ 的重复形式，即采用 $s_1s_1s_2s_2\cdots s_ls_l01$ 或 $s_1s_1s_2s_2\cdots s_ls_l10$ 的形式，由于 s_is_i 只可能是 00 或 11，因此也可从这种间隔中读入数据。这种方法存储量多 1 个比特，但不需要在工作存储器上保存 l，速度也更快。

给出 Kolmogorov 复杂度的意义不在于对于有限长的确定序列设计出最佳码，因为利用扩展技术再进行 Huffman 编码即可达到。事实上，在平均意义下 Kolmogorov 复杂度一般大于熵，例如对于 i. i. d. 序列存在如下关系

$$H(X) \leqslant \sum_{x \in \mathcal{X}^n} p(x)K(x) \leqslant H(X) + \frac{|\mathcal{X}|-1}{n}\log n + \frac{c}{n} \tag{8.11}$$

其中 c 是常数。显然，数据压缩仍是由熵(熵率)决定的。不过，这意味着当 n 逐渐扩大时，Kolmogorov 复杂度也能逼近熵，即“描述”的长度逼近压缩的极限。

问题 7 既然熵率仍然决定了数据压缩，那么描述复杂性是否没有意义？

本章开始时已经分析了在实时性要求较高的情况下，速度是更重要的因素。而且在只获取了部分数据情况下，无法预知未来情况，对于极端情况下的无限数据流更是如此。一个最典型的例子是股市走势(图 8.10)，它的预测是相当困难的。在这些情况下，研究

描述复杂性的重要性会凸显出来。

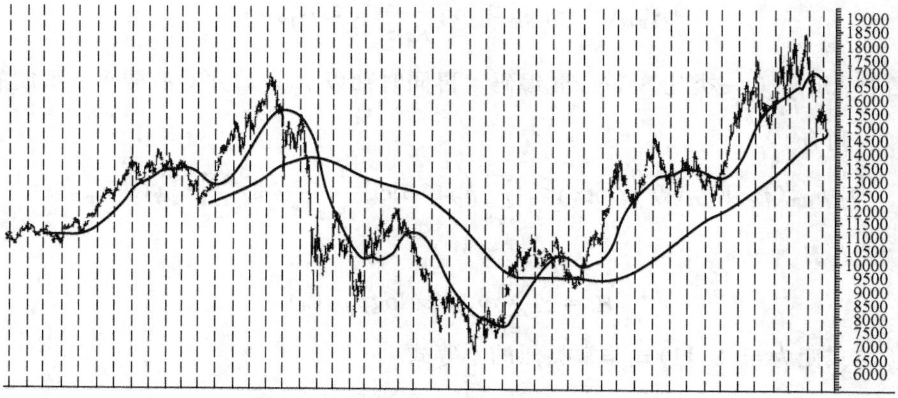

图 8.10 股市走势

为解决概率无法预知的问题，仍可从概率的角度出发，但不依赖于具体的概率分布。不妨定义出一种“万能”的概率分布，它可以适应大多数情况，这就是**通用概率**（Universal Probability）。对要输入的序列的概率不可能作出预测的情况下，便可采用通用概率作为预测。

采用在**pUT** 上字符串 s 的“描述”发生的概率和作为 s 的通用概率 $p_{\text{pUT}}(s)$，即在**pUT** 上能输出 s 的所有程序发生的概率之和，为产生一般性的结果，不妨假设 P 由独立的等概率分布产生，即每步等概率地决定是否继续向下再写出一个程序字符，如果不再继续，则该程序完成。易知 P 出现的概率为 $2^{-l(\text{P})}$，从而 s 的通用概率可定义为

$$p_{\text{pUT}}(s) = \sum_{\text{pUT(P)}=s} \frac{1}{2^{l(\text{P})}} \tag{8.12}$$

初看这个定义似乎会出现问题，例如 P 为 0、1 和 00 的概率和大于 1，但“在**pUT** 上能输出 s”这个条件保证了通用概率不会超过 1，可证明如下。

显然 P 可使**pUT** 停机，不妨记**pUT** 上可停机的程序集为**HaltP**，那么任意有限个 s 组成的集合 S 中所有元素的通用概率满足

$$\sum_{s\in S} p_{\text{pUT}}(s) = \sum_{s\in S}\sum_{\text{pUT(P)}=s} \frac{1}{2^{l(\text{P})}} \leqslant \sum_{\text{P}\in \text{HaltP}} \frac{1}{2^{l(\text{P})}} \tag{8.13}$$

注意到 **HaltP** 中的程序是前缀码，满足 Kraft 不等式，因此

$$\sum_{s\in S} p_{\text{pUT}}(s) \leqslant \sum_{\text{P}\in \text{HaltP}} \frac{1}{2^{l(\text{P})}} \leqslant 1 \tag{8.14}$$

从这个角度看，通用概率的定义是合理的。

问题 8 通用概率与 Kolmogorov 复杂度之间存在什么样的关系？

对于给定的通用计算机**pUT** 和字符串 s，可以证明

$$\frac{1}{2^{K_{\text{pUT}}(s)}} \leqslant p_{\text{pUT}}(s) \leqslant \frac{c}{2^{K_{\text{pUT}}(s)}} \tag{8.15}$$

其中 c 是常数。

需要指出，(8.15)式说明了 $\log \dfrac{1}{p_{\text{pUT}}(s)}$ 与 $K_{\text{pUT}}(s)$ 在作为 s 的描述意义上的等价

性，即

$$K_{\mathrm{pUT}}(s)-\log c\leqslant\log\frac{1}{p_{\mathrm{pUT}}(s)}\leqslant K_{\mathrm{pUT}}(s) \tag{8.16}$$

此外，若将 $\log\frac{1}{p_{\mathrm{pUT}}(s)}$类比 Shannon 编码，再同时乘以 $p_{\mathrm{pUT}}(s)$并对有限个 s 组成的集合 S 进行求和，则有

$$\sum_{s\in S}p_{\mathrm{pUT}}(s)(K_{\mathrm{pUT}}(s)-\log c)\leqslant\sum_{s\in S}p_{\mathrm{pUT}}(s)\log\frac{1}{p_{\mathrm{pUT}}(s)}\leqslant\sum_{s\in S}p_{\mathrm{pUT}}(s)K_{\mathrm{pUT}}(s) \tag{8.17}$$

不妨记"熵" $\boldsymbol{H}$ 为

$$\boldsymbol{H}=-\sum_{s\in S}p_{\mathrm{pUT}}(s)\log p_{\mathrm{pUT}}(s) \tag{8.18}$$

可知(8.17)式变为与(8.11)式非常类似的不等式

$$\boldsymbol{H}\leqslant\sum_{s\in S}p_{\mathrm{pUT}}(s)K_{\mathrm{pUT}}(s)\leqslant\boldsymbol{H}+\log c \tag{8.19}$$

从数学的角度看，这种通用概率的定义是可行的。

此外，与 Kolmogorov 复杂度的论证类似，l(P)在不同的通用计算机pUT上仅仅差了一个常数，易知 $p_{\mathrm{pUT}}(s)$在不同的通用计算机上仅差一个乘因子，因此也将 $p_{\mathrm{pUT}}(s)$记为 $p(s)$。至此，通用概率的定义基本完成。

尽管在理论上已经对"描述"和通用概率作出了一定的讨论，但如何设计出有效的编码，还需要研究者的不懈努力。事实上，所谓"通用"的编码，并不是针对所有的情况都适合，只能在指定的一族概率分布中平均表现最好，即在某个数据模型的集合中平均码长最佳，这样的编码称为**通用信源编码**(Universal Source Coding)。事实上，在数据模型的集合中，有可能数据模型的类别未知，也可能数据模型类别已知但具体参数未知，这里仅简单讨论关于指定概率分布但参数未知的情况。

8.3 通用信源编码

8.3.1 算术编码

尽管 i.i.d 序列比较简单，但如果不知道其具体分布情况，对于它的编码性能很可能远不如最佳码。不过，i.i.d 序列的特点使得它对于自适应编码而言具有可行性，但基于树构造的编码和译码都很复杂，于是可考虑直接计算而得的编码。注意到基于累积分布函数的编码的特点，可将其作为一种选择。考虑到 Shannon 编码过于精巧，而 Shannon-Fano-Elias 编码的适应性更强，因此可将其作为改造对象。

问题 9 如何不进行扩展而改造 Shannon-Fano-Elias 编码能使其达到熵的界限？

事实上，一种好的思路是直接将整个序列视为向量的扩展，只不过不能直接按照传统的方式进行。下面从几何的角度思考，不妨将 $V_0=[0, 1)$按一定比例划分为若干个区间，区间个数为取值空间的大小，将取值空间中的元素与区间建立对应关系。当序列中第 1 个符号出现时将其映射到相应的区间 V_1，再将 V_1同样划分进行映射和对应，不断重复此过程。这样当数据模型为 i. i. d. 序列时，该方法能将序列映射为某一个区间。

将上述过程形式化，不妨记取值空间 $\mathcal{X}$ 中的元素为 0，1，…，$M-1$，对于 $\boldsymbol{x}\in\mathcal{X}^i$ 所得区间为

$$V_i(\boldsymbol{x})=[V_i^{\text{low}}(\boldsymbol{x}),\ V_i^{\text{high}}(\boldsymbol{x})),\quad i=0,1,\cdots,n \tag{8.20}$$

其中 $V_0(\varepsilon)=[0,1)$，ε 为空字符串。每次划分取决于某个完备的比例向量 $\boldsymbol{r}_i$

$$\boldsymbol{r}_i=(r_i(0),\ r_i(1),\ \cdots,\ r_i(M-1)),\quad i=1,2,\cdots,n \tag{8.21}$$

$$\sum_{j=0}^{M-1} r_i(j)=1,\quad i=1,2,\cdots,n \tag{8.22}$$

若区间 $V_i(\boldsymbol{x})$ 遇到 $y\in\mathcal{X}$，则 $V_{i+1}(\boldsymbol{x}y)$ 应是

$$\begin{aligned}V_{i+1}(\boldsymbol{x}y)&=[V_{i+1}^{\text{low}}(\boldsymbol{x}y),\ V_{i+1}^{\text{high}}(\boldsymbol{x}y))\\&=\Big[V_i^{\text{low}}(\boldsymbol{x})+(V_i^{\text{high}}(\boldsymbol{x})-V_i^{\text{low}}(\boldsymbol{x}))\times\sum_{j=0}^{y-1}r_{i+1}(j),\\&\qquad V_i^{\text{low}}(\boldsymbol{x})+(V_i^{\text{high}}(\boldsymbol{x})-V_i^{\text{low}}(\boldsymbol{x}))\times\sum_{j=0}^{y}r_{i+1}(j)\Big)\end{aligned} \tag{8.23}$$

用数学归纳法可证明不同的 $\boldsymbol{x}\in\mathcal{X}^n$ 对应不同的区间，即它们之间互不相交，区间化分结果如图 8.11 所示。于是 $V_n(\boldsymbol{x})$ 即可作为 $\boldsymbol{x}\in\mathcal{X}^n$ 的标识。

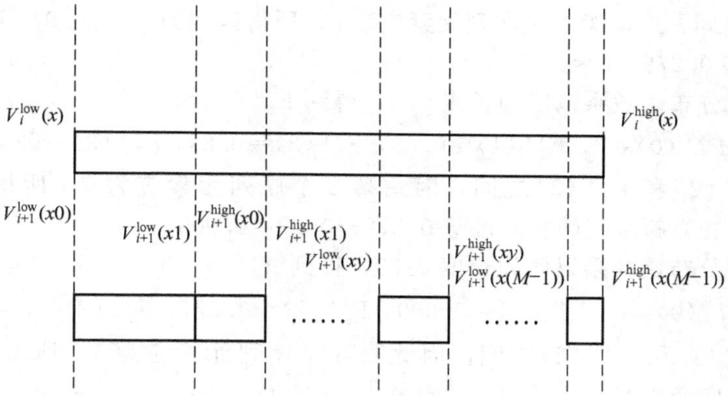

图 8.11 区间划分

为简单起见，可考虑 i.i.d 序列的概率分布确定的情况，不妨设其概率分布为

$$\boldsymbol{p}=(p(0),\ p(1),\ \cdots,\ p(M-1)) \tag{8.24}$$

并取 $\boldsymbol{r}_i=\boldsymbol{p}$。于是 $V_n(\boldsymbol{x})$ 可唯一确定，在 n 指定的情况下可用 $V_n^{\text{low}}(\boldsymbol{x})$ 作为 $\boldsymbol{x}\in\mathcal{X}^n$ 的编码，而这种编码可仅由算术运算获得，因此称为**算术编码**(Arithmetic Coding)①。

【例 8.5】 设取值空间 $\mathcal{X}=\{0,1,2\}$，取自这些元素的 i.i.d 序列的概率分布为

$$\boldsymbol{p}=(p(0),\ p(1),\ p(2))=(0.3,\ 0.6,\ 0.1) \tag{8.25}$$

给出序列 0210 的算术编码，并给出译码过程。

解 为方便起见，不妨计算累积分布函数

$$F^{\downarrow\downarrow}(x)=\sum_{j=0}^{x-1}p(j) \tag{8.26}$$

① 算术编码有许多形式，其原理大致相似，但实用性大不一样。此处所给为一种原理性的编码方案。

按此定义可知

$$F^{\downarrow\downarrow}(0)=0,\ F^{\downarrow\downarrow}(1)=0.3,\ F^{\downarrow\downarrow}(2)=0.9,\ F^{\downarrow\downarrow}(3)=1 \tag{8.27}$$

于是区间划分可改写为

$$\begin{aligned}V_{i+1}(\boldsymbol{x}y)=[&V_i^{\text{low}}(\boldsymbol{x})+(V_i^{\text{high}}(\boldsymbol{x})-V_i^{low}(\boldsymbol{x}))\times F^{\downarrow\downarrow}(y),\\&V_i^{\text{low}}(\boldsymbol{x})+(V_i^{\text{high}}(\boldsymbol{x})-V_i^{\text{low}}(\boldsymbol{x}))\times F^{\downarrow\downarrow}(y+1))\end{aligned} \tag{8.28}$$

据此可得区间如下

$$\begin{gathered}V_0(\varepsilon)=[0,\ 1)\\V_1(0)=[0,\ 0.3)\\V_2(02)=[0.27,\ 0.3)\\V_3(021)=[0.279,\ 0.297)\\V_4(0210)=[0.279,\ 0.2844)\end{gathered} \tag{8.29}$$

于是 0210 的编码就是 0.279。

译码过程应对编码作逆向操作，为方便比较，需对累积分布函数作一些调整，考虑 $V_n^{\text{low}}(\boldsymbol{x})$的变化。

(1) 直接比较 0.279 与累积分布函数(取 $F_1^{\downarrow\downarrow}(x)=F^{\downarrow\downarrow}(x)$)之间的关系，它在 $F_1^{\downarrow\downarrow}(0)$和 $F_1^{\downarrow\downarrow}(1)$之间，因此第 1 个序列元素应为 0，所得区间为 [0，0.3)，0.279 应变为新区间的相对位移 0.279－0＝0.279。

(2) 将累积分布函数乘以区间长度 0.3，得到 $F_2^{\downarrow\downarrow}(x)$为

$$F_2^{\downarrow\downarrow}(0)=0,\ F_2^{\downarrow\downarrow}(1)=0.09,\ F_2^{\downarrow\downarrow}(2)=0.27,\ F_2^{\downarrow\downarrow}(3)=0.3 \tag{8.30}$$

而 0.279 在 $F_2^{\downarrow\downarrow}(2)$和 $F_2^{\downarrow\downarrow}(3)$之间，因此第 2 个序列元素应为 2，所得区间为[0.27，0.3)，0.279 应变为新区间的相对位移 0.279－0.27＝0.009。

(3) 将累积分布函数乘以区间长度 0.03，得到 $F_3^{\downarrow\downarrow}(x)$为

$$F_3^{\downarrow\downarrow}(0)=0,\ F_3^{\downarrow\downarrow}(1)=0.009,\ F_3^{\downarrow\downarrow}(2)=0.027,\ F_3^{\downarrow\downarrow}(3)=0.03 \tag{8.31}$$

而 0.009 在 $F_3^{\downarrow\downarrow}(1)$和 $F_3^{\downarrow\downarrow}(2)$之间，因此第 3 个序列元素应为 1，所得区间为[0.279，0.297)，0.009 应变为新区间的相对位移 0.009－0.009＝0。

(4) 注意此时相对位移已变为 0，显然第 4 个序列元素应为 0，这样译码结果为 0210。值得注意的是，在译码过程中，如果不指定 n，此步相对位移已经为 0，那么对于任意的 $k\in\mathbb{N}$，而 0210^k 均可能是输入序列。

需要指出，$F_{i+1}^{\downarrow\downarrow}(x)$和 $F_i^{\downarrow\downarrow}(x)$之间可以快速计算，例如利用 $F_2^{\downarrow\downarrow}(x)$译出序列元素为 2 后，直接将 $F_2^{\downarrow\downarrow}(x)$乘以 $p(2)$即可得到 $F_3^{\downarrow\downarrow}(x)$。

从算术编码的编码过程可看出，尽管编码方式简单，速度也较快，但所得编码(本例中为 0.279)不是一个较好的编码，而且编码为实数形式决定了它难以实用。

问题 10 对于字母表 $\Sigma=\{0,1\}$ 的情况，如何得到一个具备一定实用性的编码？

可将 $V_n^{\text{low}}(\boldsymbol{x})$展开为二进制，取其小数点后的序列作为编码。不过，$V_n^{\text{low}}(\boldsymbol{x})$展开后未必是有限序列，而无限序列只能由有限精度的数来近似，而长度选取则成为问题。即便是有限序列，如果序列太长也会导致编码失去意义。

为方便起见，假定概率分布以二进制形式写出。由于 n 指定，在译码过程中只需保证编码所对应的数字是 $[V_n^{\text{low}}(\boldsymbol{x}),\ V_n^{\text{high}}(\boldsymbol{x}))$中的一个有限数，这样即可将编码译为 $\boldsymbol{x}$。

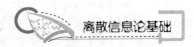

借鉴 Shannon-Fano-Elias 编码的思路，先取

$$V_n^{\text{low}}(\boldsymbol{x})+\frac{V_n^{\text{high}}(\boldsymbol{x})-V_n^{\text{low}}(\boldsymbol{x})}{2}=\frac{V_n^{\text{low}}(\boldsymbol{x})+V_n^{\text{high}}(\boldsymbol{x})}{2} \tag{8.32}$$

再定出长度

$$l(\boldsymbol{x})=\lceil -\log(V_n^{\text{high}}(\boldsymbol{x})-V_n^{\text{low}}(\boldsymbol{x}))\rceil+1 \tag{8.33}$$

则编码为

$$C(\boldsymbol{x})=\text{Normalize}\left(\left\lfloor\frac{V_n^{\text{low}}(\boldsymbol{x})+V_n^{\text{high}}(\boldsymbol{x})}{2}\right\rfloor_{l(\boldsymbol{x})}\right) \tag{8.34}$$

其中 Normalize(·)是取小数点后的序列作为编码的过程。显然这种编码所对应的数值仍在区间 $[V_n^{\text{low}}(\boldsymbol{x}), V_n^{\text{high}}(\boldsymbol{x}))$之内，于是得到了一个稍具实用性的算术编码。

关于此编码的性能，需要从区间长度分析，对于 i. i. d 序列 $\boldsymbol{x}=(x_1, x_2, \cdots, x_n)$，其对应的区间长度应为

$$V_n^{\text{high}}(\boldsymbol{x})-V_n^{\text{low}}(\boldsymbol{x})=u(\boldsymbol{x})=\prod_{j=1}^{n}p(x_j) \tag{8.35}$$

于是编码长度至多为

$$\left(\sum_{j=1}^{n}\log\frac{1}{p(x_j)}\right)+2 \tag{8.36}$$

显然当 n 很大时，该编码的每随机变量期望描述长度非常接近于熵。

需要指出，对于 Markov 信源，只需令

$$r_i(y)=p(y\,|\,\boldsymbol{x}) \tag{8.37}$$

也可得到相应的编码，而区间长度仍为 $u(\boldsymbol{x})$，易知该编码的每随机变量期望描述长度也接近于熵率。

【例 8.6】 设取值空间 $\mathcal{X}=\{0, 1, 2\}$，取自这些元素的 i. i. d 序列的概率分布为 $\boldsymbol{p}$，以二进制形式写出为

$$\boldsymbol{p}=(p(0), p(1), p(2))=(0.01, 0.1, 0.01) \tag{8.38}$$

借助 Shannon-Fano-Elias 编码取码长的思路，给出序列 0210 的算术编码，并给出译码过程。

解 计算累积分布

$$F^{\downarrow\downarrow}(0)=0,\ F^{\downarrow\downarrow}(1)=0.01,\ F^{\downarrow\downarrow}(2)=0.11,\ F^{\downarrow\downarrow}(3)=1 \tag{8.39}$$

仅考虑每步的 $V_i^{\text{low}}(\boldsymbol{x})$与区间长度，可快速计算编码。

第 1 个符号为 0，区间长度和 $V_1^{\text{low}}(0)$为

$$u(0)=0.01,\quad V_1^{\text{low}}(0)=0 \tag{8.40}$$

第 2 个符号为 2，区间长度和 $V_2^{\text{low}}(02)$为

$$u(02)=0.01\times0.01=0.0001,\quad V_2^{\text{low}}(02)=0+0.01\times0.11=0.0011 \tag{8.41}$$

第 3 个符号为 1，区间长度和 $V_3^{\text{low}}(021)$为

$$u(021)=0.0001\times0.1=0.00001,$$
$$V_3^{\text{low}}(021)=0.0011+0.0001\times0.01=0.001101 \tag{8.42}$$

第 4 个符号为 0，区间长度和 $V_4^{\text{low}}(0210)$为

$$u(0210)=0.00001\times0.01=0.0000001,$$

$$V_4^{\text{low}}(0210)=0.001101+0.00001\times 0=0.001101 \tag{8.43}$$

由 $u(0210)$ 可定出码长为 8，于是编码为

$$C(0210)=\text{Normalize}(\lfloor 0.001101+0.00000001\rfloor_8)=00110101 \tag{8.44}$$

需要说明的是，由于本例中所给序列较短，还不能体现出算术编码的性能。

译码过程仍对编码作逆向操作，此处相对位移利用上一次的结果快速计算。

(1) 直接比较 0.00110101 与 $F_1^{\downarrow\downarrow}(x)=F^{\downarrow\downarrow}(x)$ 之间的关系，它在 $F_1^{\downarrow\downarrow}(0)$ 和 $F_1^{\downarrow\downarrow}(1)$ 之间，因此第 1 个序列元素应为 0，所得区间为[0, 0.01)，0.00110101 应变为新区间的相对位移 0.00110101－0＝0.00110101。

(2) 用 $p(0)$ 乘以 $F_1^{\downarrow\downarrow}(x)$ 可得到 $F_2^{\downarrow\downarrow}(x)$，于是判断出第 2 个序列元素应为 2，所得区间为[0.0011, 0.01)，0.00110101 应变为新区间的相对位移 $0.00110101-F_2^{\downarrow\downarrow}(2)=0.00000101$。

(3) 用 $p(2)$ 乘以 $F_2^{\downarrow\downarrow}(x)$ 可得到 $F_3^{\downarrow\downarrow}(x)$，可判断出第 3 个序列元素应为 1，所得区间为[0.001101, 0.001111)，0.00000101 应变为新区间的相对位移 $0.00000101-F_3^{\downarrow\downarrow}(1)=0.00000001$。

(4) 用 $p(1)$ 乘以 $F_3^{\downarrow\downarrow}(x)$ 得到 $F_4^{\downarrow\downarrow}(x)$，可判断出第 4 个序列元素应为 0，这样译码结果为 0210。

问题 11 如何给出算术编码在 i.i.d. 序列下概率分布参数未知时的通用编码？

在给出通用编码前，需要解决长度 n 的指定问题，显然不能以给定的 n 进行编码。可以考虑将传输终止符号 EOT 加入考虑范围，可令 EOT 的概率值为一个极小的正数 δ，再对原有概率分布略作修改，即得到新的概率分布 $\boldsymbol{p}'$ 为

$$\boldsymbol{p}'=(p(0)(1-\delta),\ p(1)(1-\delta),\ \cdots,\ p(M-1)(1-\delta),\ \delta) \tag{8.45}$$

这样仍保证完备性。利用 $\boldsymbol{p}'$ 进行编码，在译码时一旦发现 EOT，则立刻结束译码操作。

由于每次区间变化由此次的比例向量 $\boldsymbol{r}_i$ 决定，只要统一编码和译码的规则，使得它们采用同样的 $\boldsymbol{r}_i$，则可利用已经接收到的数据统计情况对概率分布做一些修正。

不妨在初始时设 $\boldsymbol{r}_1$ 为

$$\boldsymbol{r}_1=\left(\frac{1-\delta}{M},\ \frac{1-\delta}{M},\ \cdots,\ \frac{1-\delta}{M},\ \delta\right) \tag{8.46}$$

其中有意义的符号满足等概分布。每次接收到的符号形成了一个新的概率估计 $\boldsymbol{p}_i$，不妨综合 $\boldsymbol{p}_i$ 和 $\boldsymbol{r}_i$ 的信息以预测 $\boldsymbol{r}_{i+1}$ 的值。显然，可以想到一种简单的方案为

$$\boldsymbol{r}_{i+1}=\alpha\boldsymbol{p}_i+(1-\alpha)\boldsymbol{r}_i \tag{8.47}$$

其中 α 是一个指定的常数。这样可使得 $\boldsymbol{r}_i$ 接近于符号的“真实”概率分布，进而使得编码性能有所提升。当然，式(8.47)缺乏严格的论证，不过对于 $\mathcal{X}=\Sigma=\{0,1\}$ 的情况，假定传输 i 个符号后，1 出现的总次数为 $Ones(i)$，可令

$$\boldsymbol{r}_{i+1}=\frac{Ones(i)+1}{i+2} \tag{8.48}$$

即 **Laplace 估计**(Laplace Estimate)，可证明这样的编码能达到熵的界限。

算术编码的实用化非常重要，但也非常复杂，这里不作深入的讨论。需要指出，尽管算术编码在平均情况下达不到最佳码的性能，但由于它的灵活方便，使得其应用非常广泛。而由于最佳码需要扩展而得到，可能会使得分组长度过大，因此算术编码的优势

便体现出来。事实上，许多情况下算术编码的性能优于具有一般分组长度的 Huffman 编码。

8.3.2 字典方法

尽管算术编码的适应性很强，但它还是对概率分布具有一定的依赖性。如果能找到一种完全摆脱概率分布的编码方法，它的通用性会更强，而"描述"则是编码的关键。

问题 12 用"描述"如何给出较好的通用信源编码？

采用百科全书的词条编写方法，如果使用已有的概念去定义一个复杂的词，显然其描述更好，在数学中常常使用的"简记为"也是此种思路。不妨将此种思路推广，设计一种不断递归前进的描述方案，这就是基于字典的方法，或称**字典方法**(Dictionary Method)。

为进行复杂的"描述"，基础的词条是必不可少的，即不加压缩形式的数据。而词条太多会使计算效率降低，采用一个固定长度的词条组是比较合适的。假定输入序列为 x_1，x_2，…，x_n，…，发送端已对 x_1，x_2，…，x_i 完成了编码，而它又保存了固定长度 W 的部分历史数据 x_{i-W+1}，x_{i-W+2}，…，x_i，需要利用这些数据对接下来的序列进行编码。

可从 x_{i-W+1}，x_{i-W+2}，…，x_i 中寻找词条，它可提供的词条为

$$\begin{array}{l}
(x_{i-W+1})(x_{i-W+1},x_{i-W+2}) \quad \cdots \quad (x_{i-W+1},x_{i-W+2},\cdots,x_{i-1}) \quad (x_{i-W+1},x_{i-W+2},\cdots,x_i)\\
(x_{i-W+2})(x_{i-W+2},x_{i-W+3}) \quad \cdots \quad (x_{i-W+2},x_{i-W+3},\cdots,x_i)\\
\qquad\qquad\qquad\qquad\quad \cdots\\
\qquad (x_i)
\end{array} \tag{8.49}$$

词条总数为

$$W+(W-1)+\cdots+1=\frac{W(W+1)}{2} \tag{8.50}$$

只需用词条在 x_{i-W+1}，x_{i-W+2}，…，x_i 中的相对位置和词条长度即可描述词条情况。

由于 x_{i-W+1}，x_{i-W+2}，…，x_i 提供了一种数据的观察方式，而且在不断前进，因此称其为**滑动窗**(Sliding Window)，将其中所有词条形成的字符串集合记为 Window(i)，可用有限长的缓冲区循环实现。若从 x_{i+1} 开始的某段长为 $l(W, i)$ 的序列 x_{i+1}，x_{i+2}，…，$x_{i+l(W,i)}$ 满足

$$l(W, i)=\max_{\substack{s\in \mathrm{Window}(i)\\ s=x_{i+1},x_{i+2},\cdots,x_{i+j},\ j\in\mathbb{N}^+}} |S| \tag{8.51}$$

则可将 x_{i+1}，x_{i+2}，…，$x_{i+l(W,i)}$ 压缩编码，不妨给出它在 Window(i) 中的对应相对位置为 $t(W, i)$，即

$$\begin{aligned}
&x_{i-W+1+t(W,i)},\ x_{i-W+1+t(W,i)},\ \cdots,\ x_{i-W+1+t(W,i)+l(W,i)-1}=x_{i+1},\\
&x_{i+2},\ \cdots,\ x_{i+l(W,i)} \quad (0\leqslant t(W, i)<W)
\end{aligned} \tag{8.52}$$

为描述 x_{i+1}，x_{i+2}，…，$x_{i+l(W,i)}$ 的编码，需要给出相对位置和编码长度。由于 $l(W, i)\geqslant 1$，为编码方便起见，取 $t(W, i)$ 和 $l(W, i)-1$，而它们均满足

$$0\leqslant t(W, i), l(W, i)-1<W \tag{8.53}$$

因此只需 $\log W$ 位即可表达，因此在编码时可用固定长度的"描述"作为编码。当然，如

果从 x_{i+1} 开始找不到 $l(W,\ i)$，则可直接发送 x_{i+1}。为标记它们的不同，可在前面加上标识符号。此外，为标明序列的结束，需将 EOT 进行编码，关于此的细节不再讨论。

译码时则不断根据序列建立滑动窗，始终保持滑动窗长度为 W 即可。这种方法简单可靠，也不依赖于具体的概率分布，完全基于字典式的描述。这就是由 Lempel 和 Ziv 在 1977 年提出的 **LZ77 编码**。

【例 8.7】 设字母表为 $\Sigma=\{0,\ 1\}$，取值空间 $\mathcal{X}=\{0,\ 1,\ 2\}$，滑动窗长度 $W=4$，给出序列 210211021 的 LZ77 编码，并给出译码过程。

解 以 1 表示已压缩，0 表示未压缩，取值空间 $\mathcal{X}$ 分别编码为 00，01，10。$t(W,\ i)$ 和 $l(W,\ i)$ 各需要 2 比特，因此一个已压缩的"描述"为 5 比特，一个未压缩的"描述"为 3 比特，可根据"描述"长度相应地译码。

输入为 210 时都不能在滑动窗中找到元素，因此编码为 010，001，000，滑动窗为 ε210。输入为 21 可找到最长词条，编码为 10101，滑动窗变为 1021。输入为 1021 可找到最长词条，编码为 10011。这样最终编码为 0100010001010110011。

译码首先按照"描述"的特性进行分割，对于 010001000 比较简单，可译出 210，建立滑动窗为 ε210。再将 10101 译为 21，更新滑动窗为 1021。最后将 10011 译为 1021，更新滑动窗为 1021，最终完成译码操作。

从这个例子可以看出，由于滑动窗长度固定，所存词条有限，而且会被一些出现频率不高的词条更新，从而使得它有时性能不好。

问题 13 能否使用所有曾出现的词条"描述"新的符号序列以改进编码性能？

可以略为改进词条的定义。假定已出现的所有词条组成有序集 Terms，而新词条必然不属于 Terms，但 Terms 中某个词条再加上一个新符号可能成为新词条，为此可将 Terms 中所有元素标号。

仍设已对 $x_1,\ x_2,\ \cdots,\ x_i$ 完成了编码，当前词条集为 Terms，若从 x_{i+1} 开始的某段长为 $l(\text{Terms},\ i)$ 的序列 $x_{i+1},\ x_{i+2},\ \cdots,\ x_{i+l(\text{Terms},i)}$ 满足

$$l(\text{Terms},\ i)=\max_{\substack{s\in \text{Terms}\\ s=x_{i+1},\ x_{i+2},\ \cdots,\ x_{i+j},\ j\in\mathbf{N}^+}}\{|S|+1\} \tag{8.54}$$

则可将 $x_{i+1},\ x_{i+2},\ \cdots,\ x_{i+l(\text{Terms},i)}$ 压缩编码，其表示方法是将 $x_{i+1},\ x_{i+2},\ \cdots,\ x_{i+l(\text{Terms},i)-1}$ 在 Terms 中的编号再配上 $x_{i+l(\text{Terms},i)}$ 的编码组成编码，再将 $x_{i+1},\ x_{i+2},\ \cdots,\ x_{i+l(\text{Terms},i)}$ 加入 Terms。若 Terms 中没有以 x_{i+1} 为首个符号的字符串，可直接发送 x_{i+1} 的编码。同样，上述编码方案也需要加上标识符号以区别发送数据。

译码根据序列不断建立 Terms，便可完成译码。这种方法同样不依赖于具体的概率分布，而且词条数更多，描述能力更强，它就是 1978 年由 Lempel 和 Ziv 提出的 **LZ78 编码**。

需要指出，Terms 的编号会越来越大，其所需比特数在不断增长，可以删除字典中出现次数最少的词条以解决这个问题。

【例 8.8】 设字母表为 $\Sigma=\{0,\ 1\}$，取值空间 $\mathcal{X}=\{0,\ 1,\ 2,\ 3\}$，给出序列 10321032321 的 LZ78 编码，并给出译码过程。（为简便起见，这里不讨论 Terms 的编号所需比特数，可取定 3 比特。）

解 取值空间 $\mathcal{X}$ 中元素分别编码为 00，01，10，11。可以仿照 LZ77 编码，以 1 表

示已压缩，0 表示未压缩，不过译码时需要判断从而增加了译码的时间。为减少译码复杂性，可以在初始令空字符串 ε 的编号为 000，这样已压缩的“描述”和未压缩的“描述”便可统一以编号与字符描述，均为 5 比特，这种方法不需要额外的判断语句。对于较长的序列，可将 Terms 的编号所需比特数凑上符号所需比特数，使之为字节的倍数。由于 ε 所能对应的至多为 $\mathcal{X}$ 中全部元素，其编码长度的少许增加不但不会引起性能上的降低，反而在译码中判断语句次数的减少使之获得了更高的译码速度。LZ77 编码也可采用这样的方式编码。

空字符串 ε 的编号为 0，接收到 1032 只能以 ε 方式描述，即 00001，00000，00011，00010，此时 Terms 为

$$\begin{array}{ccccc} 000 & 001 & 010 & 011 & 100 \\ \varepsilon & 1 & 0 & 3 & 2 \end{array} \tag{8.55}$$

接收到 10 可用 1 在字典中的编号 001 配上 0 的编码形成 00100，此时 Terms 为

$$\begin{array}{cccccc} 000 & 001 & 010 & 011 & 100 & 101 \\ \varepsilon & 1 & 0 & 3 & 2 & 10 \end{array} \tag{8.56}$$

接收到 32 可用 3 在字典中的编号 011 配上 2 的编码形成 01110，此时 Terms 为

$$\begin{array}{ccccccc} 000 & 001 & 010 & 011 & 100 & 101 & 110 \\ \varepsilon & 1 & 0 & 3 & 2 & 10 & 32 \end{array} \tag{8.57}$$

接收到 321 可用 32 在字典中的编号 110 配上 1 的编码形成 11001，此时 Terms 为

$$\begin{array}{cccccccc} 000 & 001 & 010 & 011 & 100 & 101 & 110 & 111 \\ \varepsilon & 1 & 0 & 3 & 2 & 10 & 32 & 321 \end{array} \tag{8.58}$$

编码结束时，所得编码为 0000100000000110001000100011101 1001。在编码过程中寻找编号可借助 trie 结构，让 trie 存储所有曾经出现过的词条，新序列可在 trie 中找到对应的词条。例如接收到 321 时，此时 trie 的组织如图 8.12 所示，其中结点中标记了其编号。对于 321 而言，沿着根向下只能找到 32，这就是它在 Terms 中所对应的词条。

译码时可将 Terms 组织为字符串数组。初始时令空字符串 ε 的编号为 000，即放入 Terms 字符串数组的首位。利用字符串在计算机中的结尾符号(例如 C 语言中的'\0')，可以简单地完成词条的组合，即组合时只取结尾符号前面的字符串。由于 ε 只对应结尾符号，因此取不到任何字符串，这样不需对 ε 进行特殊处理即可完成译码。根据编码过程逆向操作，容易译出 10321032321。

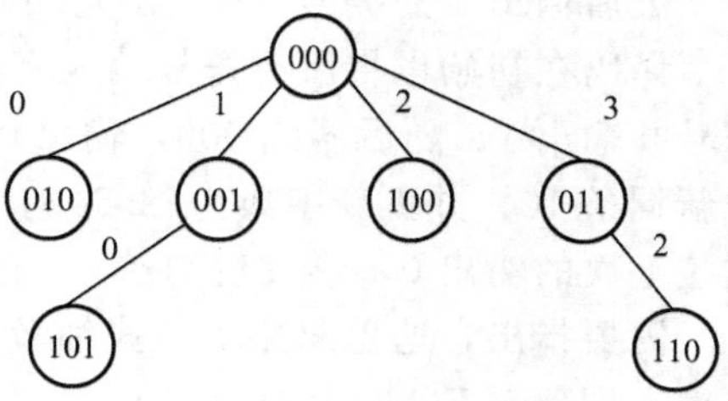

图 8.12 trie 示例

需要指出，上述算法中的编码存在两个子编码系统，一个是字典所形成的编号，还有一个是符号自身的编码。而由于经常需要发送符号本身的编码，这会使编码性能降低，需要有效的手段改进以解决此问题。

问题 14 能否对 LZ78 编码方法进行改进，使之尽量少发送符号本身的编码？

Welch 在 1984 年给出了一种改进，其思路是将符号本身的编码一次性全部编入字典，对于新词条的处理也略为改进，一般称其为 **LZW 编码**，其具体方法如下。

仍设已对 x_1，x_2，…，x_i 完成了编码，如果遇到某个新词条

$$x_{i+1},\ x_{i+2},\ \cdots,\ x_{i+l(\text{Terms},i)} \tag{8.59}$$

并不马上输出 $x_{i+l(\text{Terms},i)}$，先输出它对应字典中的已有词条

$$x_{i+1},\ x_{i+2},\ \cdots,\ x_{i+l(\text{Terms},i)-1} \tag{8.60}$$

再将新词条 x_{i+1}，x_{i+2}，…，$x_{i+l(\text{Terms},i)}$ 编入字典，而将 $x_{i+l(\text{Terms},i)}$ 符号连接到其后的序列中，等到形成下一个新词条

$$x_{i+l(\text{Terms},i)},\ x_{i+i+l(\text{Terms},i)+1},\ \cdots,\ x_{i+l(\text{Terms},i)-1+l(\text{Terms},i+l(\text{Terms},i)-1)} \tag{8.61}$$

时输出

$$x_{i+l(\text{Terms},i)},\ x_{i+i+l(\text{Terms},i)+1},\ \cdots,\ x_{i+l(\text{Terms},i)-1+l(\text{Terms},i+l(\text{Terms},i)-1)-1} \tag{8.62}$$

这样便输出了 $x_{i+l(\text{Terms},i)}$。

【例 8.9】 设字母表为 $\Sigma=\{0,\ 1\}$，取值空间 $\mathcal{X}=\{0,\ 1,\ 2,\ 3\}$，给出序列 10101 的 LZW 编码，并给出译码过程。

解 初始将所有符号编入字典，即 Terms 为

$$\begin{matrix} 000 & 001 & 010 & 011 \\ 0 & 1 & 2 & 3 \end{matrix} \tag{8.63}$$

首先遇到的新词条是 10，此时将 10 编入字典，但只输出 1 的编号 001，将 0 保留与其后序列形成新词条，Terms 更新为

$$\begin{matrix} 000 & 001 & 010 & 011 & 100 \\ 0 & 1 & 2 & 3 & 10 \end{matrix} \tag{8.64}$$

由于 01 形成了新词条，可将 01 编入字典，但只输出 0 的编号 000，将 1 保留与其后序列形成新词条，Terms 更新为

$$\begin{matrix} 000 & 001 & 010 & 011 & 100 & 101 \\ 0 & 1 & 2 & 3 & 10 & 01 \end{matrix} \tag{8.65}$$

随后 101 形成了新词条，可将 101 编入字典，但只输出 10 的编号 100，将 1 保留与其后序列形成新词条。

最后输出 1 的编号 001。于是编码为 001000100001。

译码在初始也将所有符号编入字典，即(8.63)式。首先遇到 001，则在字典中找到该符号并输出 1。随后遇到 000，输出 0，将此部分输出的首个字符 0 连接上次的输出 1，形成新词条 10，并更新字典为(8.64)。又遇到 100，则输出 10，将此部分输出的首个字符 1 连接上次的输出 0，形成新词条 01，并更新字典为(8.65)。最后遇到 001，输出 1。

需要指出，这里忽略了一些细节问题，例如关于 EOT 如何处理的问题(本例中最后应编入词条 1 EOT)等。

事实上，更微妙的一个细节是 LZW 可能出现刚放入字典的新词条被立即使用的情况，这样在译码时可能出现找不到词条的情况。以一个实际例子说明新词条立刻投入使用的情况，假定 Terms 为

$$\begin{matrix} 0000 & 0001 & 0010 & 0011 & \cdots & 1000 & \cdots \\ 0 & 1 & 2 & 3 & \cdots & 123 & \cdots \end{matrix} \tag{8.66}$$

当前处理的是 12312314(设此序列的前一个符号为 4)，由于 1231 是新词条，不妨设编号为 1100，而只输出 123 的编号 1000，接着刚好使用了新加入的词条 1231 形成新词条 12314，将其编号为 1101，并输出 1231 的编号 1100。在译码时遇到 10001101，显然译出

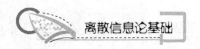

123 后只能形成…41 的新词条，而 1101 对应的 12314 无法找到。对于此种情况，直接按循环形式输出 1231 即可。

本节中所给的这些字典码的例子都未能达到压缩的效果，其原因是序列不够长，未能体现字典码的优势。可以证明，若序列长度充分大，这些算法都能逼近熵率的界限。遗憾的是，LZ78 编码和 LZW 编码都申请了若干专利，因此实际中常常使用 LZ77 编码。

本章小结

本章从对概率分布依赖性很强的统计编码入手，分析了它的不足并尝试改进，并利用自适应技术不断调整数据模型，以达到更好的压缩效果。事实上，若要真正考察数据本身，必须从“描述”入手。本章还简要地介绍了 DTM 和 Kolmogorov 复杂度，从描述复杂性的角度定义了数据的“描述”长度。

为给出较好的通用信源编码，需要从通用概率的角度分析，而数据压缩在通用概率下也能达到编码的极限。随后从通用概率的观点出发，介绍并讨论了算术编码，并给出了其自适应版本。更进一步则是完全抛弃概率，直接从描述的角度给出编码。仿照字典中词条的定义，介绍了 LZ 系列编码，并讨论了如何应用到实际中。事实上，本章所关注的无损信源编码内容庞杂，方法多样，非常引人入胜，至今仍在不断发展中。

当然，算法信息论并非仅仅只有“描述”，它的内容非常广泛，而且是从更宽泛的角度考察信息。不过，算法信息论中有许多内容仍然和熵息息相关，这种理论之间的融合仍然说明了熵这个概念的重要性。

习　题

(一) 填空题

1. {0，1} 上的字符串 s 的最小描述长度称为 s 的__________。

2. 对字符串 s 进行算术编码的时间复杂度为__________。

3. 在指定的一族概率分布中平均表现最好，即在某个数据模型的集合中平均码长最佳，这样的编码称为__________。

(二) 选择题

1. 半自适应编码一般是______。

(A) 自适应编码　　(B) 离线算法

(C) 在线算法　　(D) 概率算法

2. 随机的序列是______。

(A) 不可压缩的　　(B) 可压缩的

(C) 可预测的　　(D) 人工生成的

(三) 计算题

1. 设字母表为 $\Sigma=\{0, 1\}$，取值空间 $\mathcal{X}=\{a, b, c, d\}$。序列为 $ddaacbabcd$，利用空串元素 ε 和 Huffman 树的自适应调整建立 Huffman 树，并给出相应的自适应编码。

2. 设取值空间 $\mathcal{X}=\{0, 1, 2, 3\}$，取自这些元素的 i. i. d 序列的概率分布均为

$$\boldsymbol{p}=(p(0),\ p(1),\ p(2),\ p(3))=(0.3,\ 0.4,\ 0.1,\ 0.2)$$

以区间的左边界给出序列 3010211 的算术编码，并给出译码过程。

3. 设字母表为 $\Sigma=\{0,\ 1\}$，取值空间 $\mathcal{X}=\{a,\ b,\ c,\ d\}$，取自这些元素的 i. i. d 序列的概率分布均为 $\boldsymbol{p}$，以二进制形式写出为

$$\boldsymbol{p}=(p(a),\ p(b),\ p(c),\ p(d))=(0.001,\ 0.1,\ 0.01,\ 0.001)$$

借助 Shannon-Fano-Elias 编码取码长的思路，给出序列 *baadcb* 的算术编码，并给出译码过程。

4. 设字母表为 $\Sigma=\{0,\ 1\}$，取值空间 $\mathcal{X}=\{0,\ 1,\ 2,\ 3\}$，滑动窗长度 $W=3$，给出序列 302213012 的 LZ77 编码，并给出译码过程。

5. 设字母表为 $\Sigma=\{0, 1\}$，取值空间 $\mathcal{X}=\{a,\ b,\ c,\ d\}$，给出序列 *ddabcabcabab* 的 LZ78 编码，并给出译码过程。（提示：需要将 EOT 添加到 $\mathcal{X}$ 中）

（四）综述题

考虑**pUT**上**HaltP**的通用概率问题，**HaltP**中所有程序的概率和是一个非常有趣的数，即 Chaitin 所定义的 Ω，阅读相关文献并谈谈你对 Ω 的认识。

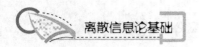

第9章

微分熵与最大熵原理

教学目标

掌握微分熵的定义并能加以计算，理解连续情况下信息量的度量；理解信息不等式的意义，并了解一些简单的应用；了解最大熵问题的提法和最大熵分布，理解最大熵分布作为一般性原理要求的原因。

教学要求

知识要点	能力要求	相关知识
微分熵	(1) 掌握微分熵的定义 (2) 理解微分熵的意义	(1) Riemann 积分 (2) 离散与连续的转换
信息不等式	了解信息不等式的应用	信息论与不等式证明
最大熵	(1) 了解最大熵问题 (2) 理解最大熵原理	(1) 变分法 (2) Burg 定理

引言

前面几章学习了离散熵的定义以及相关知识，并知道离散均匀分布的熵值最大。那么，离散均匀分布的熵值最大意味着什么，有什么价值？

在实际生活中，人们常常面临在所给条件下估计一个(离散型)随机变量的概率分布，也会面临在若干个(离散型)概率分布下选择一个需要的概率分布。这些问题如何解决？

我们知道，对于离散型随机变量而言，若它的熵达到最大值，则意味着该随机变量所提供的信息量最大，也意味着它提供的可能性最多。人们不禁要问，这一事实是否具有更深层次的意义，可否作为一种处理问题的基本方法来有效解决概率分布的估计和选择问题？

1957 年 Jaynes（图 9.1）对上述问题进行了探讨，提出了**最大熵原理**(The Principle of Maximum

Entropy)。该原理的通俗讲法为：当人们估计或选择一个概率分布时，在未掌握全部信息的前提下，应以约束条件下熵值最大的概率分布为最佳方案。依据最大熵原理获得的估计或者选择是不偏不倚的，这使得最大熵原理的应用相当广泛。因为在实际中约束条件常常不足以唯一确定概率分布，有必要给出一种在各种情况下都具备优势的概率分布。

在学习离散型随机变量熵的同时，人们也会产生另一个想法：能否定义连续型随机变量的熵或一般随机变量上的熵？众所周知，搭建"连续量"和"离散量"的有效手段是"采样"，(如图9.2所示)，因此一种自然的想法是推广离散信息论中的相关表述到连续型随机变量(过程)。本章将对连续型随机变量情形的熵进行描述，与离散熵所不同的是，连续型随机变量对应的熵称为微分熵。人们将看到，这两种熵形式既有相同之处，也有不同之处。

图9.1 E. T. Jaynes

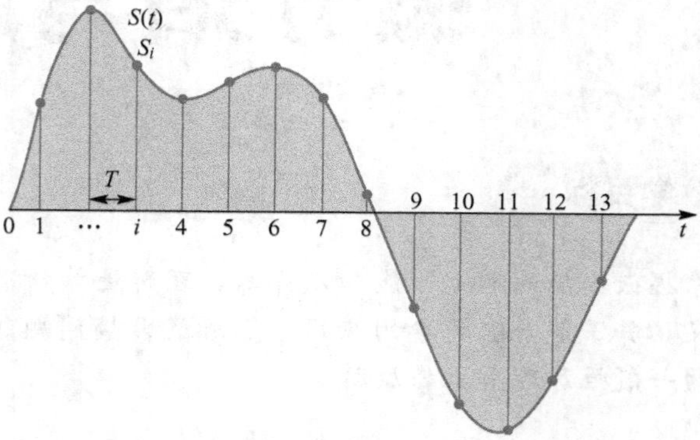

图9.2 采样

9.1 基本概念

9.1.1 微分熵

为了更好地考察一般随机变量的信息量，需要在一定的简化模型下考虑问题。为方便起见，不妨假设随机变量 X 的累积分布函数 $F(x)$ 是连续的，即 X 是连续型随机变量。要分析 X 的信息量，需要从极限的角度思考，不妨在实数集 $\mathbb{R}$ 上考察。

问题1 对于实数集 $\mathbb{R}$ 上的连续型随机变量 X，如何考察 X 的信息量和相关概念？

类比离散熵的定义，容易想到以概率密度函数 $f(x)$ 来度量 X 的信息量，即

$$\int_{-\infty}^{+\infty} f(x)\log\frac{1}{f(x)}\mathrm{d}x \tag{9.1}$$

不过一般需要假设 Riemann 积分(9.1)式存在。这种定义的合理性可从离散化角度考虑，若对 X 取量化间隔为 Δ，取基准点为 a，则 $(a, +\infty)$ 划分点为

$$a,\quad a+\Delta,\quad a+2\Delta,\quad a+3\Delta,\quad \ldots \tag{9.2}$$

这种离散化之后的相应概率分布函数在划分点形成的区间内的值近似为

$$f(a)\Delta,\quad f(a+\Delta)\Delta,\quad f(a+2\Delta)\Delta,\quad f(a+3\Delta)\Delta\ldots \tag{9.3}$$

相应的离散熵为

$$-\sum_{k\in\mathbb{N}}(f(a+k\Delta)\Delta)\log(f(a+k\Delta)\Delta) \tag{9.4}$$

稍作变形可知 X 的信息量为

$$-\sum_{k\in\mathbb{N}}(f(a+k\Delta)\Delta)\log\Delta-\sum_{k\in\mathbb{N}}(f(a+k\Delta)\Delta)\log(f(a+k\Delta)\Delta) \tag{9.5}$$

令 a 趋近于 $-\infty$，将(9.4)式以积分形式写出可得到

$$\begin{aligned}&-\int_{-\infty}^{+\infty}f(x)\log\Delta\mathrm{d}x+\int_{-\infty}^{+\infty}f(x)\log\frac{1}{f(x)}\mathrm{d}x\\&=-\log\Delta+\int_{-\infty}^{+\infty}f(x)\log\frac{1}{f(x)}\mathrm{d}x\end{aligned} \tag{9.6}$$

对于固定的 Δ 而言，$\log\Delta$ 与随机变量无关，因此可用(9.1)式作为信息量的一种度量方式。如果(9.1)式是有限的，由于 $\log\Delta$ 趋近于无穷大，这说明该连续随机变量的信息量是无限的。

从上面的描述可见，类比离散熵的定义形式来定义连续型随机变量的熵的途径是有问题的。尽管如此，如果积分(9.1)式存在，其表述还是有价值的。鉴于此，将其称为 X 的**微分熵**(Differential Entropy)，为了与离散熵的记号相区别，微分熵记为 $h(X)$。事实上，$h(X)$也是数学期望，为方便起见，一般不写出积分的上下限，直接写成

$$\begin{aligned}h(X)&=E[-\log f(X)]\\&=\int f(x)(-\log f(x))\mathrm{d}x\end{aligned} \tag{9.7}$$

利用积分形式，可定义与微分熵相关的若干概念。例如连续型随机变量的联合熵和条件熵定义为

$$\begin{aligned}h(X,Y)&=E[-\log f(X,Y)]\\&=\int f_{X,Y}(x,y)(-\log f_{X,Y}(x,y))\mathrm{d}x\mathrm{d}y\end{aligned} \tag{9.8}$$

$$\begin{aligned}h(Y|X)&=E[-\log f_{Y|X}(Y|X)]\\&=\int f_{X,Y}(x,y)(-\log f_{Y|X}(y|x))\mathrm{d}x\mathrm{d}y\end{aligned} \tag{9.9}$$

$$\begin{aligned}h(X|Y)&=E[-\log f_{Y|X}(X|Y)]\\&=\int f_{X,Y}(x,y)(-\log f_{Y|X}(x|y))\mathrm{d}x\mathrm{d}y\end{aligned} \tag{9.10}$$

它们之间仍满足链式法则

$$h(X,Y)=h(X)+h(Y|X) \tag{9.11}$$

$$h(X,Y)=h(Y)+h(X|Y) \tag{9.12}$$

【例 9.1】 考察下面两个有限区间上连续型随机变量的概率密度函数，分别计算微分熵。

(1) 连续型随机变量 X 在区间 [0，2] 上定义，$f_X(x)\equiv1/2$。

(2) 连续型随机变量 Y 在区间 [0，1/2] 上定义，$f_Y(y)\equiv2$。

解 利用微分熵定义可知(1)的微分熵为

$$\begin{aligned}h(X)&=\int f_X(x)(-\log f_X(x))\mathrm{d}x\\&=\int_0^2\left(\frac{1}{2}\times1\right)\mathrm{d}x\\&=1\end{aligned} \tag{9.13}$$

而(2)的微分熵为

$$
\begin{aligned}
h(Y) &= \int f_Y(y)(-\log f_Y(y))\mathrm{d}x \\
&= -\int_0^{1/2}(2\times 1)\mathrm{d}x \\
&= -1
\end{aligned}
\tag{9.14}
$$

可以看出微分熵并不一定都是非负的。

【例 9.2】 $\mathbb{R}$ 上的正态分布 $N(\mu, \sigma^2)$ 也称为**高斯信源**(Gaussian Source)，计算 $N(\mu, \sigma^2)$ 的微分熵。

解 利用微分熵定义可知 $N(\mu, \sigma^2)$ 的微分熵为

$$
\begin{aligned}
&-\int_{-\infty}^{+\infty}\frac{1}{\sqrt{2\pi}\sigma}\mathrm{e}^{-\frac{(x-\mu)^2}{\sigma^2}}\log\left(\frac{1}{\sqrt{2\pi}\sigma}\mathrm{e}^{-\frac{(x-\mu)^2}{\sigma^2}}\right)\mathrm{d}x \\
&= \log(\sqrt{2\pi}\sigma)+\frac{1}{2}\log\mathrm{e} \\
&= \frac{1}{2}\log(2\pi\mathrm{e}\sigma^2)
\end{aligned}
\tag{9.15}
$$

由计算结果可见，高斯信源的微分熵也不一定都是非负的。

事实上，尽管微分熵从形式上看与离散熵类似，但是它们的性质却有所不同，仅从非负性上就已经显现出很大的差异。

9.1.2 信息不等式

类似于离散形式的相对熵，本节先考虑连续型随机变量熵相对熵的定义，从中可以看到，相比微分熵，相对熵具有更为一般的意义。对于连续型随机变量 X 上的两个概率分布 f，g，按照积分方法定义的相对熵为

$$
\begin{aligned}
D(f\|g) &= E\left[\log\frac{f(X)}{g(X)}\right] \\
&= \int f(x)\left(\log\frac{f(x)}{g(x)}\right)\mathrm{d}x
\end{aligned}
\tag{9.16}
$$

由(9.16)式可给出互信息的定义，对于连续型随机变量 X，Y，其互信息定义为

$$
\begin{aligned}
I(X;Y) &= E\left[\log\frac{u(X,Y)}{p(X)q(Y)}\right] \\
&= \int f_{X,Y}(x,y)\left(\log\frac{f_{X,Y}(x,y)}{f_X(x)f_Y(y)}\right)\mathrm{d}x\mathrm{d}y
\end{aligned}
\tag{9.17}
$$

式中：$u(X,Y)$ 为 X，Y 的联合概率分布；$p(X)$ 为 X 的概率分布；$q(Y)$ 为 Y 的概率分布。

自然，也可从联合熵和条件熵来定义互信息

$$I(X;Y)=h(X)-h(X|Y) \tag{9.18}$$

$$I(X;Y)=h(Y)-h(Y|X) \tag{9.19}$$

问题 2 实数集 $\mathbb{R}$ 上的连续型随机变量 X 是否仍然满足信息不等式？

利用连续情况下的 Jensen 不等式，仍然可以得到

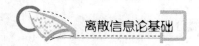

$$
\begin{aligned}
D(f\|g) &= \int f(x)\left(\log\frac{f(x)}{g(x)}\right)\mathrm{d}x \\
&\geqslant -\log\left(\int f(x)\frac{g(x)}{f(x)}\mathrm{d}x\right) \\
&= 0
\end{aligned} \tag{9.20}
$$

连续型随机变量上的相对熵形式优美，应用广泛，其最为重要的一点是满足信息不等式，这使其比微分熵更具价值。

利用信息不等式可推出互信息非负，也可推出条件熵不等式，其结论与离散熵类似。此外，尽管连续型随机变量的联合熵未必非负，但用上述结论仍可证明

$$h(X_1, X_2, \cdots, X_n) \leqslant h(X_1)+h(X_2)+\cdots+h(X_n) \tag{9.21}$$

利用这个结论，再从多元正态分布着手，可以得到半正定矩阵情况下的 **Hadamard 不等式**。

【例 9.3】 设$\Sigma=(\sigma_{ij})_{n\times n}$为半正定的，$\mathbb{R}^n$ 上正态分布 $N(\mu, \Sigma)$的均值向量为 $\mu=(\mu, \mu, \cdots, \mu)$，证明$\Sigma$满足 Hadamard 不等式。

$$|\Sigma| \leqslant \sigma_{11}\sigma_{22}\cdots\sigma_{nn} \tag{9.22}$$

证 设 $\boldsymbol{X}=X_1, X_2, \cdots, X_n$满足 $N(\mu, \Sigma)$，$\boldsymbol{X}$ 的概率密度函数为

$$f(x)=\frac{1}{(\sqrt{2\pi})^n\sqrt{|\Sigma|}}\mathrm{e}^{-\frac{1}{2}(x-\mu)^T\Sigma^{-1}(x-\mu)} \tag{9.23}$$

从 $h(X_1, X_2, \cdots, X_n)$的角度考虑，按定义可求得

$$
\begin{aligned}
&h(X_1, X_2, \cdots, X_n) \\
&= -\int \frac{1}{(\sqrt{2\pi})^n\sqrt{|\Sigma|}}\mathrm{e}^{-\frac{1}{2}(x-\mu)^T\Sigma^{-1}(x-\mu)}\log\left(\frac{1}{(\sqrt{2\pi})^n\sqrt{|\Sigma|}}\mathrm{e}^{-\frac{1}{2}(x-\mu)^T\Sigma^{-1}(x-\mu)}\right)\mathrm{d}x \\
&= \frac{1}{2}\log(2\pi\mathrm{e})^n|\Sigma|
\end{aligned} \tag{9.24}
$$

若从 $h(X_i)$的角度看，可求得

$$h(X_i)=\frac{1}{2}\log(2\pi\mathrm{e})^n\sigma_{ii} \tag{9.25}$$

从上述等式再结合(9.21)式可得

$$\frac{1}{2}\log(2\pi\mathrm{e})^n|\Sigma| \leqslant \frac{1}{2}\log(2\pi\mathrm{e})^n\sigma_{11}\sigma_{22}\cdots\sigma_{nn} \tag{9.26}$$

由于 $\log(2\pi\mathrm{e})^n$为正，因此(9.22)式得证。

事实上，利用信息论的知识，还可以将更多的不等式证明加以简化，此处不再赘述。

9.2 信息量最大化

9.2.1 最大熵问题

离散熵的最大值是由取值空间的有限性保证的，而微分熵没有这种特性。对于微分熵的最大值问题，需要对概率密度函数 $f(x)$加上一定的约束。考虑到微分熵 $h(X)$仅

与 $f(x)$有关，因此微分熵也记为 $h(f)$。

连续型随机变量的最大熵问题可描述为一个带约束的优化问题，其目标函数是 $h(f)$。除了对 $f(x)$有概率密度函数的相关约束(非负性和完备性)外，还需加上约束

$$\int f(x)r_k(x)\mathrm{d}x=A_k \quad k=1, 2, \cdots, n \tag{9.27}$$

式中：$r_k(x)$是给定的函数；A_k是给定的常数。

问题 3 如何在给定约束下求解最大熵问题？

由于 $h(f)$是一个泛函，容易想到用变分法。为简便起见，设 $h(f)$定义在凸集上，由 $h(f)$的形式可知它是凹函数，以奈特作为熵的单位写出

$$J(f)=-\int f(x)\ln f(x)\mathrm{d}x+\lambda_0\int f(x)\mathrm{d}x+\sum_{k=1}^{n}\lambda_k\int f(x)r_k(x)\mathrm{d}x \tag{9.28}$$

为求解上式，考虑偏导数

$$\frac{\partial J(f)}{\partial f}=-\ln f(x)-1+\lambda_0+\sum_{k=1}^{n}\lambda_k r_k(x)=0 \tag{9.29}$$

再联立约束条件解出 λ_0，λ_1，…，λ_n，于是 $f(x)$为

$$f(x)=\mathrm{e}^{-1+\lambda_0+\sum\limits_{k=1}^{n}\lambda_k r_k(x)} \tag{9.30}$$

这种分布也称为最大熵分布。

不过，约束条件的数量和性质是决定最大熵是否存在的决定性条件，如果约束条件不足，自然也无法找出最大熵。

【例 9.4】 $\mathbb{R}$上的 X 的约束若仅有“X 的数学期望为 μ”，判断此情况下是否存在最大熵。

解 可从高斯信源 $N(\mu, \sigma^2)$中寻找反例，由于 σ 未给定，又由于

$$h(X)=\frac{1}{2}\log(2\pi\mathrm{e}\sigma^2) \tag{9.31}$$

当 σ 趋近于无穷大时，$h(X)$没有最大值。因此，该种假设情况下的 X 不存在最大熵。

问题 4 在最大熵存在的假设下，如何求出最大熵？

解 若能找到 $f(x)$满足

$$\begin{cases} f(x)=\mathrm{e}^{-1+\lambda_0+\sum\limits_{k=1}^{n}\lambda_k r_k(x)} \\ \int f(x)r_k(x)\mathrm{d}x=A_k \quad k=1,2,\cdots,n \end{cases} \tag{9.32}$$

那么利用信息不等式可分析 $f(x)$是否为最大熵分布，注意此时

$$\begin{aligned} h(f)&=-\int f(x)\ln f(x)\mathrm{d}x \\ &=-\int f(x)\Big(-1+\lambda_0+\sum_{k=1}^{n}\lambda_k r_k(x)\Big)\mathrm{d}x \\ &=1-\lambda_0-\sum_{k=1}^{n}A_k \end{aligned} \tag{9.33}$$

任取满足所有约束的概率密度函数 $g(x)$，利用定义可知

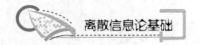

$$\begin{aligned} h(g) &= -\int g(x)\ln g(x)\mathrm{d}x \\ &= -\int g(x)\left(\ln\frac{g(x)}{f(x)} + \ln f(x)\right)\mathrm{d}x \\ &= -D(g\|f) - \int g(x)\ln f(x)\mathrm{d}x \end{aligned} \tag{9.34}$$

利用相对熵非负和 $f(x)$、$g(x)$均满足所有约束可知

$$\begin{aligned} h(g) &\leqslant -\int g(x)\ln f(x)\mathrm{d}x \\ &= -\int g(x)\left(-1+\lambda_0+\sum_{k=1}^{n}\lambda_k r_k(x)\right)\mathrm{d}x \\ &= 1-\lambda_0-\sum_{k=1}^{n}A_k \\ &= h(f) \end{aligned} \tag{9.35}$$

因此 $f(x)$是所有约束的概率密度函数中的最大熵分布。

上述结论表明可通过寻找合适的 $f(x)$来得到最大熵。当然，这种寻找不是盲目的，而是建立在丰富经验的基础上。目前已经证明物理世界中的最大熵分布往往都是一些典型的概率分布，这意味着典型的概率分布具有普适性。

9.2.2 最大熵分布

不妨考虑物理学中的例子。如果气体的温度为常数 T，那么气体分子速度 v 的概率密度函数 $f(v)$也由其决定，其表达式为

$$f(v)=4\pi\left(\frac{m}{2\pi kT}\right)^{\frac{3}{2}}v^2\mathrm{e}^{-\frac{mv^2}{2kT}} \tag{9.36}$$

式中：k 是 Boltzmann 常数；m 是气体的分子量。实际上，这种情况下熵是最大的，它提示人们最大熵可以作为一种原理，即最大熵原理。

Jaynes 提出最大熵原理的同时，也对该原理给出了简单的解释，下面以离散型随机变量情况进行叙述。

假设离散型随机变量 X 的取值空间为 $\{x_1, x_2, \cdots, x_m\}$，若进行 k 次实验，则可能的实验序列个数为 m^k。在这 m^k 个实验序列中，$(x_1, x_2, \cdots, x_m)$出现次数为$(N_1, N_2, \cdots, N_m)$的个数为

$$\mathrm{Num}(N_1,N_2,\cdots,N_m)=\frac{k!}{\prod_{i=1}^{m}N_i!} \tag{9.37}$$

不妨记 $f_i=N_i/k$，将(9.37)式转为 $\mathrm{Num}(f_1, f_2, \cdots, f_m)$，利用 Stirling 近似可知

$$\mathrm{Num}(f_1,f_2,\cdots,f_m)\approx\mathrm{e}^{-k\sum_{i=1}^{m}f_i\log f_i} \tag{9.38}$$

显然 $\mathrm{Num}(f_1, f_2, \cdots, f_m)$随着熵的变化而变化。对于有约束情况，与该情况下最大熵差值一定的点都限制在某个半径之内，而且其比率相当高，这意味着熵值远离最大熵的可能性很小。

问题 5 最大熵分布是否具有普遍性？

理论上，有关最大熵分布的例子相当多。例如 $\mathbb{R}$ 上的连续型随机变量的数学期望 μ 和方差 σ^2 给定时，其最大熵分布是正态分布

$$f(x)=\frac{1}{\sqrt{2\pi}\sigma}\mathrm{e}^{-\frac{(x-\mu)^2}{\sigma^2}} \tag{9.39}$$

又比如 $\mathbb{R}^+$ 上的连续型随机变量的数学期望 μ 给定时，其最大熵分布是指数分布

$$f(x)=\frac{1}{\mu}\mathrm{e}^{-\frac{x}{\mu}} \tag{9.40}$$

再比如常见的分布如 Laplace 分布、Cauchy 分布等都是某种最大熵分布。

在物理世界中，上述最大熵分布也有相应的物理意义，如(9.40)式是固定平均势能约束下气体在大气中高度的概率密度函数。

一个好的理论需要实践的检验，在实际中最大熵原理有着相当多的应用，它可用于谱估计、图像分割、自然语言处理、机器翻译等方面。这种简单优美的理论模型的广泛应用再次验证了它的正确性。

本章小结

本章基于离散熵的最大值问题，引入了一般意义的最大熵问题。为更好地讨论最大熵问题，介绍了连续型随机变量的信息度量，以概率密度函数给出了微分熵，并进一步介绍了相关的联合熵和条件熵，叙述了连续型随机变量的相对熵及其信息不等式。对于相对熵而言，它在离散型和连续型下都具有相同的形式，这意味着相对熵是一个更具普适性的概念。

利用微分熵的形式，可以考虑更一般情况下的最大熵问题。本章从约束优化的角度引入最大熵问题，利用变分法给出了求解方法。既然在若干约束下，最大熵分布对应于常见的概率分布，这使得最大熵原理可以作为一种基本的解决问题的方式加以使用。不过，尽管最大熵原理的形式简单，应用广泛，但在实际中要想给出高效的计算求解方法却不太容易，因此这个问题仍有待于人们的不断探索和深入研究。

习　题

(一) 填空题

1. 连续型随机变量 X 的信息量称为____________。
2. 连续型随机变量 X 上的两个概率分布 f，g 的相对熵满足信息不等式____________。

(二) 综述题

1. 阅读关于连续型随机变量的信息量的文献，比较它与离散型随机变量的异同。
2. 阅读连续信道的相关知识，尤其是信道编码定理部分的内容，写出报告。
3. 查阅最大熵原理的应用实例，以实验仿真实现并讨论该问题，撰写完整的论文。

信息论实验

实验 1　熵的计算

预备内容：数值计算的基本概念。

实验目的：掌握熵的定义，并了解计算熵的效率。

实验内容：比较两种熵的计算方案，进而给出较好的熵的计算程序。

(1) 利用第 2 章中熵的特性 $H(Z)=H(X)+p_nH(U)$ 将熵的计算不断递归，以 $H(p)=-p\log p-(1-p)\log(1-p)$ 作为初始形式进行计算。

(2) 用熵的定义直接计算。

(3) 选择典型数据比较上述两种计算方法的效率，选择较好的一种作为标准程序。

实验 2　唯一可译码的判定

预备内容：图的数据结构及其算法。

实验目的：掌握悬挂后缀的原理，并能利用它判断编码的唯一可译性。

实验内容：给定字母表 $\Sigma=\{0,1\}$，输入编码 C 的码字集合 $C(\mathcal{X})$，判断其唯一可译性。

(1) 考察 $C(\mathcal{X})\cup \mathrm{suf}(C(\mathcal{X}))$ 中所有顶点与其他顶点的强连通情况，为所有强连通的顶点之间建立有向边，最后利用遍历算法判定编码的唯一可译性。

(2) 不建立 $C(\mathcal{X})\cup \mathrm{suf}(C(\mathcal{X}))$ 中所有强连通顶点之间的有向边，而仅对 $C(\mathcal{X})$ 进行搜索，需要时才建立有向边，以搜索算法判定编码的唯一可译性。

(3) 考察上述两种算法的时间复杂度和空间复杂度，比较其性能优劣。

实验 3　利用 Huffman 编码压缩

预备内容：优先级队列的实现。

实验目的：掌握 Huffman 编码和随机变量扩展技术，以此进行数据压缩。

实验内容：读入已有文件，利用所读入的 0、1 序列进行压缩。

(1) 选取若干种扩展组长，对 0、1 序列进行分组，并建立新的取值空间。

(2) 针对扩展后的序列进行 Huffman 编码，取字母表 $\Sigma=\{0,1\}$。

(3) 比较不同扩展组长情况下的压缩比。

实验 4　数据压缩的性质

预备内容：实现 Huffman 编码或下载开源的压缩软件。

实验目的：理解数据压缩与熵的关系，并澄清一些关于数据压缩的错误认识。

实验内容：对文件进行压缩，观察压缩后文件的 0-1 序列。

(1) 对压缩后的文件再次压缩，不断重复此过程，观察压缩比(均相对于原始文件)的变化。

(2) 取压缩文件的 0-1 序列，观察此序列是否是近 i. i. d. 序列。

(3) 随机产生 i. i. d. 序列进行压缩，考察熵率和压缩比之间的关系。

实验 5　信道模拟

预备内容：随机数与随机序列的产生方法。

实验目的：了解信道的物理特性对信息传输的影响。

实验内容：模拟常见的信道，并观察传输错误与译码之间的关系。

(1) 产生 BSC 信道和 Z 信道。

(2) 分别产生等长编码和变长编码信源序列，让其经过模拟的 BSC 信道和 Z 信道，再对接收符号进行译码，并计算错误概率。

(3) 改变信道的物理参数，利用 Fano 不等式分析错误概率，并观察实验数据与理论的偏差。

实验 6　利用 Hamming 码纠错

预备内容：实现 BSC 信道的模拟。

实验目的：掌握 Hamming 码，并能以此提高信息传输的有效性。

实验内容：针对 BSC 信道给出 Hamming 码，并观察错误概率。

(1) 实现(7，4) Hamming 码的编码和译码。

(2) 给出若干参数下的 BSC 信道，用等概率 i. i. d. 序列产生信源编码，并以 Hamming 码方式进行信道编码。

(3) 观察不同参数情况下的错误概率变化情况。

(4) 观察并分析是否加入信道编码对错误概率产生的影响。

实验 7　自适应编码

预备内容：实现 Huffman 编码。

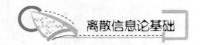

实验目的：掌握 FGK 算法，并能高效实现自适应编码。

实验内容：给出动态 Huffman 编码，并比较它与半自适应编码之间的性能差异。

(1) 实现 FGK 算法，并对输入序列进行编码。

(2) 对同样的序列进行半自适应编码。

(3) 重复实验多次，对上述两种算法的性能进行比较。

实验 8　基于字典的编码

预备内容：trie 结构。

实验目的：掌握 LZ78 编码，并能给出一个实用的具体实现方案。

实验内容：利用字典方法给出文本序列的压缩编码。

(1) 取定英文字母表，采集此字母表下的实际文本，如小说、诗歌、演讲等。

(2) 实现 LZ78 编码算法，并能进行快速译码。

(3) 对不同种类的文本进行压缩，比较压缩比，分析实验数据。

实验 9　生物信息

预备内容：信息论的基本原理。

实验目的：了解生物信息学的相关知识，提高利用信息论解决问题的能力。

实验内容：给出 DNA 序列的信息与描述方法。

(1) 建立 DNA 序列的描述模型，并利用实际 DNA 序列数据验证模型。

(2) 利用多种压缩算法对 DNA 序列进行数据压缩，比较其性能差异并给出理论分析。

(3) 考虑 DNA 序列在遗传时所发生的差错，观察这种差错会带来何种影响。

参 考 文 献

[1] 沈世镒，陈鲁生. 信息论与编码理论 [M]. 北京：科学出版社，2002.

[2] 沈世镒，吴忠华. 信息论基础与应用 [M]. 北京：高等教育出版社，2004.

[3] 朱雪龙. 应用信息论基础 [M]. 北京：清华大学出版社，2001.

[4] 叶中行. 信息论基础 [M]. 2 版. 北京：高等教育出版社，2007.

[5] 傅祖芸. 信息论——基础理论与应用 [M]. 2 版. 北京：电子工业出版社，2007.

[6] 范九伦，张雪锋，刘宏月，谢勰. 密码学基础 [M]. 西安：西安电子科技大学出版社，2008.

[7] [加] Douglas R. Stinson. 密码学原理与实践 [M]. 3 版. 冯登国，译. 北京：电子工业出版社，2009.

[8] Thomas M. Cover，Joy A. Thomas. Elements of Information Theory，(2nd Edition) [M]. Wiley，New York，2006.

[9] R. G. Gallager. Information Theory and Reliable Communication [M]. Wiley，New York，1968.

[10] R. J. McEliece. The Theory of Information and Coding，(2nd Edition) [M]. Cambridge University Press，Cambridge，2002.

[11] D. J. C. Mackay. Information Theory，Inference，and Learning Algorithms [M]. Cambridge University Press，Cambridge，2003.

[12] Peter Seibt. Algorithmic Information Theory：Mathematics of Digital Information Processing [M]. Springer Verlag，New York，2006.

[13] Li Ming，Paul Vitanyi. An Introduction to Kolmogorov Complexity and Its Applications，(3rd Edition) [M]. Springer - Verlag，2008.

[14] David Salomon，G. Motta. Handbook of Data Compression，(5th Edition) [M]. Springer - Verlag，London，2009.

[15] John E. Hopcroft，Rajeev Motwani，Jeffrey D. Ullman. Introduction to Automata Theory，Languages，and Computation (3rd Edition) [M]. Addison Wesley，2006.

[16] Jean Berstel，Dominique Perrin，Christophe Reutenauer. Codes and Automata [M]. Cambridge University Press，Cambridge，2009.